华为ICT大赛系列

华为ICT大赛实践赛
昇腾AI赛道真题解析

组　编　华为ICT大赛组委会
主　编　王隆杰 屈海洲 李峰
副主编　蒋精华 李杰 张立涓

人民邮电出版社
北京

图书在版编目（CIP）数据

华为 ICT 大赛实践赛昇腾 AI 赛道真题解析 / 华为 ICT 大赛组委会组编 ; 王隆杰，屈海洲，李峰主编. -- 北京 : 人民邮电出版社，2024. -- ISBN 978-7-115-65447-2

Ⅰ. TP18-44

中国国家版本馆 CIP 数据核字第 2024Z1J501 号

内 容 提 要

本书对华为 ICT 大赛 2023—2024 实践赛昇腾 AI 赛道真题进行解析，涉及昇腾 AI 应用实战、昇腾全栈 AI 平台、MindSpore 开发框架实践、AI 算法与应用等技术方向。本书共 4 章，第 1 章先讲解华为 ICT 大赛目标，以及华为 ICT 大赛 2023—2024 比赛内容及方式，然后介绍实践赛昇腾 AI 赛道的赛制和考试大纲；第 2～4 章按照由浅入深的顺序逐步解析全国初赛、全国总决赛和全球总决赛的真题，在解析时根据各技术细分方向分解每道题的考点，帮助读者系统掌握考点、提升实践技能。

本书既适合作为华为 ICT 大赛实践赛昇腾 AI 赛道的参考书，也适合作为相关华为认证考试的参考书。

◆ 组　　编　华为 ICT 大赛组委会
主　　编　王隆杰　屈海洲　李　峰
副 主 编　蒋精华　李　杰　张立涓
责任编辑　贾　静
责任印制　王　郁　胡　南

◆ 人民邮电出版社出版发行　　北京市丰台区成寿寺路 11 号
邮编　100164　　电子邮件　315@ptpress.com.cn
网址　https://www.ptpress.com.cn
三河市兴达印务有限公司印刷

◆ 开本：800×1000　1/16
印张：13.25　　　　2024 年 11 月第 1 版
字数：330 千字　　　2024 年 11 月河北第 1 次印刷

定价：59.80 元

读者服务热线：(010)81055410　印装质量热线：(010)81055316
反盗版热线：(010)81055315
广告经营许可证：京东市监广登字 20170147 号

前　言

当前，AI 等新技术的发展突飞猛进；数据规模呈现爆炸式增长态势；越来越多的行业正在加快数字化转型和智能化升级进程，从而推动数字技术和实体经济深度融合，使人类社会加速迈向智能世界。而信息与通信技术（Information and Communications Technology）人才则成为推动全球智能化升级的第一资源和核心驱动力，成为推动数字经济发展的新引擎。

为加速 ICT 人才的培养与供给，提高 ICT 人才的技能使用效率，华为技术有限公司（以下简称“华为”）积极构建良性 ICT 人才生态。通过华为 ICT 学院校企合作项目，华为向全球大学生传递华为领先的 ICT 技术和产品知识。作为华为 ICT 学院校企合作项目的重要举措，华为 ICT 大赛旨在打造年度 ICT 赛事，为全球大学生提供国际化竞技和交流平台，帮助学生提升其 ICT 知识水平和实践能力，培养其运用新技术、新平台的创新创造能力。

目前为止，华为 ICT 大赛已举办八届，被中国高等教育学会正式纳入全国普通高校大学生竞赛榜单，也是 UNESCO（United Nations Educational,Scientific and Cultural Organization，联合国教科文组织）全球技能学院的关键伙伴旗舰项目。随着华为 ICT 大赛的连续举办，大赛规模及影响力持续提升。第八届华为 ICT 大赛共吸引了全球 80 多个国家和地区、2000 多所院校的 17 万余名学生报名参赛，最终来自 49 个国家和地区的 161 支队伍、470 多名参赛学生入围全球总决赛。

同时，参赛学生的知识水平与实践能力也在不断提升。据统计，第八届华为 ICT 大赛实践赛的所有参赛队伍平均得分为 562 分，较第七届提高了 105 分，其中中国区参赛队伍平均得分为 670 分，高于华为认证体系中最高级别的 ICT 技术认证——HCIE（Huawei Certified ICT Expert，华为认证 ICT 专家）认证要求的 600 分，反映出华为 ICT 大赛的竞争日益激烈、含金量日益提升。

为帮助参赛学生更好地备赛，华为特推出华为 ICT 大赛系列真题解析，该系列丛书共 4 册，涵盖第八届华为 ICT 大赛实践赛的网络、云、计算、昇腾 AI 赛道真题及解析，是唯一由华为官方推出的聚焦华为 ICT 大赛的丛书。该系列丛书逻辑严谨、条理清晰，按照由浅入深的顺序，逐步解析全国初赛（网络、云和计算这 3 条赛道为省赛的形式，其中省赛分为省赛初赛和省赛复赛）、全国总决赛和全球总决赛真题，从基础概念讲起，帮助参赛学生在学习相关知识的同时提升实践能力；按照模块化设计模式，按技术方向拆解考点，并深入讲解重点和难点知识，帮助参赛学生系统、高效地学习。该系列丛书将尽量保持华为 ICT 大赛 2023—2024 实践赛各赛道真题的原貌，以方便读者感受各赛道考题的风格、难易程度，能有效帮助读者把握命题思路、掌握重点内容、检验学习效果、增加实战经验。该系列丛书既适合作为华为 ICT 大赛的参考书，也适合作为相关华为认证考试的参考书。

在编写本书的过程中，我们努力确保信息的准确性，但由于时间有限，难免存在不足之处。如有问题，读者可以发送电子邮件到 wanglongjie@szpu.edu.cn。

同学们，智能世界之未来星河璀璨，时代赋予了我们新的挑战和机遇。“千淘万漉虽辛苦，吹尽狂沙始到金。”希望全球所有 ICT 青年，从该系列丛书真题解析起步，乘华为 ICT 大赛之东风，以知识和技术为翼，携勇气和梦想远征，与华为一起，共同构建一个更加美好的万物互联的智能世界。

华为 ICT 大赛组委会

2024 年 8 月

资源与支持

资源获取

本书提供如下资源：

- 考试指导；
- 异步社区 7 天 VIP 会员。

要获得以上资源，您可以扫描下方二维码，根据指引领取。

提交勘误

作者和编辑尽最大努力来确保书中内容的准确性，但难免会存在疏漏。欢迎您将发现的问题反馈给我们，帮助我们提升图书的质量。

当您发现错误时，请登录异步社区（https://www.epubit.com），按书名搜索，进入本书页面，点击“发表勘误”，输入勘误信息，单击“提交勘误”按钮即可（见下图）。本书的作者和编辑会对您提交的勘误进行审核，确认并接受后，您将获赠异步社区的 100 积分。积分可用于在异步社区兑换优惠券、样书或奖品。

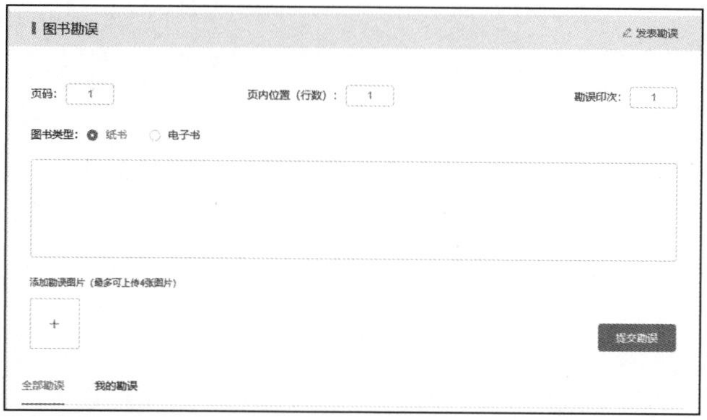

与我们联系

我们的联系邮箱是 contact@epubit.com.cn。

如果您对本书有任何疑问或建议，请您发邮件给我们，并请在邮件标题中注明本书书名，以便我们更高效地做出反馈。

如果您有兴趣出版图书、录制教学视频，或者参与图书翻译、技术审校等工作，可以发邮件给本书的责任编辑（jiajing@ptpress.com.cn）。

如果您所在的学校、培训机构或企业，想批量购买本书或异步社区出版的其他图书，也可以发邮件给我们。

如果您在网上发现有针对异步社区出品图书的各种形式的盗版行为，包括对图书全部或部分内容的非授权传播，请您将怀疑有侵权行为的链接发邮件给我们。您的这一举动是对作者权益的保护，也是我们持续为您提供有价值的内容的动力之源。

关于异步社区和异步图书

“异步社区”（www.epubit.com）是由人民邮电出版社创办的 IT 专业图书社区，于 2015 年 8 月上线运营，致力于优质内容的出版和分享，为读者提供高品质的学习内容，为作译者提供专业的出版服务，实现作者与读者在线交流互动，以及传统出版与数字出版的融合发展。

“异步图书”是异步社区策划出版的精品 IT 图书的品牌，依托于人民邮电出版社在计算机图书领域 30 余年的发展与积淀。异步图书面向 IT 行业以及各行业使用相关技术的用户。

目 录

第 1 章

华为 ICT 大赛实践赛昇腾 AI 赛道介绍

华为 ICT 大赛是华为面向全球大学生打造的年度 ICT 赛事，大赛以“联接、荣耀、未来”为主题，以“I. C. The Future”为口号，旨在为全球大学生打造国际化竞技和交流平台，提升学生的 ICT 知识水平和实践动手能力，培养其运用新技术、新平台的创新能力和创造能力，推动人类科技发展，助力全球数字包容。

华为 ICT 大赛自 2015 年举办以来，影响力日益增强，不仅参赛国家和地区、报名人数不断增加，还被中国高等教育学会正式纳入全国普通高校大学生竞赛榜单。

1.1 华为 ICT 大赛目标

华为 ICT 大赛目标如下。

- 建立联接全球的桥梁。大赛旨在打造国际化竞技和交流平台，将华为与高校联接在一起、教育与 ICT 联接在一起、大学生就业和企业人才需求联接在一起，促进教育链、人才链与产业链、创新链的有机衔接；助力高校构建面向 ICT 产业未来的人才培养机制，实现以赛促学、以赛促教、以赛促创、以赛促发展，培养面向未来的新型 ICT 人才。
- 提供绽放荣耀的舞台。大赛为崭露头角的学生提供国际舞台，授予奖项和荣誉；大赛成果将反映高校人才培养的质量，助力教师和高校提高业内影响力。
- 打造面向未来的生态。大赛培养学生的团队合作精神，培养其创新精神、创业意识和创新创业能力，促进学生实现更高质量的创业、就业；大赛将教育融入经济社会产业发展，推动互联网、大数据、AI 等 ICT 领域的成果转化和产学研用融合，促进各国加大对 ICT 人才生态建设的重视与投入，加速全球数字化转型与升级；大赛助力发展平等、优质教育，推进全球平衡发展，促进全球数字包容，力求让更多人从数字经济中获益，打造一个更美好的数字未来。

1.2　华为 ICT 大赛 2023—2024 比赛内容及方式

华为 ICT 大赛 2023—2024 的主题赛事包括实践赛和创新赛。

1.2.1　实践赛

实践赛包含网络、云、计算和昇腾 AI 这 4 条赛道（目前昇腾 AI 赛道仅对中国开放），主要考查参赛学生的 ICT 理论知识储备、上机实践能力以及团队合作能力；通过理论考试和实验考试考查学生的理论知识水平和动手能力，基于考试得分进行排名，学生需熟悉相关技术理论及实验。

实践赛采用“国家→区域→全球”三级赛制，国家赛的考查方式为理论考试；区域总决赛的考查方式为理论考试和实验考试；全球总决赛的考查方式为实验考试，其参赛队伍由区域总决赛队伍晋级产生。

中国区华为 ICT 大赛 2023—2024 实践赛为“省赛/全国初赛→全国总决赛→全球总决赛”三级赛制，比赛时间规划如表 1-1 所示。

表 1-1　中国区华为 ICT 大赛 2023—2024 实践赛比赛时间规划

主题赛事	报名时间	省赛时间	全国初赛时间	全国总决赛时间	全球总决赛时间
实践赛（网络、云、计算赛道）	2023 年 9 月 22 日—2023 年 10 月 31 日	2023 年 10 月—2023 年 12 月	无	2024 年 3 月	2024 年 5 月
实践赛（昇腾 AI 赛道）	2023 年 10 月 26 日—2023 年 12 月 10 日	无	2023 年 12 月		

实践赛赛道的赛制级别及其中的组别划分如下。

- 省赛/全国初赛：分为网络、云、计算、昇腾 AI 这 4 条赛道，每条赛道分为本科组和高职组。
- 全国总决赛：分为网络、云、计算、昇腾 AI 这 4 条赛道，每条赛道分为本科组和高职组。
- 全球总决赛：分为网络、云、计算、昇腾 AI 这 4 条赛道（不区分本科组和高职组）。

其中，省赛分为省赛初赛和省赛复赛。

1.2.2　创新赛

创新赛要求学生从生活中遇到的真实需求入手，结合行业应用场景，运用 AI（必选）及云计算、物联网、大数据、鲲鹏、鸿蒙等技术，提出具有社会效益和商业价值的解决方案，并设计功能完备的作品。

创新赛采用作品演示加答辩的方式进行，重点考查作品创新性、系统复杂性/技术复合性、商业价值/社会效益、功能完备性及参赛队伍的答辩表现。

1.3 实践赛昇腾 AI 赛道赛制

实践赛昇腾 AI 赛道的赛制分为全国初赛赛制、全国总决赛赛制、全球总决赛赛制。其中，实践赛昇腾 AI 赛道全国初赛赛制如表 1-2 所示。

表 1-2 实践赛昇腾 AI 赛道全国初赛赛制

赛段	考试类型	考试时长	试题数量	试题类型	总分	比赛形式	说明
全国初赛	理论考试	90 分钟	90 道	判断、单选、多选	1000 分	个人	• 2023 年 1 月 1 日起至全国初赛结束日前，通过 HCIA-AI 任一认证加 50 分，通过 HCIP-AI 任一认证加 100 分，可累计计分，加分上限为 200 分 • 华为 ICT 大赛报名 Uniportal 账号须与认证考试 Uniportal 账号保持一致，否则将无法加分

实践赛昇腾 AI 赛道的全国总决赛存在入围规则，具体如下。

- 全国初赛结束后，同校参赛选手自行组队，每队由不超过 3 名学生和 1 名指导老师组成。按团队总成绩进行排名，角逐全国总决赛入围名额。
- 本科组团队总成绩前 30 名、高职组团队总成绩前 30 名入围全国总决赛。

实践赛昇腾 AI 赛道全国总决赛赛制和奖项设置分别如表 1-3 和表 1-4 所示。

表 1-3 实践赛昇腾 AI 赛道全国总决赛赛制

赛段	考试类型	考试时长	试题数量	试题类型	总分	比赛形式	说明
全国总决赛	理论考试	60 分钟	20 道	判断、单选、多选	1000 分	3 人一队	• 全国总决赛理论考试由团队 3 名成员共同完成 1 套试题，实验考试由团队 3 名成员分工共同完成任务，统一提交一份答案 • 总成绩=30% × 团队理论考试成绩 + 70% × 团队综合实验考试成绩
	实验考试	4 小时	不定	综合实验	1000 分		

表 1-4 实践赛昇腾 AI 赛道全国总决赛奖项设置

奖项	本科组	高职组
特等奖	1 队	1 队
一等奖	4 队	4 队

续表

奖项	本科组	高职组
二等奖	10 队	10 队
三等奖	15 队	15 队

实践赛昇腾 AI 赛道全球总决赛的入围规则为本科组团队总成绩前 5 名、高职组团队总成绩前 5 名入围全球总决赛。实践赛昇腾 AI 赛道全球总决赛赛制和奖项设置分别如表 1-5 和表 1-6 所示。

表 1-5　实践赛昇腾 AI 赛道全球总决赛赛制

赛段	考试类型	考试时长	试题数量	试题类型	总分	比赛形式	说明
全球总决赛	实验考试	8 小时	不定	综合实验	1000 分	3 人一队	无

表 1-6　实践赛昇腾 AI 赛道全球总决赛奖项设置

奖项	本科组、高职组混合
特等奖	1 队
一等奖	2 队
二等奖	3 队
三等奖	4 队

1.4　实践赛昇腾 AI 赛道考试大纲

实践赛昇腾 AI 赛道的赛题涉及 AI 算法与应用、MindSpore 开发框架实践、昇腾全栈 AI 平台、昇腾 AI 应用实战等技术方向，这些技术方向在不同赛段的占比不尽相同，具体如表 1-7 所示。

表 1-7　各技术方向占比

技术方向	全国初赛	全国总决赛	全球总决赛
AI 算法与应用	10%	5%	5%
MindSpore 开发框架实践	35%	35%	30%
昇腾全栈 AI 平台	30%	25%	15%
昇腾 AI 应用实战	25%	35%	50%

实践赛昇腾 AI 赛道的考试内容包括但不限于 AI 应用方向、AI 基础知识、AI 基础算法、MindSpore 开发框架架构、MindSpore 开发框架使用、Atlas 系列硬件、异构计算架构 CANN（Compute Architecture for Neural Networks）、应用使能 MindX，以及昇腾全栈在计算机视觉（Computer Vision，CV）、自然语言处理（Natural Language Processing，NLP）等领域的应用等相关知识。

实践赛昇腾 AI 赛道各技术方向的考核知识点如表 1-8～表 1-11 所示。

表 1-8　AI 算法与应用技术方向的考核知识点

能力分类	能力模型	能力细则	全国初赛	全国总决赛	全球总决赛
AI 算法与应用	AI 基础概念	AI 相关概念及发展历程	√	√	√
	AI 技术领域	了解技术领域，包括 CV、NLP、ASR 等	√	√	√
	AI 基础知识	AI 相关实现原理、AI 实现途径 了解图像、文本、音频数据处理方式	√	√	√
	AI 基础算法	深度学习基础算法：全连接神经网络、CNN、RNN、LSTM、GAN 等 深度学习组件：优化器、激活函数等 正则化、梯度下降、反向传播等知识	√	√	√
	AI 前沿技术场景	了解 AI 当前前沿技术场景及趋势，包含智能驾驶、量子机器学习、强化学习、知识图谱、大模型、多模态等	√	√	√

表 1-9　MindSpore 开发框架实践技术方向的考核知识点

能力分类	能力模型	能力细则	全国初赛	全国总决赛	全球总决赛
MindSpore 开发框架实践	AI 框架	了解当前常用 AI 框架：MindSpore、PyTorch、TensorFlow 等 MindSpore 开发框架架构、MindSpore 开发框架全场景应用	√	√	√
	AI 应用开发全流程	了解使用 MindSpore 开发 AI 应用全流程	√	√	√
	数据处理	基于 MindSpore 的数据处理常用操作，包含数据清洗、特征工程、数据增强等	√	√	√
	MindSpore 基础使用	MindSpore 运行环境配置 MindSpore 基础知识：张量构建、数据类型及类型转换、常用函数及类的使用 MindSpore 数据操作：数据集构建、数据变换等 MindSpore 网络构建、模型训练、模型保存与加载操作	√	√	√
	MindSpore 开发组件	MindSpore 开发组件：MindSpore Serving、MindSpore Lite、MindInsight 等	√	√	√
	MindSpore 大模型	常见预训练模型/大模型理论（如 Transformer、BERT、GPT-1&GPT-2、ChatGLM1&ChatGLM2 等） 预训练模型/大模型的微调方法：Prompt Tuning、Instruction Tuning 基于人工反馈的强化学习		√	√
	MindSpore 进阶使用	MindSpore 分布式训练 MindSpore OOP+FP 混合编程 MindSpore 计算图（动态图和静态图） MindSpore 异常分析			√

表 1-10　昇腾全栈 AI 平台技术方向的考核知识点

能力分类	能力模型	能力细则	全国初赛	全国总决赛	全球总决赛
昇腾全栈 AI 平台	昇腾 AI 全栈	AI 芯片基础知识 昇腾 AI 处理器	√	√	√
		达芬奇架构 应用使能 MindX 开发工具链 管理运维工具等知识	√	√	√
	Atlas 系列硬件	Atlas AI 计算解决方案 Atlas AI 加速模块 Atlas 开发者套件	√	√	√
		Atlas 服务器 Atlas 算力集群	√	√	√
		Atlas 集群场景下的大模型训练			√
	异构计算架构 CANN	AscendCL 模型训练与迁移等知识	√	√	√
		CANN 推理应用开发流程	√	√	√
		算子开发			√

表 1-11　昇腾 AI 应用实战技术方向的考核知识点

能力分类	能力模型	能力细则	全国初赛	全国总决赛	全球总决赛
昇腾 AI 应用实战	计算机视觉	基于 MindSpore 开发框架、DVPP、AIPP 等实现文字、图像处理 计算机视觉任务：图像分类、图像分割、目标检测等 计算机视觉常见算法：ResNet、YOLO、VGG 等 基于 MindSpore 实现计算机视觉应用开发	√	√	√
		OM 模型转换 基于 Atlas 开发板实现计算机视觉模型部署 基于 Atlas 开发板实现应用推理服务			√
	自然语言处理	基于 MindSpore 开发框架实现文本、语音数据处理 词嵌入 自然语言处理任务：情感分类、机器翻译、命名实体识别等 自然语言处理常见算法：Transformer、BERT、ELMo 等 基于 MindSpore 实现自然语言处理应用开发	√	√	√
		OM 模型转换 基于 Atlas 开发板实现自然语言处理模型部署 基于 Atlas 开发板实现应用推理服务			√

第 2 章

2023—2024 全国初赛真题解析

2023—2024 全国初赛仅有理论考试，高职组和本科组共用考题，题型有单选题、多选题和判断题。中国区全国初赛包含昇腾 AI 应用实战模块 23 题、昇腾全栈 AI 平台模块 27 题、MindSpore 开发框架实践模块 31 题、AI 算法与应用模块 9 题，共 90 道题。

2.1 昇腾 AI 应用实战模块真题解析

1. 【单选题】使用 MindX SDK 开发 AI 应用时，以下哪个步骤是非必需的？

A. 模型转换　　B. 插件开发

C. 业务流编排　　D. 应用代码开发

【解析】

使用 MindX SDK 4 步快速开发 AI 应用的流程如图 2-1 所示。

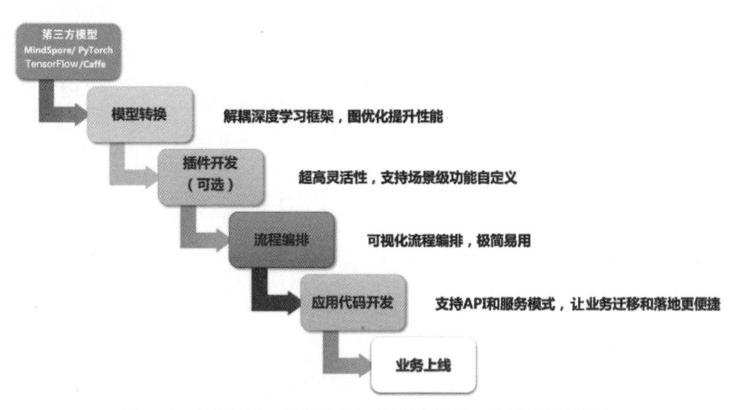

图 2-1　使用 MindX SDK 4 步快速开发 AI 应用的流程

选项 A：模型转换是指通过 ATC（Ascend Tensor Compiler，昇腾张量编译器）工具将第三方模型转换为适配昇腾 AI 处理器的离线模型（*.om 文件），模型转换过程中可以实现算子调度优化、权重数据重排、内存使用优化等，可以脱离设备完成模型的预处理。该步骤是必需的。

选项 B：插件开发是指根据已有 SDK（Software Development Kit，软件开发工具包）插件的功能描述和规格限制来匹配业务功能。当 SDK 提供的插件无法满足功能需求时，用户可以开发自定义插件。该步骤可选，即它是非必需的。

选项 C：业务流编排（流程编排）是指在使用 MindX SDK 开发 AI 应用时，可以创建业务流配置文件，将业务流管理模块、功能插件、功能元件、插件缓存和插件元数据连接起来，连通业务中从输入到输出的数据流。该步骤是必需的。

选项 D：应用代码开发是指基于业务开发应用代码。其具体过程是编写 C++程序或 Python 程序，调用业务流管理的 API（MxStreamManager），先进行初始化，再加载业务流配置文件（*.pipeline 文件），然后根据 Stream 配置文件中的 StreamName 从指定 Stream 获取输出数据，最后销毁 Stream。该步骤是必需的。

【答案】B

2.【单选题】下列哪些产品适用于云端计算场景？

A. Atlas 200　　B. Atlas 300 推理卡

C. Atlas 500　　D. Atlas 800

【解析】

选项 A：Atlas 200 在端侧实现目标识别、图像分类等，广泛应用于智能摄像机、机器人、无人机等端侧 AI 场景，属于端侧产品。

选项 B：Atlas 300 推理卡提供 AI 推理、视频分析等功能，支持检索聚类 OCR（Optical Character Recognition，光学字符识别）、语音分析、视频分析等场景，属于边侧产品。

选项 C：Atlas 500 具有超强计算性能，以及体积小、环境适应性强、易于维护等特点，可以在边缘场景中广泛部署，属于边侧产品。

选项 D：Atlas 800 具有超强计算性能，可广泛应用于中心侧 AI 推理、深度学习模型开发和训练场景，属于云端产品。该选项正确。

【答案】D

3.【单选题】昇腾 AI 处理器能识别哪种格式的模型文件？

A. *.prototxt　　B. *.om

C. *.caffemodel　　D. *.pb

【解析】

昇腾（Ascend）硬件平台支持的模型文件格式如表 2-1 所示。

- 直接使用 checkpiont 文件进行推理，即在 MindSpore 训练环境下，使用推理接口加载数据及 checkpoint 文件进行推理。
- 将 checkpiont 文件转化为通用的模型格式［如 ONNX、GEIR 格式］文件进行推理，推理环境不需要依赖 MindSpore。这样做的好处是可以跨硬件平台，只要在支持 ONNX/GEIR 推理的硬件平台上即可进行推理。譬如在 Ascend 910 AI 处理器上训练的模型可以在 GPU/CPU 上进行推理。

表 2-1 昇腾硬件平台支持的模型文件格式

硬件平台	模型文件格式	说明
Ascend 910 AI 处理器	checkpoint 格式	与 MindSpore 训练环境依赖一致
Ascend 310 AI 处理器	ONNX、GEIR 格式	搭载了 ACL 框架，支持 OM 模型，需要使用工具转化模型为 OM 模型
GPU	checkpoint 格式	与 MindSpore 训练环境依赖一致
GPU	ONNX 格式	支持 ONNX 推理的 Runtime/SDK，如 TensorRT
CPU	checkpoint 格式	与 MindSpore 训练环境依赖一致
CPU	ONNX 格式	支持 ONNX 推理的 Runtime/SDK，如 TensorRT

选项 A：*.prototxt，这是 Caffe 模型文件的格式。

选项 B：*.om，如表 2-1 第二行所示，这是华为 Ascend AI 处理器支持的离线模型格式。该选项正确。

选项 C：*.caffemodel，这是 Caffe 模型文件的格式。

选项 D：*.pb，这是 TensorFlow 模型文件的格式。

【答案】 B

4.【单选题】基于 AscendCL 接口开发昇腾 AI 推理应用时，运行管理资源包括 Device、Context、Stream 等，其中哪个用于维护一些异步操作的执行顺序？

A. Device　　B. Context　　C. Stream　　D. Host

【解析】

在 AscendCL 应用开发中存在几个基本概念，如表 2-2 所示。

表 2-2 AscendCL 应用开发的基本概念

基本概念	描述
同步/异步	本书中提及的同步、异步是站在调用者和执行者的角度来定义的。在当前场景下，若在 Host 调用接口后不需等待 Device 执行完成再返回，则表示 Host 的调度是异步的；若在 Host 调用接口后需等待 Device 执行完成再返回，则表示 Host 的调度是同步的
进程/线程	本书中提及的进程、线程，若无特别注明，则表示 Host 上的进程、线程
Host	Host 指与 Device 相连接的 x86 服务器、ARM 服务器，它会利用 Device 提供的 NN（Neural Network，神经网络）计算能力完成业务
Device	Device 指安装了昇腾 AI 处理器的硬件设备，利用 PCI-e 接口与 Host 连接，为 Host 提供 NN 计算能力。若存在多个 Device，多个 Device 之间的内存资源不能共享
Context	Context 作为一个容器，管理了所有对象（包括 Stream、Event、设备内存等）的生命周期。不同 Context 的 Stream、不同 Context 的 Event 是完全隔离的，无法建立同步等待关系。 Context 分为以下两种。 • 默认 Context：调用 acl.rt.set_device 接口指定用于运算的 Device 时，系统会自动隐式创建一个默认 Context，一个 Device 对应一个默认 Context，默认 Context 不能通过 acl.rt.destroy_context 接口释放。 • 显式创建的 Context：推荐使用，在进程或线程中调用 acl.rt.create_context 接口显式创建一个 Context

续表

其本概念	描述
Stream	Stream 用于维护一些异步操作的执行顺序，确保按照应用程序中的代码调用顺序在 Device 上执行异步操作。基于 Stream 的 kernel 执行和数据传输能够实现 Host 运算操作、Host 与 Device 间的数据传输、Device 内的运算并行。 Stream 分为以下两种。 • 默认 Stream：调用 acl.rt.set_device 接口指定用于运算的 Device 时，系统会自动隐式创建一个默认 Stream，一个 Device 对应一个默认 Stream，默认 Stream 不能通过 acl.rt.destroy_stream 接口释放。 • 显式创建的 Stream：推荐使用，在进程或线程中调用 acl.rt.create_stream 接口显式创建一个 Stream
Event	支持调用 pyACL 接口同步 Stream 之间的任务，包括同步 Host 与 Device 之间的任务、同一个 Device 上的多个任务。例如，若 stream2 的任务依赖 stream1 的任务，想保证 stream1 中的任务先完成，这时可创建一个 Event，并将 Event 插入 stream1，在执行 stream2 的任务前，同步等待 Event 完成

选项 A：Device 指安装了昇腾 AI 处理器的硬件设备。

选项 B：Context 作为一个容器，管理了所有对象（包括 Stream、Event、设备内存等）的生命周期。

选项 C：Stream 用于维护一些异步操作的执行顺序，确保按照应用程序中的代码调用顺序在 Device 上执行异步操作。

选项 D：Host 指与 Device 相连接的 x86 服务器、ARM 服务器。

【答案】C

5.【单选题】某客户在昇腾设备上训练自己的网络，使用 CANN 提供的高性能算子库，实现网络加速，以下哪类算子库不是 CANN 提供的?

A. NN（Neural Network）算子库

B. OpenCV 数据预处理算子库

C. BLAS（Basic Linear Algebra Subprograms）算子库

D. HCCL（Huawei Collective Communication Library）

【解析】

CANN 是华为针对 AI 场景推出的异构计算架构，它具有功能强大、适配性好、可自定义开发的特点。其向上支持多种 AI 框架，包括 MindSpore、PyTorch、TensorFlow 等，向下服务于 AI 处理器与编程，发挥承上启下的关键作用，是提升昇腾 AI 处理器计算效率的关键平台。CANN 同时针对多样化应用场景，提供多层次编程接口，支持用户快速构建基于昇腾平台的 AI 应用和业务。

CANN 的总体架构如图 2-2 所示，CANN AI 异构计算架构自顶向下分为 5 部分。

- 昇腾计算语言（Ascend Computing Language，AscendCL）：AscendCL 接口是昇腾计算开放编程框架，是对底层昇腾计算服务接口的封装。它提供设备（Device）管理、上下文（Context）管理、流（Stream）管理、内存管理、模型加载与执行、算子加载与执行、媒体数据处理、图（Graph）管理等 API 库，供用户开发 AI 应用。
- 昇腾计算服务层（Ascend Computing Service Layer）：主要提供昇腾算子库（Ascend Operator Library，AOL），NN 库、线性代数计算库（Basic Linear Algebra Subprograms，BLAS）等高性能算子加速计算；昇腾调优引擎（Ascend Optimization Engine，AOE），通过算子调优（OPAT）、子图调优（SGAT）、梯度调优（GDAT）、模型压缩（AMCT）提升模型端到端运行速度；同时提供 AI 框架适配器

（Framework Adapter）用于兼容 TensorFlow、PyTorch 等主流 AI 框架。

- 昇腾计算编译层（Ascend Computing Compilation Layer）：通过图编译器（Graph Compiler）将用户输入中间表达（Intermediate Representation，IR）的计算图编译成昇腾硬件可执行模型；同时借助张量加速引擎（Tensor Boost Engine，TBE）的自动调度机制，高效编译算子。
- 昇腾计算执行层（Ascend Computing Execution Layer）：负责模型和算子的执行，提供运行管理器（也可称作运行时库（Runtime））、图执行器（Graph Executor）、数字视觉预处理（Digital Vision Pre-Processing，DVPP）、AI 预处理（Artificial Intelligence Pre-Processing，AIPP）、华为集合通信库（Huawei Collective Communication Library，HCCL）等功能单元。
- 昇腾计算基础层（Ascend Computing Base Layer）：主要为其上各层提供基础服务，如共享虚拟内存（Shared Virtual Memory，SVM）、设备虚拟化（Virtual Machine，VM）、主机-设备通信（Host Device Communication，HDC）等。

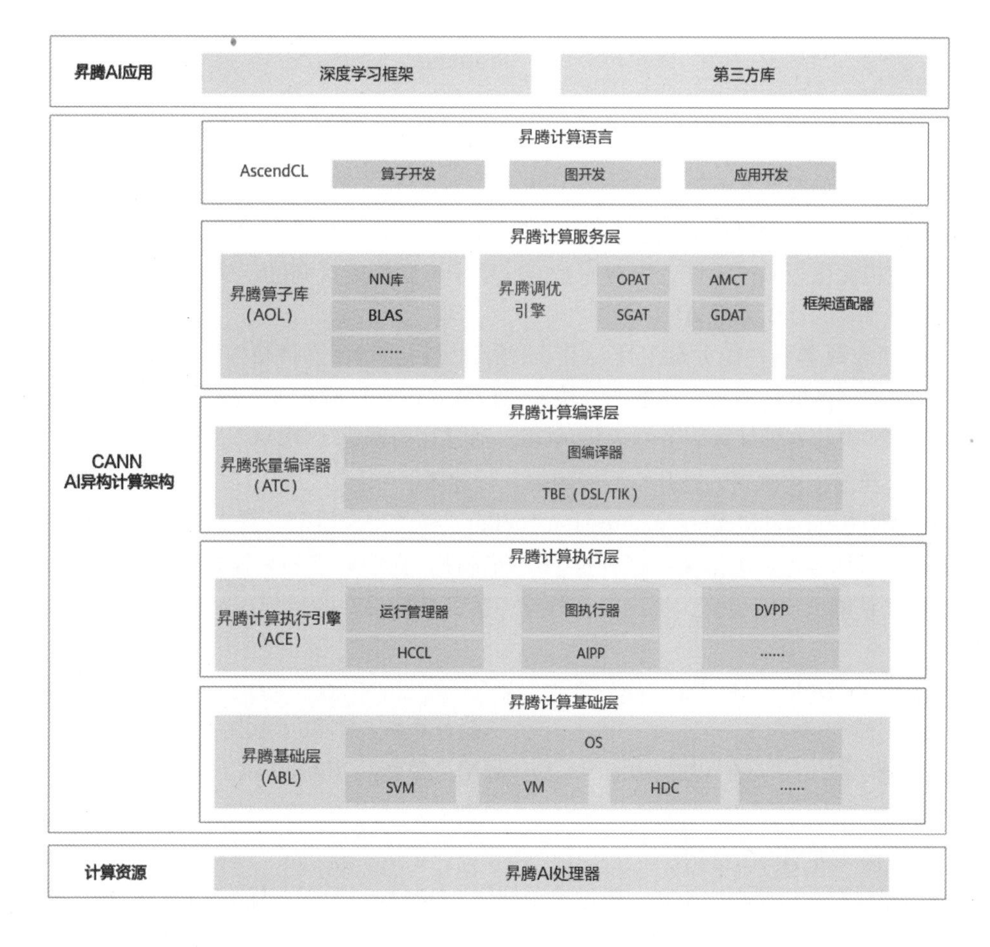

图 2-2　CANN 的总体架构

选项 A：NN 算子库在图 2-2 所示的架构中位于昇腾计算服务层，覆盖了包括 TensorFlow、PyTorch、

MindSpore、ONNX 框架在内的常用深度学习算法的计算类型，在算子库中占有最大比重。

选项 B：OpenCV 数据预处理算子库是一个基于开源发行的跨平台计算机视觉库，它实现了图像处理和计算机视觉方面的很多通用算法，已成为计算机视觉领域最有力的研究工具之一。从图 2-2 可以看出，CANN 并不包含 OpenCV 数据预处理算子库。

选项 C：BLAS 算子库位于昇腾计算服务层，提供了基础线性代数程序集，是进行向量和矩阵等基本线性代数计算的库。

选项 D：HCCL 在图 2-2 所示的架构中位于昇腾计算执行层，提供单机多卡以及多机多卡间的 Broadcast、AllReduce、ReduceScatter、AllGather 等集合通信功能，在分布式训练中提供高效的数据传输能力。

【答案】B

6.【单选题】小王在分析推理应用的性能问题，他使用性能分析工具排查出模型推理耗时较长，他可以使用以下哪个工具来调优模型？

A. ATC　　B. Profiling

C. AOE　　D. AMCT

【解析】

CANN 的总体架构如图 2-2 所示。

选项 A：ATC 是 CANN 体系下的模型转换工具。在模型转换过程中，ATC 会进行算子调度优化、权重数据重排、内存使用优化等具体操作，以对原始的深度学习模型进行调优，从而满足部署场景下的高性能需求，使模型能够高效执行在昇腾 AI 处理器上。

选项 B：Profiling 是昇腾性能分析工具，用于采集和分析运行在昇腾硬件上的 AI 任务各个运行阶段的关键性能指标，用户可根据输出的性能数据，快速定位软、硬件性能瓶颈，提升 AI 任务性能分析的效率。

选项 C：CANN 中的昇腾计算服务层提供 AOE，通过算子调优（OPAT）、子图调优（SGAT）、梯度调优（GDAT）、模型压缩（AMCT）提升模型端到端运行速度。

选项 D：AMCT（Ascend Model Compression Toolkit，昇腾模型压缩工具）是一个针对昇腾芯片亲和的深度学习模型压缩工具包，提供量化等多种模型压缩特性，模型经压缩后体积变小，部署到 NPU（昇腾 AI 处理器）上后可使能低比特运算，提高计算效率，达到性能提升的目标。AMCT 是 AOE 的一部分。

【答案】C

7.【单选题】TensorFlow、PyTorch 模型迁移主要依赖 CANN 软件栈的哪个功能模块？

A. 昇腾调优引擎（AOE）　　B. 昇腾计算执行引擎（ACE）

C. 框架适配器（Framework Adapter）　　D. 昇腾计算语言（AscendCL）接口

【解析】

CANN 的总体架构如图 2-2 所示。

选项 A：昇腾计算服务层提供 AOE，通过算子调优（OPAT）、子图调优（SGAT）、梯度调优（GDAT）、模型压缩（AMCT）提升模型端到端运行速度。

选项 B：昇腾计算执行层提供 ACE 负责模型和算子的执行，提供运行时库、图执行器、DVPP、AIPP、HCCL 等功能单元。

选项 C：框架适配器用于兼容 TensorFlow、PyTorch 等主流 AI 框架。TensorFlow、PyTorch 模型迁移主要依赖该功能模块。

选项 D：AscendCL 接口是昇腾计算开放编程框架，是对底层昇腾计算服务接口的封装。它提供设备管理、上下文管理、流管理、内存管理、模型加载与执行、算子加载与执行、媒体数据处理、图管理等 API 库，供用户开发 AI 应用。

【答案】C

8.【单选题】若使用昇腾计算语言接口 AscendCL 开发各类行业应用，例如搜索推荐、自然语言处理等，以下哪个不是 AscendCL 的优势？

A. 高度抽象：算子编译、加载、执行的 API 归一，相比每个算子一个 API，AscendCL 大幅减少 API 数量，降低复杂度

B. 向后兼容：AscendCL 具备向后兼容的能力，确保软件升级后，基于旧版本编译的程序依然可以在新版本上运行

C. 零感知芯片：一套 AscendCL 接口可以实现应用代码统一，多款昇腾 AI 处理器无差异

D. 降低复杂度：用户仅可以直接调用 AscendCL 接口，不可以通过第三方框架调用 AscendCL 接口

【解析】

AscendCL 是一套用于在昇腾平台上开发深度神经网络应用的 C 语言 API 库，提供运行资源管理、内存管理、模型加载与执行、算子加载与执行、媒体数据处理等 API，能够实现利用昇腾硬件计算资源在昇腾 CANN 平台上进行深度学习推理计算、图形图像预处理、单算子加速计算等能力。简单来说，AscendCL 就是统一的 API 框架，可用于实现对所有资源的调用。计算资源层是昇腾 AI 处理器的硬件算力基础，主要完成神经网络的矩阵相关计算、完成控制算子/标量/向量等通用计算和执行控制功能、完成图像和视频数据的预处理，为深度神经网络计算提供了执行上的保障。AscendCL 的优势如下。

- 高度抽象：算子编译、加载、执行的 API 归一，相比每个算子一个 API，AscendCL 大幅减少 API 数量，降低复杂度。
- 向后兼容：AscendCL 具备向后兼容的能力，确保软件升级后，基于旧版本编译的程序依然可以在新版本上运行。
- 零感知芯片：一套 AscendCL 接口可以实现应用代码统一，多款昇腾 AI 处理器无差异。

由上述可知，除选项 D 之外，其他几个选项都是 AscendCL 的优势。

【答案】D

9.【单选题】以下关于昇腾 AI 软件栈的环境的说法中，错误的是哪个选项？

A. Host 指与 Device 相连接的 x86 服务器、ARM 服务器，它会利用 Device 提供的 NN（Neural Network）计算能力完成业务

B. Device 指安装了昇腾 AI 处理器的硬件设备，利用 PCI-e 接口与 Host 侧连接，为 Host 提供 NN 计算能力

C. 开发环境与运行环境必须合设，不能分设，否则可能导致业务异常

D. 运行用户是指运行驱动进程、推理业务或执行训练的用户

【解析】

以 Atlas 200 DK 为例，其 CANN 软件部署场景如图 2-3 所示。

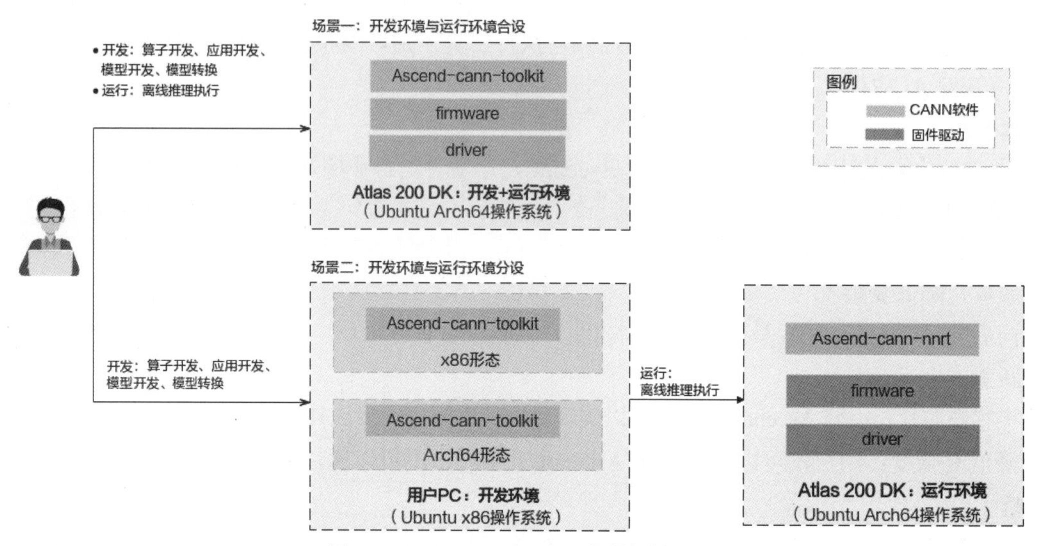

图 2-3 Atlas 200 DK CANN 软件部署场景

- 场景一：开发环境与运行环境合设（推荐使用此方式）。

  此种场景下，Atlas 200 DK 既作为开发环境，又作为运行环境，可进行算子开发、应用开发、模型开发及模型转换等功能的开发、编译，以及离线推理执行。此种场景下，Atlas 200 DK 需要接入互联网。

- 场景二：开发环境与运行环境分设。

开发环境：安装了 Ubuntu x86 操作系统的用户 PC。在该环境下开发者可进行算子开发、应用开发、模型开发及模型转换等功能的开发及编译。开发者可以直接使用制作 SD 卡的用户 PC 作为开发环境，若使用的开发环境不是制作 SD 卡的用户 PC，在进行 CANN 软件的安装前，需要参见配置网络连接将 Atlas 200 DK 与开发环境所在 PC 进行连接。

运行环境：Atlas 200 DK。将开发环境编译得到的应用程序可执行文件及依赖文件上传到 Atlas 200 DK 侧，进行离线推理执行。

选项 A：Host 指与 Device 相连接的 x86 服务器、ARM 服务器，它会利用 Device 提供的 NN 计算能力完成业务。该选项描述和表 2-2 关于 Host 的描述一致。

选项 B：Device 指安装了昇腾 AI 处理器的硬件设备，利用 PCI-e 接口与 Host 侧连接，为 Host 提供 NN 计算能力。该选项描述和表 2-2 关于 Device 的描述一致。

选项 C：开发环境与运行环境必须合设，不能分设，否则可能导致业务异常。图 2-3 表明开发环境与运行环境可以合设，也可以分设。该选项描述错误。

选项 D：运行用户是指运行驱动进程、推理业务或执行训练的用户。该选项描述正确。

【答案】C

10.【单选题】下列哪些产品不适用于边缘计算场景？

A. Atlas 200　　B. Atlas 300 推理卡　　C. Atlas 500　　D. Atlas 800

【解析】

选项 A：Atlas 200 在端侧实现目标识别、图像分类等，广泛应用于智能摄像机、机器人、无人机等端侧 AI 场景，属于端侧产品。

选项 B：Atlas 300 推理卡提供 AI 推理、视频分析等功能，支持检索聚类 OCR、语音分析、视频分析等场景，属于边侧产品。

选项 C：Atlas 500 具有超强计算性能，以及体积小、环境适应性强、易于维护等特点，可以在边缘场景中广泛部署，属于边侧产品。

选项 D：Atlas 800 具有超强计算性能，可广泛应用于中心侧 AI 推理、深度学习模型开发和训练场景，属于云端产品，不适用于边缘计算场景。该选项正确。

【答案】D

11.【多选题】以下哪些选项属于图像预处理技术？

A. 直方图均衡化　　B. 对比度压缩　　C. 灰度变换　　D. 均值滤波

【解析】

图像预处理是指在进行更高级的图像分析或者机器学习之前，对图像进行的一系列基础处理操作，目的是改善图像质量、突出特征、减少噪声等，以便后续步骤能更准确、高效地进行。

选项 A：如图 2-4 所示，直方图均衡化是指调整原始图像的直方图，即灰度概率分布图，使之呈均衡分布的样式，以达到灰度级均衡的效果，可以有效增强图像的整体对比度。直方图均衡化能够自动地计算变换函数，并产生有均衡直方图的输出图像，因此能够有效解决图像过暗、过亮和细节不清晰的问题。该选项正确。

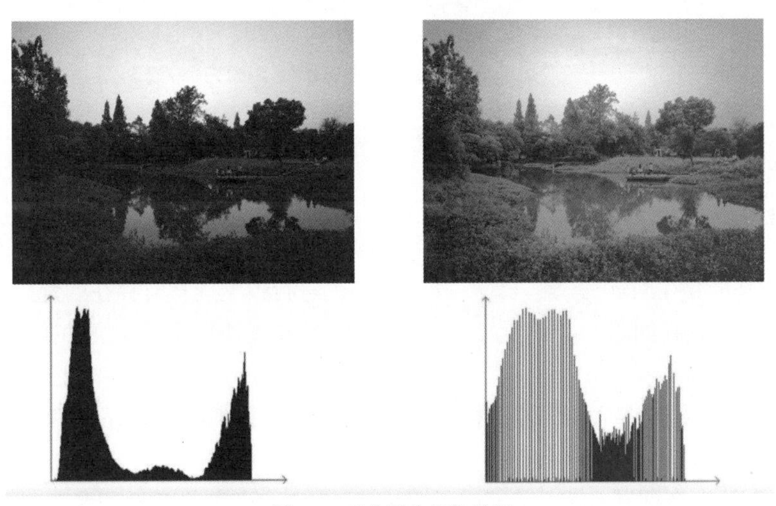

图 2-4　直方图均衡化示例

选项 B：对比度压缩通过减小相邻灰度级的灰度差别实现。对比度压缩的映射函数和示例如图 2-5 所示，当 d2 与 d1 的差值小于 s2 与 s1 的差值时，原始图像中灰度级处于[s1, s2]的像素点会被压缩到[d1, d2]，实现对比度压缩的效果。该选项正确。

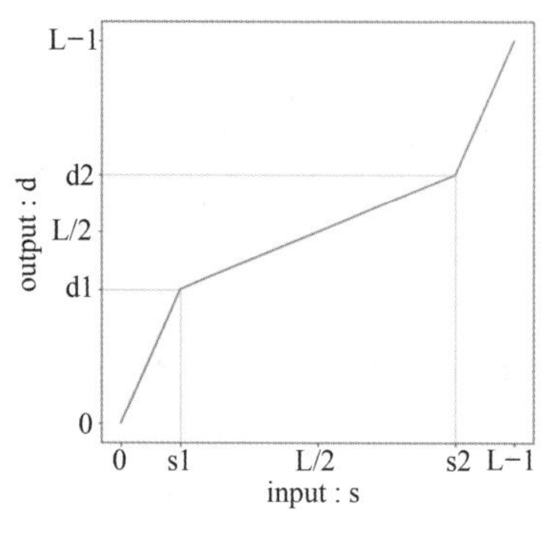

图 2-5　对比度压缩的映射函数和示例

选项 C：灰度变换是一种基础的图像处理方法，通过对图像的每个像素点的灰度值进行数学变换（如线性变换、对数变换、指数变换等），调整图像的整体亮度和对比度，常用于灰度图像的校正，属于图像预处理技术范畴。该选项正确。

选项 D：均值滤波采用模板权重都为 1 的滤波器，它将像素的邻域平均值作为输出结果。利用均值滤波可以实现图像平滑的效果，也可以去除图像噪声，但随着模板尺寸的增加，图像会变得模糊，如图 2-6 所示，因此均值滤波经常用于图像模糊化操作。该选项正确。

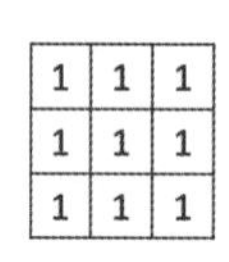

图 2-6　均值滤波

【答案】ABCD

12.【多选题】训练网络精度问题一般源于以下哪些方面？

A. 提供的参考基准存在问题　　B. 进行模型迁移时存在问题

C. 网络中算子精度存在问题　　D. 网络使用框架的精度存在问题

【解析】

训练网络精度是指模型在训练和测试过程中准确预测目标结果的能力，影响训练网络精度的问题主要包括以下几个方面。

- 提供的参考基准存在问题：参考基准用于评估模型的性能。如果参考基准存在问题，比如数据集不完整、标签不准确或不适合当前任务，都会导致训练网络精度下降。因此，确保参考基准的准确性和适用性至关重要。
- 进行模型迁移时存在问题：模型迁移是指将在一个领域中训练好的模型应用到其他相关领域。在模型迁移过程中，如果源领域和目标领域的特征分布差异较大，或模型未能充分适应目标领域的数据，都会影响训练网络精度。因此，在进行模型迁移时，需要特别关注数据特征的相似性和模型适应性。

- 深度学习网络中使用的算子精度存在问题：深度学习网络中使用的算子如卷积、池化等，其精度直接影响模型的性能。如果算子精度不足，会引入计算误差，导致训练网络精度下降。因此，使用高精度算子和优化计算过程对于提高训练网络精度至关重要。

因此，选项 A、B、C 正确。对选项 D 来说，虽然深度学习框架在进行数值计算时的精度会影响模型的性能，但在现代深度学习框架中，框架精度问题通常已经被优化和解决，不会影响训练网络精度，故选项 D 错误。

【答案】ABC

13.【多选题】构建模型输入输出数据结构时，在(1)、(2)空缺处，需补充什么代码？

```
void CreateModelOutput(){
  modelDesc = aclmdlCreateDesc( );
  aclError ret = aclmdlGetDesc(modelDesc, modelId);
  outputDataSize = aclmdlGetOutputSizeByIndex(modelDesc, 0);
  ret = aclrtMalloc(&outputDeviceData, outputDataSize, ACL_MEM_MALLOC_HUGE_FIRST);
  outputDataBuffer= aclCreateDataBuffer(outputDeviceData, (1));
  ret= aclmdlAddDatasetBuffer(outputDataSet, (2));
}
```

A. outputDataSize　　B. modelDesc

C. outputDataBuffer　　D. modelId

【解析】

在构建模型输入输出数据结构时，需要确保数据缓冲区和数据集的正确性。

- outputDataSize 是输出数据的大小，通过 aclmdlGetOutputSizeByIndex(modelDesc, 0) 获取。
- outputDeviceData 是分配的设备内存地址，内存大小为 outputDataSize。
- outputDataBuffer 是通过 aclCreateDataBuffer 创建的，参数需要包括设备数据和数据大小。
- outputDataSet 是数据集，通过 aclmdlAddDatasetBuffer 添加数据缓冲区。

根据函数原型和参数要求进行补充。

- aclCreateDataBuffer 的第一个参数是设备内存地址，第二个参数是内存大小。因此，(1)空缺处应为 outputDataSize。
- aclmdlAddDatasetBuffer 的第一个参数是数据集，第二个参数是数据缓冲区。因此，(2)空缺处应为 outputDataBuffer。

modelDesc 是模型描述信息，由 aclmdlCreateDesc 创建，与本题无关。

modelId 是主函数加载的模型，与本题无关。

【答案】AC

14.【多选题】某厂商购买了一批昇腾设备用于大模型训练，希望能基于昇腾 AI 算力，发挥极致性能，关于昇腾计算能力的优势，说法正确的是哪些选项？

A. 昇腾可以直接对接各主流 AI 框架，无须进行模型的迁移、适配

B. 华为自研达芬奇架构，针对 AI 计算特点，包含大 Cube 计算单元，矩阵乘法计算效率高，达到极致面效比

C. 匹配 AI 应用场景，最优配比算力、内存、带宽

D. 任务下沉到 NPU 内，减少 CPU+NPU 外部互操作，提升效率，提高系统密度，降低功耗

【解析】

昇腾设备的算力是由昇腾 AI 处理器提供的。

选项 A：昇腾 AI 处理器对多种主流 AI 框架提供了支持，但在实际应用中，用户可能仍需要进行一些模型的迁移、适配工作，以确保模型在昇腾平台上能够高效运行。该选项错误。

选项 B：华为的昇腾 AI 处理器采用了自研的达芬奇架构，该架构专门针对 AI 计算进行了优化，特别是其大 Cube 计算单元显著提高了矩阵乘法的计算效率，从而实现了高效的计算能力和极致的面效比。这一特点是昇腾计算能力的核心优势之一。该选项正确。

选项 C：昇腾 AI 处理器在设计时考虑了 AI 应用场景的多样性，通过优化算力、内存和带宽的配比来满足不同的需求。这种设计保证了昇腾 AI 处理器在各种应用场景下都能提供最佳性能，从而提升了整体的计算效率。该选项正确。

选项 D：昇腾 AI 处理器通过将任务下沉到 NPU（Neural Processing Unit，神经网络处理单元）内，减少了 CPU 和 NPU 之间的外部互操作。这种设计不仅提高了计算效率，还通过优化系统架构提高了系统密度，进一步降低了功耗，从而提升了整体性能和能效比。该选项正确。

【答案】BCD

15.【多选题】小李准备将 PyTorch 网络从 GPU 迁移到昇腾设备上，他可以采取以下哪些迁移方式？

A. 手动迁移

B. 使用 transfer_to_npu 自动迁移

C. 使用脚本转换工具迁移

D. 使用 PyTorch 1.x 框架开发的模型时无须适配即可在昇腾 AI 处理器上执行训练

【解析】

选项 A：手动迁移是一种常见的迁移方式，开发者可以根据昇腾设备的特性，手动修改 PyTorch 代码，以确保其在昇腾 AI 处理器上高效运行。这通常需要深入理解硬件架构和相应的编程模型。该选项正确。

选项 B：自动迁移工具 transfer_to_npu 可以帮助开发者将 PyTorch 网络自动迁移到昇腾设备上，大大减少迁移的工作量并降低了迁移的复杂性，使得迁移过程更加快捷和方便。该选项正确。

选项 C：脚本转换工具是一种有效的迁移方式，可以自动或半自动地将现有的 PyTorch 代码转换为适用于昇腾设备的代码。这种工具可以帮助开发者更快地完成迁移工作，减少手动调整的需求。该选项正确。

选项 D：尽管昇腾设备支持多种主流 AI 框架，包括 PyTorch，但在实际应用中，直接使用 PyTorch 1.x 框架开发的模型通常还是需要进行一些适配工作才能在昇腾 AI 处理器上执行训练。该选项错误。

【答案】ABC

16.【多选题】以下哪些是目标检测技术的应用场景？

A. 口罩佩戴识别　　B. 车辆检测

C. 图像风格化　　D. 行人检测

【解析】

目标检测的任务是找出图像中所感兴趣的目标或物体，确定它们的类别和位置。

选项 A：口罩佩戴识别是目标检测技术的一个典型应用场景，是指通过识别图像中人脸的特定区域是否有口罩来判断口罩的佩戴情况。该选项正确。

选项 B：车辆检测是目标检测技术的一个重要应用场景，是指利用目标检测技术识别和定位图像或视频中的车辆，广泛应用于智能交通、监控等领域。该选项正确。

选项 C：图像风格化不属于目标检测技术的应用范畴，图像风格化主要涉及图像生成和转换，而非对特定目标的识别与定位。该选项错误。

选项 D：行人检测是目标检测技术的重要应用场景之一，是指利用目标检测技术检测图像或视频中的行人位置，应用于视频监控、自动驾驶等多个领域。该选项正确。

【答案】ABD

17.【多选题】昇腾 CANN 通过图编译技术使能并行计算加速，充分发挥昇腾处理器的计算能力，图编译加速技术包括以下哪些选项？

A. 自动流水线　　　　B. 算子深度融合

C. 整图下沉　　　　　D. 自适应梯度切分

【解析】

选项 A：如图 2-7 所示，CANN 5.0 将计算指令和数据载入实现多流水并行，该优化允许用户对载入数据进行分段，当载入数据满足分段数据量时即刻启动后续计算逻辑，同时后续数据持续载入，当后续分段数据载入完成且流水空闲时，依次再启动后续计算逻辑，充分发挥昇腾 AI 处理器的多流水并行能力，实现无缝多流水衔接。该选项正确。

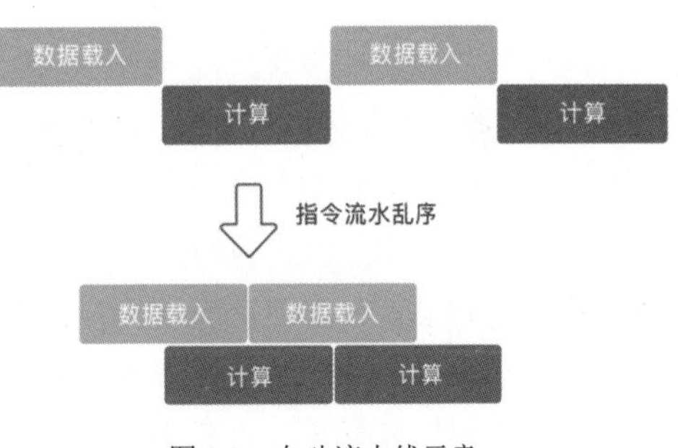

图 2-7　自动流水线示意

选项 B：随着网络结构日益复杂，数据在内外存的搬运以及多算子对应多指令带来的性能开销已经越发不可忽视。CANN 5.0 在 CANN 3.0 基础上识别了更多的融合场景，通过多算子自动融合减少计算节点数，有效减少内存复制；并且通过灵活可定制的融合规则让计算图中的算子得以最大程度地融合，为开发者赢得了更多的计算性能收益。该选项正确。

选项 C：昇腾 AI 处理器集成了丰富的计算设备资源，比如 AI Core/AI CPU/DVPP/AIPP 等。得益于昇腾 AI 处理器上丰富的“土壤”，CANN 不仅可以将计算部分下沉到昇腾 AI 处理器加速，还可以将控制流、DVPP、通信部分一并下沉执行。尤其是在训练场景中，这种把逻辑复杂计算图的全部闭环在 AI 处理器内执行的能力，能有效减少和 Host CPU 的交互时间，提升计算性能。该选项正确。

选项 D：在大规模集群训练场景下，通常需要进行成千上万轮迭代计算，每轮迭代包括正、反两个方向的逐层前馈计算。大部分同步更新算法要求在下一轮迭代正向计算开始前，各计算节点间需要同步好梯度数据，完成梯度更新。这就会导致在两轮迭代之间产生等待间隙，即通信拖尾。如图 2-8 所示，CANN 5.0 通过自适应梯度切分算法，自动搜索出最优梯度参数切分方式，为梯度传输选择合适的通信时机和通信量，最大限度让计算和通信并行执行，将通信拖尾时间降至最小，可促使集群训练达到最优性能。该选项正确。

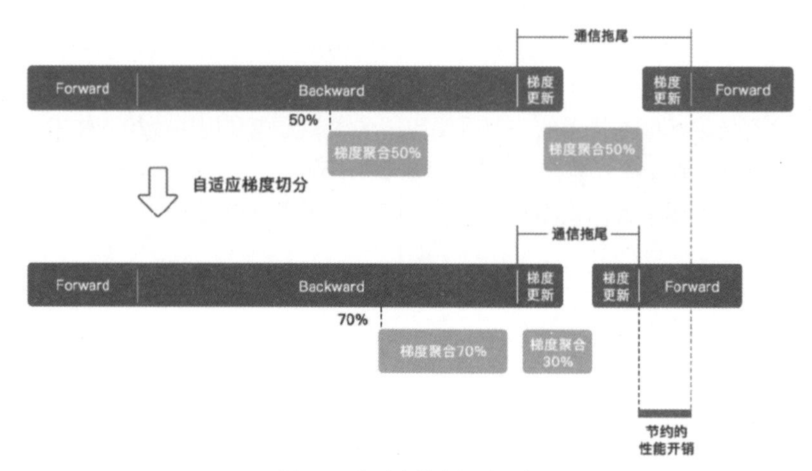

图 2-8　自适应梯度切分示意

【答案】ABCD

18.【多选题】基于 CANN 的训练网络精度调优一般包括以下哪些手段？

A. 浮点异常检测　　　　B. 融合异常检测

C. 整网数据比对　　　　D. 随机错误检测

【解析】

选项 A：在训练网络执行过程中，可能发生频繁的浮点异常问题，例如损失缩放（Loss Scale）值下降次数较多或直接下降为 1，此时需要通过分析溢出数据，对频繁发生的浮点异常问题进行定界、定位，提升训练过程的稳定性和准确性。该选项正确。

选项 B：在训练网络执行过程中，系统会根据内置的融合规则对网络中的算子进行融合，以达到提高网络性能的效果。该选项正确。

选项 C：在训练网络精度仍未达预期时，通过采集训练过程中各算子的运算结果（即 Dump 数据），并将它与业界标准算子（如 TensorFlow）的运算结果进行数据偏差对比，快速定位到具体算子的精度问题。该选项正确。

选项 D：在训练网络执行过程中，可能存在部分计算过程在相同输入的情况下给出了不同的输出的问题。当出现以上随机问题时，可以执行两次训练，并分别采集训练过程中各算子的运算结果（即 Dump 数据），通过比对分析，快速定位到导致随机问题的算子层。该选项正确。

【答案】ABCD

19.【判断题】数字图像处理的量化过程是将采样点的传感器信号转换成离散的整数值，量化等级越多，所得图像层次越丰富，灰度分辨率越高，图像质量越好，数据量越小。

【解析】

数字图像处理中的量化过程是指将连续的模拟信号转换成离散的整数值。这一过程将对传感器采集的模拟信号进行离散化处理，使其能够在数字系统中表示和处理。量化等级的多少直接影响图像的层次表现和灰度分辨率。量化等级越多，图像能够表现出的灰度等级就越多灰度分辨率就越高，图像的细节和层次也会更丰富，因而图像质量会更好。然而，量化等级越多，所需的存储空间和数据量会相应增加，而不是减少。题目中提到的“数据量越小”说法是错误的。

【答案】错误

20.【判断题】在基于 AscendCL 接口开发应用时，模型执行结束后，须及时释放内存、销毁对应的数据类型，防止内存异常。模型可能存在多个输入、多个输出，只需调用一次 aclDestroyDataBuffer 接口可销毁所有输入/输出的 aclDataBuffer 类型。

【解析】

在基于 AscendCL 接口开发应用时，确实需要在模型执行结束后及时释放内存、销毁对应的数据类型，以防止内存泄露或异常。这包括释放模型的输入和输出所使用的 aclDataBuffer 类型。但是，题目中提到的“只需调用一次 aclDestroyDataBuffer 接口可销毁所有输入/输出的 aclDataBuffer 类型”说法是错误的。实际上，aclDestroyDataBuffer 接口需要针对每一个 aclDataBuffer 实例单独调用。因此，对于每个输入和输出的 aclDataBuffer 类型，都需要分别调用 aclDestroyDataBuffer 接口来销毁它们。

【答案】错误

21.【判断题】昇腾智造解决方案的推理引擎是 mxManufacture。

【解析】

mxManufacture 包含训练服务和推理服务，适用于物体检测、物体分类、文字检测、文字识别和语义分割场景，在各场景的处理流程中均涉及模型训练、模型评估、模型转换、推理服务及可视化过程。其中，训练服务基于 MindSpore 的训练代码进行场景封装，推理服务通过开放 RESTful 接口提供推理服务。

【答案】正确

22.【判断题】某公司的 AI 应用工程师在昇腾设备上开发推理应用，在模型推理结束后，他忘记调用卸载模型的接口，这时，应用进程退出时会自动卸载模型，不会出错。

【解析】

在昇腾设备上开发推理应用时，模型推理结束后应及时调用卸载模型的接口，以确保资源被正确释放。如果忘记调用卸载模型的接口，虽然操作系统通常会在应用进程退出时自动回收进程相关的资源，包括未卸载的模型，但这并不能保证在所有情况下都不会出错。特别是在长时间运行或高并发环境下，未及时释放资源可能会导致内存泄露等问题。因此，依赖操作系统自动回收进程相关的资源不是一种推荐的做法，也不能保证完全不会出错。

【答案】错误

23.【判断题】mxVision 致力于简化昇腾芯片推理业务开发过程，降低使用昇腾芯片进行开发的门槛。该 SDK 采用模块化的设计理念，将业务流程中的各个功能单元封装成独立的插件，通过插件的串接快速构建业务。

【解析】

mxVision 是一个致力于简化昇腾芯片推理业务开发过程的解决方案，目的是降低使用昇腾芯片进行开发的门槛。该 SDK 采用模块化的设计理念，将业务流程中的各个功能单元封装成独立的插件，使开发者可以通过插件的串接快速构建业务。模块化设计的优势在于提高了开发效率和代码复用性，同时也简化了复杂业务逻辑的实现和维护。因此，题目中的描述是准确的，mxVision 通过这种方式帮助开发者更方便地进行业务开发。

【答案】正确

2.2　昇腾全栈 AI 平台模块真题解析

1.【单选题】关于华为全栈全场景 AI 解决方案，以下描述中错误的是哪一项？

A. 应用使能：提供全流程服务（ModelArts）、分层 API 和预集成方案

B. Ascend：基于统一、可扩展架构的系列化 AI IP 和芯片

C. Atlas：基于 Ascend 系列 AI 处理器，通过丰富的产品形态，打造面向“端、边、云”的全场景 AI 基础设施方案

D. MindSpore：芯片算子库和高度自动化算子开发工具

【解析】

华为昇腾全栈全场景 AI 解决方案如图 2-9 所示。全栈是指技术功能视角，是包括芯片、芯片使能、训练和推理框架以及应用使能在内的全堆栈方案；全场景是指包括公有云、私有云、各种边缘计算、物联网行业终端以及消费类终端等全场景的部署环境。

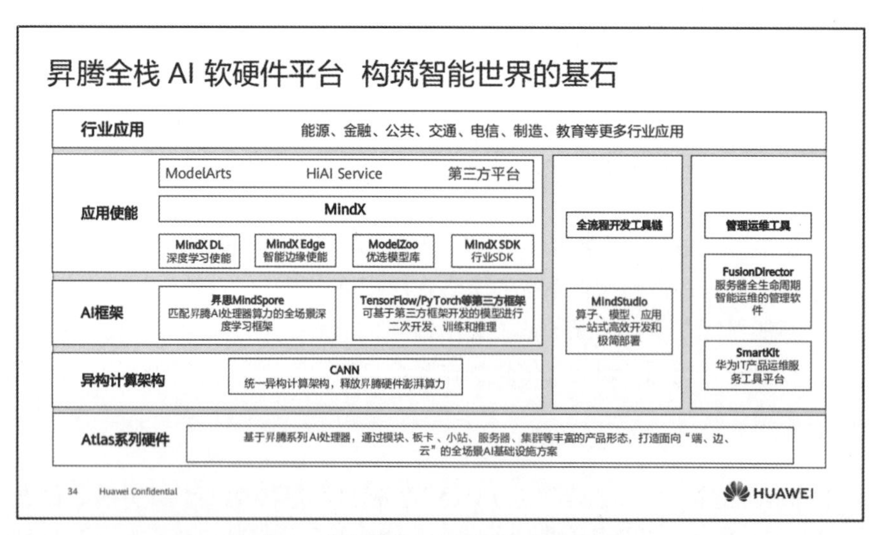

图 2-9　华为昇腾全栈全场景 AI 解决方案

Ascend 和 Atlas 的关系：基于 Ascend 系列 AI 处理器和基础软件构建 Atlas AI 计算解决方案，包括 Atlas 系列模块、板卡、小站、服务器、集群等丰富的产品形态，打造面向“端、边、云”的全场景 AI 基础设施方案，覆盖深度学习领域推理和训练全流程。

- Atlas 系列硬件。Atlas 作为华为全栈全场景 AI 解决方案的基石，基于昇腾系列 AI 处理器提供了模

块、板卡、服务器等不同形态的产品，满足客户全场景的算力需求，打造面向“端、边、云”的全场景 AI 基础设施方案。

- 异构计算架构：CANN 是芯片算子库和高度自动化算子开发工具。
- AI 框架：MindSpore 支持端、边、云独立的和协同的统一训练和推理框架。
- 应用使能：提供全流程服务（ModelArts）、分层 API 和预集成方案。
- 行业应用：包含能源、金融、公共、交通、电信、制造、教育等更多行业应用。

选项 A：应用使能。图 2-9 所示的应用使能包含 ModelArts，该选项描述正确。

选项 B：Ascend，是基于统一、可扩展架构的系列化 AI IP 和芯片，该选项描述正确。

选项 C：Atlas，即昇腾 Atlas 系列硬件。和图 2-9 描述一致，该选项描述正确。

选项 D：MindSpore。MindSpore 是 AI 框架，CANN 才是芯片算子库和高度自动化算子开发工具。该选项描述错误。

【答案】D

2.【单选题】MindX 中既可以抠图又可以缩放图像的插件是以下哪个？

A. mxpi_imageresize

B. mxpi_imagecrop

C. mxpi_imagedecoder

D. mxpi_imagecrop2resize

【解析】

MindX 是指昇腾应用使能，包含 MindX DL、MindX Edge、ModelZoo、MindX SDK。

- MindX DL：支持基于昇腾 AI 处理器的数据中心训练和推理硬件的深度学习组件，提供昇腾 AI 处理器调度、集群性能测试等基础功能，为上层模型训练、模型评估、模型部署、模型推理等应用提供底层软件支持。深度学习平台开发厂商可以减少底层资源调度相关软件开发工作量，快速使能合作伙伴基于 MindX DL 开发深度学习平台。
- MindX Edge：提供边缘 AI 业务基础组件管理和边缘 AI 业务容器的全生命周期管理能力，同时提供节点看管、日志采集等统一运维能力和严格的安全可信保障；为客户提供完整的边缘与云及数据中心协同的边缘计算解决方案，使能客户快速构建边缘 AI 业务。
- ModelZoo：昇腾旗下的开源 AI 模型平台，涵盖计算机视觉、自然语言处理、语音、推荐、多模态、大语言模型等方向的 AI 模型及其基于昇腾处理器的实操案例。该平台的每个模型都有详细的使用指导，同时提供了高质量模型的在线推理体验服务，帮助客户直观感受模型的效果与性能。
- MindX SDK：提供由昇腾 AI 处理器加速的各类 AI SDK，提供极简易用的 API，加速高性能 AI 应用的开发，赋能千行百业。

从以上介绍可以推测出用于缩放图像的插件应该在 MindX SDK 中，继续在 MindX SDK 中查询相关插件的信息。

- mxpi_imageresize：对解码后的 YUV、RGB 格式的图像进行指定宽高的缩放。其中，YUV420 既支持 4K 大小的图像，也支持 8K 大小的图像。其他 YUV 格式只支持 4K 大小的图像，如 YUV422、YUV444 等。RGB 格式支持 RGB888 和 BGR888。
- mxpi_imagecrop：支持根据目标检测的(x,y)坐标和(width,height)宽高进行图像裁剪（抠图）；支持指定上下左右 4 个方向的扩边比例，扩大目标框的区域进行图像裁剪；支持指定缩放后的宽高将裁剪

（抠图）的图像缩放到指定宽高。

- mxpi_imagedecoder：用于图像解码，当前只支持 JPG/JPEG/BMP 格式。JPG/JPEG 输入图片格式约束：只支持 Huffman 编码，码流的抽样格式为 444/422/420/400/440、不支持算术编码、不支持渐进 JPEG 格式、不支持 JPEG2000 格式。
- mxpi_imagecrop2resize：无此插件。

选项 A：mxpi_imageresize 能缩放图像，不能抠图。

选项 B：mxpi_imagecrop 能抠图，能缩放图像。该选项正确。

选项 C：mxpi_imagedecoder 用于图像解码，不能抠图，不能缩放图像。

选项 D：mxpi_imagecrop2resize 不存在。

【答案】B

3.【单选题】昇腾软件栈中的 IDE 工具是以下哪个？

A. MindStudio　　B. MindSpore

C. MindSpore Studio　　D. CANN

【解析】

MindStudio 是华为面向昇腾 AI 开发者提供的一站式开发环境和工具集，致力于提供端到端的昇腾 AI 应用开发解决方案。MindStudio 提供 AI 开发中所需的一站式开发环境，支持模型开发、应用开发以及算子开发 3 个主流程中的开发任务。依靠模型可视化、算力测试、IDE（Integrated Development Environment，集成开发环境）本地仿真调试等功能，MindStudio 能够帮助用户在一个工具上高效、便捷地完成 AI 应用开发。

选项 A：MindStudio 提供 IDE。该选项正确。

选项 B：MindSpore 提供端、边、云独立的和协同的统一训练和推理框架，不是 IDE。该选项错误。

选项 C：MindSpore Studio 不存在。

选项 D：CANN 是异构计算架构，向上支持多种 AI 框架，向下服务 AI 处理器与编程，发挥承上启下的关键作用，是提升昇腾 AI 处理器计算效率的关键平台，不是 IDE。该选项错误。

【答案】A

4.【单选题】以下哪个不是 CANN 提供的昇腾加速组件？

A. 高性能算子库

B. 算子编程工具

C. 深度学习框架，例如 PyTorch/onnx.parser

D. 模型编译优化引擎和模型 IR 转换工具，例如 onnx.parser

【解析】

选项 A：CANN 提供基于昇腾处理器深度协同优化的高性能算子库 CCE。

选项 B：CANN 提供算子编程工具 TBE，预置丰富的 API，用户可以自定义算子开发和自动化调优。

选项 C：深度学习框架 PyTorch 并不是 CANN 提供的。

选项 D：CANN 提供模型编译优化引擎和模型 IR 转换工具。

【答案】C

5.【单选题】我们可以使用高阶封装 Model 自动构建训练网络，其中哪一个传入的参数表示损失函数？

A. loss_fn　　B. cost

C. loss　　D. metrics

【解析】

Model 是 MindSpore 提供的高阶 API，可以进行模型训练、评估和推理。其接口的常用参数如下。

network：用于训练或推理的神经网络。

loss_fn：所使用的损失函数。

optimizer：所使用的优化器。

metrics：用于模型评估的评价函数。

eval_network：模型评估所使用的网络，在未定义的情况下，Model 会使用 network 和 loss_fn 进行封装。

Model 提供了以下接口用于模型训练、评估和推理。

fit：一边训练一边评估模型。

train：用于在训练集上进行模型训练。

eval：用于在验证集上进行模型评估。

predict：用于对输入的一组数据进行推理，输出预测结果。

选项 A：loss_fn 表示所使用的损失函数。该选项正确。

选项 B：cost，是否存在未知。

选项 C：loss，是否存在未知。

选项 D：metrics 表示用于模型评估的评价函数。该选项错误。

【答案】A

6.【单选题】昇腾 CANN 提供的分析应用性能数据的工具是以下哪个？

A. AOE　　B. Profiling

C. ATC　　D. AMCT

【解析】

选项 A：CANN 中的昇腾计算服务层提供 AOE，通过算子调优（OPAT）、子图调优（SGAT）、梯度调优（GDAT）、模型压缩（AMCT）提升模型端到端运行速度。

选项 B：Profiling 是昇腾性能分析工具，用于采集和分析运行在昇腾硬件上的 AI 任务各个运行阶段的关键性能指标，用户可根据输出的性能数据，快速定位软、硬件性能瓶颈，提升 AI 任务性能分析的效率。

选项 C：ATC 是 CANN 体系下的模型转换工具。在模型转换过程中，ATC 会进行算子调度优化、权重数据重排、内存使用优化等具体操作，以对原始的深度学习模型进行调优，从而满足部署场景下的高性能需求，使模型能够高效执行在昇腾 AI 处理器上。

选项 D：AMCT 是一个针对昇腾芯片亲和的深度学习模型压缩工具包，提供量化等多种模型压缩特性，模型经压缩后体积变小，部署到 NPU（昇腾 AI 处理器）上后可使能低比特运算，提高计算效率，达到性能提升的目标。AMCT 是 AOE 的一部分。

【答案】B

7.【单选题】以下哪个是正确的基于 AscendCL 接口开发昇腾 AI 推理应用的基本流程?

A. 运行管理资源申请→模型加载→模型执行→模型卸载→运行管理资源释放

B. AscendCL 初始化→运行管理资源申请→模型加载→模型执行→运行管理资源释放→AscendCL 去初始化

C. AscendCL 初始化→运行管理资源申请→模型执行→模型卸载→运行管理资源释放→AscendCL 去初始化

D. AscendCL 初始化→运行管理资源申请→模型加载→模型执行→模型卸载→运行管理资源释放→AscendCL 去初始化

【解析】

基于 AscendCL 开发昇腾 AI 推理应用的基本流程如图 2-10 所示。

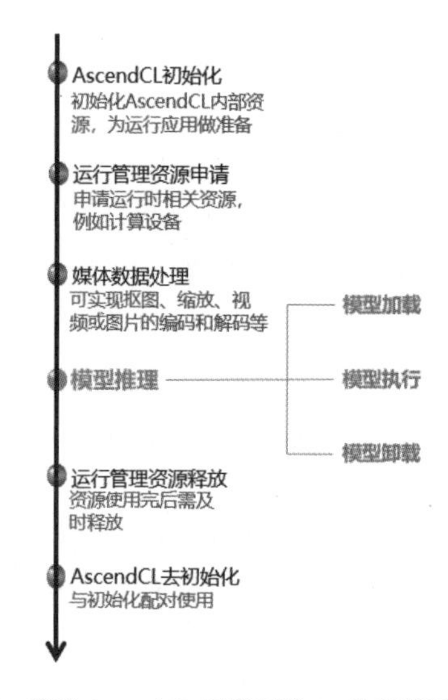

图 2-10　基于 AscendCL 开发昇腾 AI 推理应用的基本流程

选项 A：与图 2-10 所示流程不一致。该选项错误。

选项 B：与图 2-10 所示流程不一致。该选项错误。

选项 C：与图 2-10 所示流程不一致。该选项错误。

选项 D：与图 2-10 所示流程一致。该选项正确。

【答案】D

8.【单选题】Atlas 200I DK A2 开发板主要搭载的是华为的哪款 AI 处理器?

A. 昇腾推理芯片　　B. 昇腾训练芯片

C. Hi3559A　　D. Hi3519

【解析】

Atlas 200I DK A2 搭载的是昇腾 310 系列 AI 处理器，昇腾 310 系列 AI 处理器为昇腾推理芯片。

【答案】A

9. 【单选题】以下哪项不属于 MindX 应用使能组件系列？

A. MindX Edge
B. MindX SDK
C. ModelZoo
D. ModelArts

【解析】

MindX 应用使能组件包含 MindX DL、MindX Edge、MindX SDK、ModelZoo。ModelArts 是华为全栈全场景 AI 解决方案中的应用使能组件之一，但不是 MindX 应用使能组件。

【答案】D

10. 【单选题】MindX 应用使能组件系列中提供预训练模型的是？

A. ModelZoo
B. MindX DL
C. MindX SDK
D. MindX Edge

【解析】

MindX 是指昇腾应用使能，包含 MindX DL、MindX Edge、ModelZoo、MindX SDK。

- ModelZoo：昇腾旗下的开源 AI 模型平台，涵盖计算机视觉、自然语言处理、语音、推荐、多模态、大语言模型等方向的 AI 模型及其基于昇腾处理器的实操案例。该平台的每个模型都有详细的使用指导，平台还提供了高质量模型的在线推理体验服务，帮助客户直观感受模型的效果与性能。
- MindX DL：基于昇腾 AI 处理器的训练和推理深度学习组件，提供昇腾 AI 处理器调度、集群性能测试等基础功能，为上层模型训练、模型评估、模型部署、模型推理等应用提供底层软件支持。深度学习平台开发厂商可以减少底层资源调度相关软件开发工作量，快速使能合作伙伴基于 MindX DL 开发深度学习平台。
- MindX SDK：提供昇腾 AI 处理器加速的各类 AI SDK，提供极简易用的 API，加速高性能 AI 应用的开发，赋能千行百业。
- MindX Edge：提供边缘 AI 业务基础组件管理和边缘 AI 业务容器的全生命周期管理能力，同时提供节点看管、日志采集等统一运维能力和严格的安全可信保障；为客户提供完整的边缘与云及数据中心协同的边缘计算解决方案，使能客户快速构建边缘 AI 业务。

【答案】A

11. 【单选题】在昇腾 AI 应用中，关于运行管理资源的释放顺序，正确的是哪一项？

A. Stream→Device→Context
B. Stream→Context→Device
C. Device→Context→Stream
D. Device→Stream→Context

【解析】

运行管理资源释放流程如图 2-11 所示，其中的关键接口的说明如下。

- 释放运行管理资源时，须按 Stream、Context、Device 的顺序依次释放。
- 显式创建 Context 和 Stream 时，需调用 aclrtDestroyStream 接口释放 Stream，再调用 aclrtDestroyContext 接口释放 Context。若显式调用 aclrtSetDevice 接口指定运算的 Device，还需调用 aclrtResetDevice 接口释放 Device 上的资源。

- 不显式创建 Context 和 Stream 时，仅需调用 aclrtResetDevice 接口释放 Device 上的资源。

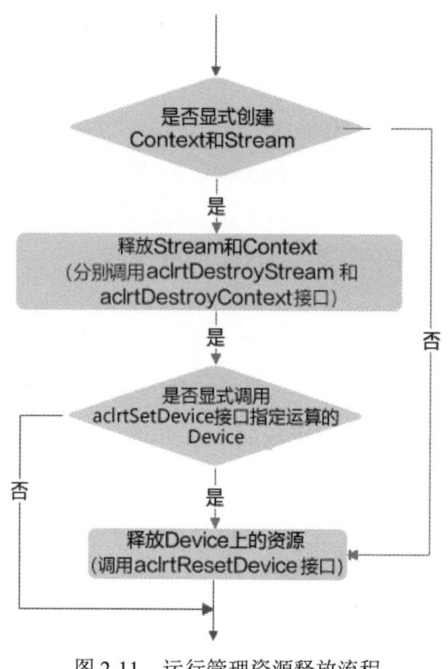

图 2-11　运行管理资源释放流程

选项 A：Stream→Device→Context。该流程和图 2-11 所示的运行管理资源释放流程描述不一致。该选项错误。

选项 B：Stream→Context→Device。该流程和图 2-11 所示的运行管理资源释放流程描述一致。该选项正确。

选项 C：Device→Context→Stream。该流程和图 2-11 所示的运行管理资源释放流程描述不一致。该选项错误。

选项 D：Device→Stream→Context。该流程和图 2-11 所示的运行管理资源释放流程描述不一致。该选项错误。

【答案】B

12.【单选题】以下关于 AscendCL 初始化的描述中，错误的是哪一项？

A. 一个应用程序进程内可以调用多次 aclInit 接口进行 AscendCL 初始化

B. AscendCL 初始化时，可以通过 JSON 配置文件配置 Dump 信息、Profiling 采集信息等

C. 如果默认配置已满足需求，无须修改，可向 aclInit 接口中传入 NULL，或者可将配置文件配置为空 JSON 串（即配置文件中只有{}）

D. 使用 AscendCL 接口开发应用时，必须先调用 aclInit 接口，否则可能会导致后续系统内部资源初始化出错，进而导致其他业务异常

【解析】

必须调用 aclInit 接口初始化 AscendCL，配置文件内容的格式为 JSON 格式。如果当前的默认配置已满

足需求，无须修改，可向 aclInit 接口中传入 NULL，或者可将配置文件配置为空 JSON 串（即配置文件中只有{}）。向 aclInit 接口中传入空指针的示例如下：

```
aclError ret = aclInit(NULL);
```

进行了初始化就需进行去初始化，在确定完成了 AscendCL 的所有调用之后，或者进程退出之前，需调用 aclFinalize 接口实现 AscendCL 去初始化。

AscendCL 初始化函数 aclInit 的约束说明如下。

- 使用 AscendCL 接口开发应用时，必须先调用 aclInit 接口，否则可能会导致后续系统内部资源初始化出错，进而导致其他业务异常。
- 一个进程内只能调用一次 aclInit 接口，且需与 aclFinalize 去初始化接口配对使用。
- 函数原型为：

```
aclError aclInit(const char *configPath)
```

aclInit 的参数说如表 2-3 所示。

表 2-3 aclInit 的参数说明

参数名	输入/输出	说明
configPath	输入	配置文件所在路径的指针，包含文件名，配置文件内容为 JSON 格式（JSON 文件内的“{”的层级最多为 10，“[”的层级最多为 10）。如果以下默认配置已满足需求，无须修改，可向 aclInit 接口中传入 NULL，或者可将配置文件配置为空 JSON 串（即配置文件中只有{}）。 配置文件格式为 JSON 格式，当前支持以下配置。 • Dump 信息配置，包括以下配置。模型 Dump 配置（用于导出模型中每一层算子的输入和输出数据）、单算子 Dump 配置（用于导出单个算子的输入和输出数据），导出的数据用于与指定模型或算子进行比对，从而定位精度问题，配置示例、说明及约束请参见配置文件示例（模型 Dump 配置、单算子 Dump 配置）。默认不启用该 Dump 配置。通过本接口启用 Dump 配置，需通过 dump_path 参数配置 Dump 数据的落盘路径，如果无须落盘，则可以通过回调函数获取 Dump 数据，具体请参见 acldumpRegCallback。 异常算子 Dump 配置（用于导出异常算子的输入和输出数据、workspace 信息），导出的数据用于分析 AI Core Error 问题，配置示例请参见配置文件示例（异常算子 Dump 配置）。默认不启用该 Dump 配置。溢出算子 Dump 配置（用于导出模型中溢出算子的输入和输出数据），导出的数据用于分析溢出原因，从而定位模型精度的问题，配置示例、说明及约束请参见配置文件示例（溢出算子 Dump 配置）。默认不启用该 Dump 配置。 • Profiling 采集信息配置，配置、示例说明及约束请参见《性能分析工具使用指南》。默认不启用 Profiling 采集信息配置。 • 算子缓存信息老化配置，为节约内存和平衡调用性能，可通过 max_opqueue_num 参数配置“算子类型-单算子模型”映射队列的最大长度，如果长度达到最大，则会先删除长期未使用的映射信息以及缓存中的单算子模型，再加载最新的映射信息以及对应的单算子模型。如果不配置映射队列的最大长度，则默认最大长度为 20000。配置示例、说明及约束请参见配置文件示例（算子缓存信息老化配置）。 • 错误信息上报模式配置，用于控制 aclGetRecentErrMsg 接口按进程或线程级别获取错误信息，默认按线程级别。配置示例请参见配置文件示例（错误信息上报模式配置）。 说明：建议不要同时配置 Dump 信息和 Profiling 采集信息，否则 Dump 操作会影响系统性能，导致 Profiling 采集的性能数据指标不准确

选项 A：AscendCL 初始化函数 aclInit 的约束说明指出一个进程内只能调用一次 aclInit 接口，“一个应

用程序进程内可以调用多次 aclInit 接口进行 AscendCL 初始化”的描述错误。

选项 B：从表 2-3 可以看出“AscendCL 初始化时，可以通过 JSON 配置文件配置 Dump 信息、Profiling 采集信息等”的描述正确。

选项 C：“如果默认配置已满足需求，无须修改，可向 aclInit 接口中传入 NULL，或者可将配置文件配置为空 JSON 串（即配置文件中只有{}）”的描述正确。

选项 D：“使用 AscendCL 接口开发应用时，必须先调用 aclInit 接口，否则可能会导致后续系统内部资源初始化出错，进而导致其他业务异常”的描述正确。

【答案】A

13.【单选题】华为推出的基于昇腾 AI 处理器的开发者套件是以下哪个？

A. Atlas 200　　B. Atlas 200I DK A2

C. Atlas 500　　D. Atlas 800

【解析】

Atlas 200I DK A2 开发者套件（以下简称开发者套件）是一款高性能的 AI 开发者套件，可提供 8TOPS INT8 的计算能力，可以实现图像、视频等多种数据的分析与推理计算，可广泛应用于教育、机器人、无人机等场景。

选项 A：Atlas 200。Atlas 200I A2 加速模块可以在边端侧实现目标识别、图像分类等 AI 应用加速，广泛应用于智能边缘设备、机器人、无人机、智能工控等边端侧 AI 场景，不是开发者套件。该选项错误。

选项 B：Atlas 200I DK A2 为华为推出的基于昇腾 AI 处理器的开发者套件。该选项正确。

选项 C：Atlas 500。Atlas 500 A2 智能小站是面向边缘应用的产品，具有环境适应性强、计算性能超强、云边协同等特点，可以在边缘环境广泛部署，满足交通、社区、园区、商场、超市等复杂环境区域的应用需求，不是开发者套件。该选项错误。

选项 D：Atlas 800。Atlas 800 推理服务器 （型号：3000）最多可支持 8 个 Atlas 300I/V Pro，提供强大的实时推理能力和视频分析能力，广泛应用于中心侧 AI 推理场景，不是开发者套件。该选项错误。

【答案】B

14.【多选题】在以下 AI 应用中，可以基于 MindX SDK 开发的是哪些？

A. 动态目标检测　　B. 视频结构化

C. OCR　　D. 器件缺陷检测

【解析】

选项 A：动态目标检测是 AI 应用中的一种，通过识别和跟踪视频或图像中的移动物体，实现动态场景分析。MindX SDK 提供了丰富的工具和接口，支持动态目标检测的开发。该选项正确。

选项 B：视频结构化是指将视频内容进行分析和提取，生成可用的结构化数据，广泛应用于智能监控和视频分析。基于 MindX SDK，可以高效地开发视频结构化应用。该选项正确。

选项 C：OCR 是将图像中的文字信息转换为可编辑文本的技术，应用于文档处理和信息提取等领域。MindX SDK 提供了相关的 API 和工具，支持 OCR 应用的开发。该选项正确。

选项 D：器件缺陷检测是工业质检中的重要应用，通过检测产品的外观和内部缺陷，提高生产质量和效率。MindX SDK 可以用于开发器件缺陷检测的 AI 应用。该选项正确。

【答案】ABCD

15.【多选题】昇腾 AI 处理器包括以下哪几种计算单元?

A. Cube Unit
B. Kernel Unit
C. Vector Unit
D. Scalar Unit

【解析】

选项 A：矩阵计算单元 Cube Unit 主要用于矩阵运算，能够高效地处理大规模矩阵乘法和卷积操作，是昇腾 AI 处理器中提升计算效率的重要组件之一。该选项正确。

选项 B：在昇腾 AI 处理器中并没有具体的 Kernel Unit 的概念。该选项错误。

选项 C：向量计算单元 Vector Unit 主要用于向量运算，能够高效地处理各种向量计算任务，提高计算的并行处理能力。该选项正确。

选项 D：标量计算单元 Scalar Unit 主要用于标量运算，能够处理单个数据点的计算任务，补充其他计算单元的功能。该选项正确。

【答案】ACD

16.【多选题】下列哪些是属于 Atlas AI 计算平台的产品?

A. Atlas 200
B. Atlas 300
C. Atlas 500
D. 昇腾推理芯片

【解析】

选项 A、B 和 C: Atlas 200、Atlas 300、Atlas 500 均是华为 Atlas AI 计算平台中的边缘 AI 加速模块，适用于边缘计算和物联网应用场景。因此 A、B、C 该选项正确。

选项 D：昇腾推理芯片并不直接属于 Atlas AI 计算平台的具体产品系列，尽管昇腾推理芯片是华为全栈全场景 AI 解决方案中的重要部分，但它不是单独的 Atlas 产品型号。该选项错误。

【答案】ABC

17.【多选题】以下关于昇腾提供的编程语言 AscendCL 的功能和使用场景的描述中，正确的是哪些选项?

A. 是一套用于在昇腾平台上开发深度神经网络推理应用的 C/C++语言 API 库，提供运行资源管理、内存管理、模型加载与执行、算子加载与执行、媒体数据处理等 API

B. 能够实现利用昇腾硬件计算资源在昇腾 CANN 平台上进行深度学习推理计算、图形图像预处理、单算子加速计算等能力

C. 具有高度抽象、向后兼容、零感知芯片的优势

D. 能够供第三方框架调用

【解析】

AscendCL 是一套用于在昇腾平台上开发深度神经网络应用的 C 语言 API 库，提供运行资源管理、内存管理、模型加载与执行、算子加载与执行、媒体数据处理等 API，能够实现利用昇腾硬件计算资源在昇腾 CANN 平台上进行深度学习推理计算、图形图像预处理、单算子加速计算等能力。简单来说，它是统一的 API 框架，可用于实现对所有资源的调用。AscendCL 的优势如下。

- 高度抽象：减少 API 数量，降低复杂度。
- 向后兼容：确保软件升级后，旧版本程序依然可运行。
- 零感知芯片：由一套接口实现应用代码统一，这样多款昇腾 AI 处理器无差异。

AscendCL 的应用场景如下。

- 开发应用：用户可以直接调用 AscendCL 提供的接口开发图片分类应用、目标识别应用等。
- 供第三方框架调用：用户可以通过第三方框架调用 AscendCL 接口，以便使用昇腾 AI 处理器的计算能力。
- 供第三方开发 lib 库：用户还可以使用 AscendCL 封装实现第三方 lib 库，以便提供昇腾 AI 处理器的运行管理、资源管理等能力。

【答案】ABCD

18.【多选题】关于异构计算架构 CANN 的描述，正确的是哪些选项？

A. CANN 仅支持推理场景

B. CANN 支持业界主流 AI 框架，例如 MindSpore、PyTorch、TensorFlow 等

C. CANN 提供标准的编程接口 AscendCL

D. CANN 提供昇腾计算库，例如神经网络（Neural Network，NN）库、线性代数计算库（Basic Linear Algebra Subprograms，BLAS）

【解析】

选项 A：CANN 不仅支持推理场景，还支持训练场景。作为华为昇腾 AI 处理器的基础软件栈，CANN 为 AI 模型的训练和推理提供全面的支持。该选项错误。

选项 B：CANN 支持业界主流的 AI 框架，例如 MindSpore、PyTorch、TensorFlow 等。通过对这些框架的支持，开发者可以方便地在 CANN 平台上进行模型开发和部署。该选项正确。

选项 C：CANN 提供标准的编程接口 AscendCL。该接口具有运行资源管理、内存管理、模型加载与执行、算子加载与执行等功能，为开发者提供了高效的开发工具。该选项正确。

选项 D：CANN 提供昇腾计算库，包括 NN 库和 BLAS。这些库提供了基础的算子和算法支持，帮助开发者实现高效的 AI 计算。该选项正确。

【答案】BCD

19.【多选题】关于异构计算架构 CANN 提供的功能，正确的是哪些选项？

A. 统一应用编程语言　　B. 统一网络构图接口

C. 高性能计算引擎以及算子库　　D. 基础服务

【解析】

异构计算架构 CANN 是华为提供的一套高效的计算架构，旨在支持 AI 计算任务。CANN 提供了如下一系列功能，以简化开发者的工作并提升计算性能。

选项 A：统一应用编程语言 TBE。该选项正确。

选项 B：统一网络构图接口，以方便开发者进行模型构建和优化。该选项正确。

选项 C：高性能计算引擎以及丰富的算子库，以提高计算效率和性能。该选项正确。

选项 D：基础服务，以支持模型训练、推理和调优等功能。该选项正确。

【答案】ABCD

20.【多选题】使用统一编程语言 AscendCL 开发推理应用时，涉及以下哪些运行管理资源的申请？

A. Task：用于在 Device 上执行具体的任务

B. Device：指安装了昇腾 AI 处理器的硬件设备，利用 PCI-e 接口与 Host 侧连接，为 Host 提供 NN 计算能力

C. Context：作为一个容器，管理了所有对象（包括 Stream、Event、设备内存等）的生命周期

D. Stream：是 Device 上的执行流，在同一个 Stream 中的任务执行严格保证顺序

【解析】

一个用户线程一定会绑定一个 Context，所有 Device 的资源使用或调度，都必须基于 Context。一个线程中当前会有一个唯一的 Context 在使用，该 Context 中已经关联了本线程要使用的 Device。一个线程中可以创建多个 Stream，不同的 Stream 上的计算任务可以并行执行；多线程场景下，也可以为每个线程创建一个 Stream，线程之间的 Stream 在 Device 上相互独立，每个 Stream 内部的任务按照 Stream 下发的顺序执行。多线程的调度依赖于运行应用的操作系统调度，多 Stream 调度依赖 Device 侧，由 Device 上的调度组件进行调度。Task 是 Device 上真正的执行体，从属于 Stream，用户编程时不会有所感知。

选项 A：错误。

选项 B：正确。

选项 C：正确。

选项 D：正确。

【答案】BCD

21.【多选题】HCCL（Huawei Collective Communication Library）是基于昇腾芯片的高性能集合通信库，它在分布式训练场景下，可提供以下哪些功能？

A. 提供 Rank 管理功能

B. 提供梯度切分功能

C. 提供集合通信算子，实现 AllReduce、Broadcast 等能力

D. 提供模型管理功能

【解析】

选项 A：HCCL 提供 Rank 管理功能，该功能用于管理和协调多个计算节点在分布式训练中的角色和顺序，实现高效的分布式计算。该选项正确。

选项 B：HCCL 提供梯度切分功能，在训练神经网络的反向计算阶段，将 GE 优化计算图中多个参数的 AllReduce 融合分段。按梯度产生顺序，逐段进行 AllReduce 更新网络反向计算参数，实现计算资源优化及通信时间与反向计算时间的并行优化。该选项正确。

选项 C：HCCL Graph API 提供一系列集合通信算子，包括 AllGather、AllReduce、Broadcast 和 ReduceScatter 等操作，用于在分布式训练中高效地实现数据的聚合和广播。该选项正确。

选项 D：HCCL 主要关注的是通信和计算优化，并不直接提供模型管理功能。模型管理功能通常由其

他框架或工具（如训练框架或模型管理工具）提供。该选项错误。

【答案】ABC

22.【多选题】关于运行管理资源的描述，正确的是哪些选项？

A. 需要按顺序依次申请资源 Device、Context、Stream，确保可以使用这些资源执行运算、管理任务

B. 有运行管理资源的申请，自然也有对应的管理资源释放接口，所有数据处理都结束后，需要按顺序释放运行管理资源 Stream、Context、Device

C. 有运行管理资源的申请，自然也有对应的管理资源释放接口，但无须关注资源的释放顺序

D. 可以只调用 aclrtSetDevice 接口，因为这个接口同时创建一个默认的 Context；而这个默认的 Context 还附赠了 Stream

【解析】

选项 A：在 AscendCL 编程模型中，按顺序申请 Device、Context 和 Stream 是确保资源能够正确使用和管理的标准步骤。这种顺序有助于保持资源的组织性和使用的有效性。该选项正确。

选项 B：资源的释放顺序通常与申请顺序相反，以确保依赖关系的正确处理，从而避免资源泄露和其他潜在问题。该选项正确。

选项 C：在 AscendCL 编程模型中，需要采用正确的资源释放顺序来避免资源管理问题。该选项错误。

选项 D：调用 aclrtSetDevice 接口会创建一个默认的 Context 和 Stream，这种简化的调用方式可以方便地启动计算资源的使用。然而，具体的使用场景中可能需要更详细的资源管理。该选项正确。

【答案】ABD

23.【判断题】MindX SDK 支持 C++、Python 编程语言。

【解析】

MindX SDK 是华为昇腾 AI 生态系统中的一部分，旨在为开发者提供便捷的开发工具和接口。根据官方文档，MindX SDK 支持 C++、Python 编程语言，开发者可以选择自己熟悉的语言来开发和部署人工智能应用程序。C++通常用于性能要求高的场景，而 Python 则以其简单、易用和丰富的生态系统受到广泛欢迎。

【答案】正确

24.【判断题】基于主流框架（例如 PyTorch、TensorFlow 等）开发模型后，该模型可以直接在昇腾 AI 处理器上训练，无须任何适配。

【解析】

基于主流框架（例如 PyTorch、TensorFlow 等）开发的模型，通常需要进行一定的适配才能在昇腾 AI 处理器上运行。虽然华为提供了昇腾 AI 处理器的相关工具和库（如 MindSpore 和 AscendCL），但直接在这些处理器上训练模型时，通常需要对模型进行转换和优化，以充分利用昇腾 AI 处理器的硬件加速能力。这可能涉及使用相关的 API 或工具进行模型格式转换、算子适配和性能调优等。题目中提到的“无须任何适配”是不准确的。

【答案】错误

25.【判断题】多路视频共用 mxVision 业务流可以提高芯片资源利用率，降低时延，提升业务整体性能。

【解析】

虽然多路视频共用 mxVision 业务流可能在某些情况下提高芯片资源利用率，但其具体效果取决于实现方式和硬件资源的配置。实际上，共用 mxVision 业务流可能会带来资源竞争，尤其是在处理多路高分辨率视频时，这可能导致芯片资源的过载和调度困难，反而增加时延。此外，处理多路视频共用一个 mxVision 业务流也可能在一些情况下降低整体性能，特别是在并发处理能力有限的情况下。因此，题目中提到的“可以提高芯片资源利用率，降低时延，提升业务整体性能”的说法并不完全正确。

【答案】错误

26.【判断题】昇腾 AI 全栈包括昇腾 AI 系列硬件、异构计算架构 CANN、AI 框架 MindSpore、全流程开发工具链等。

【解析】

昇腾 AI 全栈确实包括昇腾 AI 系列硬件、异构计算架构 CANN、AI 框架 MindSpore、全流程开发工具链等关键组成部分。这一表述准确概括了华为昇腾 AI 计算平台的核心构成要素，其中：

- 昇腾 AI 系列硬件提供高性能的 AI 处理器，专门用于 AI 计算优化；
- 异构计算架构 CANN 是为了优化 AI 计算性能而设计的，它支持异构硬件上的神经网络计算，提升了 AI 算法的运行效率；
- AI 框架 MindSpore 用于构建和训练机器学习和深度学习模型，支持云、边缘、设备端的统一部署，与昇腾 AI 处理器深度优化，实现高效执行；
- 全流程开发工具链则覆盖了从模型开发、调试、优化到部署的全过程，帮助开发者高效完成 AI 应用的构建和部署工作。

【答案】正确

27.【判断题】AI CPU 是昇腾 AI 处理器的计算核心，采用华为自研的达芬奇架构，主要负责执行矩阵、向量等计算密集的计算任务。

【解析】

AI CPU 负责执行昇腾 AI 处理器的 CPU 类算子（包括控制算子、标量和向量等算子任务），并不是主要负责执行矩阵、向量等计算密集的计算任务。

【答案】错误

2.3　MindSpore 开发框架实践模块真题解析

1.【单选题】MindSpore 中可以把用于训练网络模型的数据集，转换为 MindSpore 特定格式的数据，以下哪一项是该数据格式的正确名称？

A. MindIR　　B. MindSpore Record

C. MindSpore Transforms　　D. MindSpore Insight

【解析】

选项 A：MindIR 提供端云统一的 IR 格式，通过统一 IR 定义了网络的逻辑结构和算子的属性，将 MindIR 格式的模型文件与硬件平台解耦，可以实现一次训练多次部署。该选项错误。

选项 B：MindSpore 可以把用于训练网络模型的数据集转换为 MindSpore Record 格式，从而更加方便地保存和加载数据。该选项正确。

选项 C：MindSpore Transforms。通常情况下，直接加载的原始数据并不能被直接送入神经网络进行训练，此时我们需要对其进行数据预处理。MindSpore Transforms 提供不同种类的数据变换（Transforms），配合数据处理 Pipeline 来实现数据预处理。所有的 Transforms 均可通过 map 方法传入，以实现对指定数据列的处理。该选项错误。

选项 D：MindSpore Insight 是 MindSpore 的可视化调试调优工具，能够可视化地查看训练过程、优化模型性能、调试精度问题、解释推理结果。该选项错误。

【答案】B

2.【单选题】MindSpore 中解决 PyTorch 生态兼容问题的工具是以下哪一项？

A. MindSpore Insight　　B. MindSpore Golden Stick

C. MindIR　　D. MSAdapter

【解析】

为了帮助用户高效迁移 PyTorch 代码到 MindSpore 生态，MindSpore 和鹏城实验室联合开发了一款 MindSpore 生态适配工具——MSAdapter。它能帮助用户高效使用中国算力网——智算网络的昇腾算力，且有助于在不改变原有 PyTorch 用户使用习惯的条件下，将代码快速迁移到 MindSpore 生态上。MSAdapter 的 API 完全参照 PyTorch 设计，用户仅需少量修改就能轻松地将 PyTorch 代码高效运行在昇腾上。目前，MSAdapter 已经适配 torch、torch.nn、torch.nn.function、torch.linalg 等 800 多个接口；全面支持 torchvision；并且在 MSAdapterModelZoo 中验证了 70 多个主流 PyTorch 模型的迁移。

选项 A：MindSpore Insight 是 MindSpore 的可视化调试调优工具，能够可视化地查看训练过程、优化模型性能、调试精度问题、解释推理结果。该选项错误。

选项 B：MindSpore Golden Stick 是基于 MindSpore 研发的模型压缩算法集，提供丰富的模型压缩算法（如剪枝、量化等），以达成缩减模型参数等效果，降低深度神经网络部署在端边设备上的门槛；同时提供一套简单易用的算法接口，降低应用模型压缩算法的成本。该选项错误。

选项 C：MindIR 提供端云统一的 IR 格式，通过统一 IR 定义了网络的逻辑结构和算子的属性，将 MindIR 格式的模型文件与硬件平台解耦，可以实现一次训练多次部署。该选项错误。

选项 D：MSAdapter 是一款高效迁移 PyTorch 代码到 MindSpore 生态的适配工具。该选项正确。

【答案】D

3.【单选题】MindSpore 在构建预定义的优化器时，需要使用以下哪一层的 Python API？

A. mindspore.dataset　　B. mindspore.ops

C. mindspore.nn　　D. mindspore.numpy

【解析】

常用 MindSpore 模块如表 2-4 所示。

表 2-4　常用 MindSpore 模块

模块	描述
mindspore.dataset	常见数据集加载和处理接口，如 MNIST、CIFAR-10、VOC、COCO、ImageFolder、CelebA 等；transforms 提供基于 OpenCV、PIL 及原生实现的数据处理、数据增强接口；text 提供文本处理接口
mindspore.common	Tensor（张量）、Parameter（权重、偏置等参数）、dtype（数据类型）及 Initializer（Parameter 初始化）等接口
mindspore.context	设置上下文，如设置 Graph 和 PyNative 模式、设备类型、中间图或数据保存、Profiling、设备内存、自动并行等
mindspore.nn	用于构建神经网络中的预定义构建块或计算单元，提供了一系列神经网络常用算子，如 Layer（层）、Loss（损失函数）、Optimizer（优化器）、Metrics（验证指标）及基类 Cell 和 Wrapper
mindspore.ops	原语算子 operations（需初始化）、组合算子 composite、功能算子（已初始化的原语算子）
mindspore.numpy	提供了一系列类 NumPy 接口，用户可以使用类 NumPy 语法在 MindSpore 上进行模型搭建

MindSpore NumPy 工具包提供了一系列类 NumPy 接口，用户可以使用类 NumPy 语法在 MindSpore 上进行模型的搭建。MindSpore NumPy 具有四大功能模块：Array 生成、Array 操作、逻辑运算和数学运算。

选项 A：mindspore.dataset，如表 2-4 所示，用于加载和处理数据集。该选项错误。

选项 B：mindspore.ops，如表 2-4 所示，用于构建算子。该选项错误。

选项 C：mindspore.nn，如表 2-4 所示，该 API 可以构建优化器。该选项正确。

选项 D：mindspore.numpy，如表 2-4 所示，提供了一系列类 NumPy 接口。该选项错误。

【答案】C

4.【单选题】MindSpore 支持自定义评价指标函数，除了继承 mindspore.train.Metric 外，以下哪个不是需要在父类中重新实现的方法？

A. update　　B. eval　　C. on_train_end　　D. clear

【解析】

在计算评价指标时需要调用 clear 、update 和 eval 这 3 个方法，在继承该类自定义评价指标时，也需要实现这 3 个方法。其中，update 用于计算中间过程的内部结果，eval 用于计算最终评价结果，clear 用于重置中间结果。

选项 A：update 用于更新内部评价结果，在继承该类自定义评价指标时，需要实现该方法。该选项错误。

选项 B：eval 用于计算最终评价结果，在继承该类自定义评价指标时，需要实现该方法。该选项错误。

选项 C：无 on_train_end 方法。该选项正确。

选项 D：clear 用于清除内部评价结果，在继承该类自定义评价指标时，需要实现该方法。该选项错误。

【答案】C

5.【单选题】MindSpore 提供了云侧和端侧统一的 IR，同时保存 checkpoint 和模型结构，可以通过以下哪个接口将模型保存为 MindIR？

A. load_checkpoint　　B. export

C. save_checkpoint　　D. load

【解析】

除 Checkpoint 外，MindSpore 提供了云侧（训练）和端侧（推理）统一的 IR。可通过 export 接口将模型保存为 MindIR，方法如下。

```
model = network()
inputs = Tensor(np.ones([1, 1, 28, 28]).astype(np.float32))
mindspore.export(model, inputs, file_name="model", file_format="MINDIR")
```

选项 A：load_checkpoint 用于加载模型权重。该选项错误。

选项 B：export 用于将模型保存为 MindIR。该选项正确。

选项 C：save_checkpoint 用于保存模型权重。该选项错误。

选项 D：load 用于加载已有的 MindIR 模型。该选项错误。

【答案】B

6.【单选题】在函数求导过程中，如果想实现对某个输出项的梯度截断，或消除某个 Tensor 对梯度的影响，需要用到 MindSpore 中的以下哪一个操作？

A. clip_by_value　　B. stop_gradient

C. derivative　　D. Cast

【解析】

关于 stop_gradient 的描述如下。通常情况下，求导时会求 loss 对参数的导数，因此函数的输出只有 loss 一项。当我们希望函数输出多项时，微分函数会求所有输出项对参数的导数。此时如果想实现对某个输出项的梯度截断，或消除某个 Tensor 对梯度的影响，需要用到 stop_gradient 操作。

这里我们将 function 改为同时输出 loss 和 z 的 function_with_logits，获得微分函数并执行。

```
def function_with_logits(x, y, w, b):
    z = ops.matmul(x, w) + b
    loss = ops.binary_cross_entropy_with_logits(z, y, ops.ones_like(z), ops.ones_like(z))
    return loss, z
grad_fn = mindspore.grad(function_with_logits, (2, 3))
grads = grad_fn(x, y, w, b)
print(grads)
(Tensor(shape=[5, 3], dtype=Float32, value=
 [[ 1.06568694e+00,  1.05373347e+00,  1.30146706e+00],
  [ 1.06568694e+00,  1.05373347e+00,  1.30146706e+00],
  [ 1.06568694e+00,  1.05373347e+00,  1.30146706e+00],
  [ 1.06568694e+00,  1.05373347e+00,  1.30146706e+00],
  [ 1.06568694e+00,  1.05373347e+00,  1.30146706e+00]]),
 Tensor(shape=[3], dtype=Float32, value= [ 1.06568694e+00,  1.05373347e+00,  1.30146706e+00]))
```

可以看到求得的 w、b 对应的梯度值发生了变化。此时如果想要屏蔽掉 z 对梯度的影响，即仍只求 loss 对参数的导数，可以使用 ops.stop_gradient 接口，将梯度在此处截断。我们将 function 实现加入 stop_gradient 并执行。

```
def function_stop_gradient(x, y, w, b):
    z = ops.matmul(x, w) + b
    loss = ops.binary_cross_entropy_with_logits(z, y, ops.ones_like(z), ops.ones_like(z))
    return loss, ops.stop_gradient(z)
grad_fn = mindspore.grad(function_stop_gradient, (2, 3))
```

```
grads = grad_fn(x, y, w, b)
print(grads)
(Tensor(shape=[5, 3], dtype=Float32, value=
 [[ 6.56869709e-02,  5.37334494e-02,  3.01467031e-01],
  [ 6.56869709e-02,  5.37334494e-02,  3.01467031e-01],
  [ 6.56869709e-02,  5.37334494e-02,  3.01467031e-01],
  [ 6.56869709e-02,  5.37334494e-02,  3.01467031e-01],
  [ 6.56869709e-02,  5.37334494e-02,  3.01467031e-01]]),
 Tensor(shape=[3], dtype=Float32, value= [ 6.56869709e-02,  5.37334494e-02,  3.01467031e-01]))
```

可以看到，求得的 w、b 对应的梯度值与初始 function 求得的梯度值一致。

选项 A：clip_by_value 用于将输入 Tensor 值裁剪到指定的最小值和最大值之间。该选项错误。

选项 B：stop_gradient 用于实现对某个输出项的梯度截断。该选项正确。

选项 C：derivative 用于计算函数或网络输出对输入的高阶微分。该选项错误。

选项 D：Cast 用于转换输入 Tensor 的数据类型。该选项错误。

【答案】B

7.【单选题】以下对数据增强操作描述错误的是哪一项？

A. Python Tokenizer：将分词（Token）添加到序列的开头或结尾处

B. Rescale：调整图像像素值的大小

C. HWC2CHW：转换图像格式，将(height, width, channel)转换为(channel, height, width)

D. Lookup：词表映射变换，用于将 Token 转换为索引（Index），在使用前需构造词表

【解析】

选项 A：Python Tokenizer 可实现使用用户自定义的分词器对输入字符串进行分词。“将分词（Token）添加到序列的开头或结尾处”的描述错误。

选项 B：Rescale 可实现基于给定的缩放和平移因子调整图像的像素值大小。“调整图像像素值的大小”的描述正确。

选项 C：HWC2CHW 可实现将输入图像的形状从 <H, W, C> 转换为 <C, H, W>。 如果输入图像的形状为 <H, W> ，图像将保持不变。“转换图像格式，将(height, width, channel)转换为(channel, height, width)”的描述正确。

选项 D：Lookup 可实现根据词表，将 Token 映射到其 Index。“词表映射变换，用于将 Token 转换为索引（Index），在使用前需构造词表”的描述正确。

【答案】A

8.【单选题】以下哪个 MindSpore 套件主要面向大模型开发？

A. MindSpore SPONGE

B. MindSpore Elec

C. MindSpore Transformers

D. MindSpore Quantum

【解析】

MindSpore 生态工具与套件如图 2-12 所示。

选项 A：MindSpore SPONGE 属于科学计算套件。该选项错误。

选项 B：MindSpore Elec 属于科学计算套件。该选项错误。

选项 C：MindSpore Transformers 属于大模型套件。该选项正确。

选项 D：MindSpore Quantum 属于科学计算套件。该选项错误。

大模型套件	MindSpore Transformers HOT Transformer大模型领域套件	MindSpore Pet 低参微调算法套件	MindSpore RLHF NEW 大模型对齐算法套件	MindSpore One NEW 生成式领域套件
	MindSpore Recommender NEW 推荐领域套件			
科学计算套件	MindSpore SciAI NEW AI4SCI高频模型套件	MindSpore Elec AI电磁仿真领域套件	MindSpore SPONGE HOT 计算生物领域套件	MindSpore Flow HOT 流体仿真领域套件
	MindSpore Earth NEW 地球科学领域套件	MindSpore Quantum 量子计算领域套件		
领域套件与扩展包	MindSpore CV HOT 计算机视觉领域套件	MindSpore NLP 自然语言处理领域套件	MindSpore Audio 音频领域套件	MindSpore OCR HOT OCR领域套件
	MindSpore YOLO HOT YOLO系列算法套件	MindSpore Face 人脸识别领域套件	MindSpore Graph Learning NEW 图学习套件	MindSpore Reinforcement 强化学习套件
	MindSpore Probability 贝叶斯学习和深度学习融合套件	MindSpore Pandas 数据分析扩展包	MindSpore ModelZoo MindSpore模型库	MindSpore Hub MindSpore预训练模型应用工具
工具组件	MindSpore Insight HOT 可视化调试调优工具	MindSpore Armour AI安全与隐私保护工具	MindSpore Serving 轻量级、高性能的服务工具	MindSpore Federated NEW 联邦学习工具
	MindSpore Golden Stick 模型压缩算法工具	MindSpore XAI 可解释AI工具	MindSpore Dev Toolkit HOT 支持MindSpore开发的PyCharm插件	
核心框架	MindSpore HOT MindSpore核心框架	MindSpore Lite HOT 极速、极智、极简的AI引擎	MindSpore AKG 融合算子加速框架	

图 2-12　MindSpore 生态工具与套件

【答案】C

9.【单选题】以下对 MindSpore 的定位描述正确的是哪一项？

A. 全场景深度学习框架

B. AI 服务平台

C. 昇腾芯片使能、驱动层

D. 昇腾系列化 IP 和设备

【解析】

参见图 2-9，可以看到 MindSpore 属于 AI 框架。

选项 A：全场景深度学习框架。MindSpore 属于 AI 框架。该选项正确。

选项 B：AI 服务平台在图 2-9 中无对应层。该选项错误。

选项 C：昇腾芯片使能、驱动层指图 2-9 中的“异构计算架构层”。该选项错误。

选项 D：昇腾系列化 IP 和设备指图 2-9 中的“Atlas 系列硬件层”。该选项错误。

【答案】A

10.【单选题】以下对 mindspore.grad 函数的描述中，错误的是哪一项？

A. mindspore.grad 的入参之一是 grad_position，为指定求导输入位置的索引

B. mindspore.grad 用于获取正向计算函数的求导函数

C. mindspore.grad 仅支持对输入求导，即支持在 grad_position 中设置求导输入位置的索引；不支持对网络变量求导，即不支持直接设置网络中需要返回的梯度变量

D. 如果要获取 function(x, y, w, b)中对 w 和 b 的求导，mindspore.grad 中 grad_position 应该设置为(2, 3)

【解析】

mindspore.grad 是 MindSpore 开发框架中的一个函数，用于生成求导函数，从而计算给定函数的梯度。函数求导包含以下 3 种场景。

- 场景一：对输入求导，此时 grad_position 非 None，而 weights 是 None。
- 场景二：对网络变量求导，此时 grad_position 是 None，而 weights 非 None。
- 场景三：同时对输入和网络变量求导，此时 grad_position 和 weights 都非 None。

grad_position (Union[NoneType, int, tuple[int]])用于指定求导输入位置的索引。若为整型，表示对单个输入求导；若为元组型，表示对 tuple 内索引的位置求导，其中索引从 0 开始；若为 None，表示不对输入求导，这种场景下，weights 非 None。默认值为 0。

选项 A：与文档一致，该选项描述正确。

选项 B：适用于场景一，该选项描述正确

选项 C：mindspore.grad 支持场景三，该选项描述错误。

选项 D：注意索引从 0 开始，该选项描述正确。

【答案】C

11.【单选题】在发生网络报错时，以下哪种操作是错误的？

A. 需要对报错信息进行分析归纳，理解错误描述信息含义

B. 可以从 FAQ、报错案例、社区 Issue 中进行错误搜索，找到对应错误的解决方案

C. 为了节约时间、提高效率，可以省略问题复现的步骤

D. 根据报错信息推断错误的可能原因，确认是哪种问题场景，并定位到发生报错的位置

【解析】

选项 A：需要对报错信息进行分析归纳，理解错误描述信息含义。这是正确的做法，因为报错信息是解决问题的第一手线索，理解错误描述信息含义是定位和解决问题的基础。该选项正确。

选项 B：可以从 FAQ、报错案例、社区 Issue 中进行错误搜索，找到对应错误的解决方案。这也是推荐的做法，利用现有的知识库和社区资源可以快速找到常见问题的解决方案。该选项正确。

选项 C：为了节约时间、提高效率，可以省略问题复现的步骤。这是错误的做法。复现问题对于验证解决方案的有效性和深入理解错误发生的条件至关重要，不应被省略。该选项错误。

选项 D：根据报错信息推断错误的可能原因，确认是哪种问题场景，并定位到发生报错的位置。这是解决问题的标准流程之一，有助于精准定位错误来源。该选项正确。

【答案】C

12.【单选题】关于 MindIR 模型的表述，错误的是哪一项？

A. 已有的 MindIR 模型可以通过 mindspore.load 接口加载

B. 可以使用 mindspore.export 将模型保存为 MindIR

C. 因为 MindIR 同时保存了 checkpoint 和模型结构，所以需要定义输入 Tensor 来获取输入尺寸

D. MindIR 的文件格式为 ONNX

【解析】

选项 A：MindIR 作为 MindSpore 开发框架的一种模型格式，支持通过 MindSpore 提供的加载接口进行加载。

选项 B：mindspore.export 可以将模型保存为 MindIR 格式，便于后续的模型部署和推理。

选项 C：MindIR 保存了模型结构和权重，在加载时需要明确定义输入 Tensor 来确定模型的输入尺寸，因为 MindIR 模型旨在跨设备和环境的通用性，不直接绑定特定的输入尺寸信息。

选项 D：MindIR 是华为 MindSpore 自研的一种模型格式，旨在优化模型执行效率和便于模型迁移，它并不是 ONNX 格式。ONNX 是一种不同的、开源的模型交换格式，由 Meta、Microsoft 等公司发起，旨在实现不同深度学习框架之间的模型互操作性。

【答案】D

13.【单选题】在使用 MindSpore 进行网络构建时，我们可以使用以下哪一项快速组合构建一个神经网络模型，使输入 Tensor 按照传入 List 中定义的顺序通过所有 Cell？

A. nn.WithLossCell

B. nn.GraphCell

C. nn.SequentialCell

D. nn.Cell

【解析】

选项 A：nn.WithLossCell 用于将损失函数和网络结合起来，方便在训练时计算损失，但它不用于顺序构建网络。该选项错误。

选项 B：nn.GraphCell 用于将网络模型转换为静态图模式，但它不用于顺序组合网络。该选项错误。

选项 C：nn.SequentialCell 用于将多个 Cell 按顺序组合成一个网络模型，输入数据会按照定义的顺序依次通过所有 Cell。该选项正确。

选项 D：nn.Cell 是所有神经网络组件的基类，但它本身并不提供顺序组合功能。该选项错误。

【答案】C

14.【单选题】在通过 MindSpore 自定义数据集时，其中一种方式为通过可随机访问数据集对象进行自定义数据集构造。在这种情况下，需要在类中实现以下哪一种方法，使得可以通过索引/键值直接访问对应位置的数据样本？

A. __len__　　B. __next__

C. __iter__　　D. __getitem__

【解析】

选项 A：__len__ 用于返回数据集的总长度，但不涉及访问具体的数据样本。该选项错误。

选项 B：__next__用于迭代器对象中的下一项数据获取，但不适用于通过索引直接访问数据样本。该选项错误。

选项 C：__iter__用于返回一个迭代器对象，但不涉及通过索引直接访问数据样本。该选项错误。

选项 D：__getitem__用于通过索引或键值直接访问数据集中的某个样本，这是随机访问数据集对象所需实现的关键方法。该选项正确。

【答案】D

15.【多选题】以下对于数据集常用操作描述正确的有哪些选项？

A. map：针对数据集指定列添加数据变换

B. shuffle：将数据集拆分为多个不重叠的子数据集

C. split：对数据集进行混洗

D. batch：将数据集打包为固定大小的批次

【解析】

选项 A：map 操作用于对数据集中的每个元素应用指定的转换函数，常用于数据预处理和增强。该选项正确。

选项 B：shuffle 操作是对数据集中的数据进行随机打乱，而不是将数据集拆分为子数据集。该选项错误。

选项 C：split 操作通常用于将数据集划分为训练集、验证集和测试集，而不是进行数据混洗。该选项错误。

选项 D：batch 操作用于将数据集打包为固定大小的批次，以便于批量训练和处理。该选项正确。

【答案】AD

16.【多选题】以下哪些选项为针对图像数据的数据增强操作？

A. HorizontalFlip：水平翻转输入图像

B. Truncate：截断输入序列，使其长度不超过最大值

C. Rescale：调整图像像素值的大小

D. Fade：向波形添加淡入和/或淡出

【解析】

选项 A：水平翻转是一种常见的数据增强操作，一般可以通过水平翻转图像来增加数据的多样性，防止过拟合。该选项正确。

选项 B：截断操作通常用于处理序列数据，例如文本或时间序列，不属于针对图像数据的数据增强操作。该选项错误。

选项 C：调整图像像素值的大小是图像预处理和数据增强的一种方法，通过缩放图像像素值，可以标准化图像数据。该选项正确。

选项 D：淡入和/或淡出操作通常用于音频数据处理，不属于针对图像数据的数据增强操作。该选项错误。

【答案】AC

17.【多选题】如果希望使用 MindSpore 对一个 2×2 的张量 x 进行切片，保留第二列的数据，可以使用以下哪种方法？

A. x[:, -1]　　B. x[..., 1]

C. x[-1, ...]　　D. x[1, :]

【解析】

假设张量 x 为：

```
x = [[a, b],
     [c, d]]
```

选项 A：x[:, -1] 使用的是保留所有行的最后一列（即第二列）的切片方法。对于给定的 2×2 的张量 x，将保留 b 和 d。该选项正确。

选项 B：x[..., 1] 使用的是省略号表示法，保留了所有行的第二列的数据。对于给定的 2×2 的张量 x，将保留 b 和 d。该选项正确。

选项 C：x[-1, ...] 使用的是保留最后一行的数据，并保留所有列的切片方法。结果返回最后一行的数据，即 c 和 d。该选项错误。

选项 D：x[1, :] 使用的是保留第二行的所有列的数据的切片方法。结果返回第二行的所有列的数据，即 c 和 d。该选项错误。

【答案】AB

18.【多选题】MindSpore 在模型开发风格上和 PyTorch 保持一致，但在细节处有少许区别，以下哪些对 MindSpore 和 PyTorch 在创建神经网络上的区别描述正确？

A. MindSpore 使用函数式编程方式，PyTorch 使用面向对象式编程方式

B. MindSpore 继承 Cell 类，PyTorch 继承 Module 类

C. MindSpore 与 PyTorch 的算子接口不完全一致

D. MindSpore 在构图中应用 construct 接口，PyTorch 应用 forward 接口

【解析】

选项 A：MindSpore 和 PyTorch 在创建神经网络时都支持面向对象式编程方式。该选项错误。

选项 B：在 MindSpore 中，神经网络模型类需要继承 Cell 类，而在 PyTorch 中，神经网络模型类需要继承 Module 类。该选项正确。

选项 C：MindSpore 和 PyTorch 虽然在很多算子接口上相似，但也有许多不完全一致的地方，尤其是在一些具体实现和参数命名上。该选项正确。

选项 D：在 MindSpore 中，定义前向传播的方法名为 construct，而在 PyTorch 中，这个方法名为 forward。该选项正确。

【答案】BCD

19.【多选题】以下对于使用 MindSpore 的高阶封装 Model 完成“数据预处理-网络构建-模型训练-模型评估-模型推理”深度学习全流程的描述中，哪些是正确的？

A. 数据预处理：调用 mindspore.dataset 进行数据加载，并进行数据变换

B. 网络构建：构建类继承 nn.Cell，重写__init__与 construct 函数

C. 模型训练：调用 Model.eval 接口，无须定义损失函数与优化器

D. 模型评估：基于训练集评估模型的训练效果，调用 Model.train 接口

【解析】

选项 A：MindSpore 提供了 mindspore.dataset 模块，该模块用于数据加载和数据变换，帮助用户完成数

据预处理工作。该选项正确。

选项 B：在 MindSpore 中，神经网络模型类需要继承 nn.Cell，并且需要重写__init__和 construct 函数来定义网络结构和前向传播过程。该选项正确。

选项 C：模型训练需要调用 Model.train 接口，并且必须定义损失函数与优化器，Model.eval 接口是用于模型评估的。该选项错误。

选项 D：模型评估应该使用验证集或测试集，而不是训练集，并且应该调用 Model.eval 接口进行评估，而不是 Model.train 接口。该选项错误。

【答案】AB

20.【多选题】在数据集加载后，一般以迭代的方式获取数据，然后将其送入神经网络中进行训练。以下哪些是 MindSpore 提供的可用于创建数据迭代器以迭代访问数据的接口？

A. create_dataset_size

B. create_batch_size

C. create_tuple_iterator

D. create_dict_iterator

【解析】

选项 A：create_dataset_size 接口并不用于创建数据迭代器，而用于获取数据集的大小。该选项错误。

选项 B：create_batch_size 并不用于创建数据迭代器，而用于获取批处理大小。该选项错误。

选项 C：create_tuple_iterator 用于创建数据迭代器，可以按批次获取数据集中的数据，并以元组（tuple）的类型返回数据。该选项正确。

选项 D：create_dict_iterator 用于创建数据迭代器，可以按批次获取数据集中的数据，并以字典（dict）的类型返回数据。该选项正确。

【答案】CD

21.【多选题】某同学希望使用 MindSpore 构建一个 shape 为(4,)、元素值均为 1 的张量 x，以下操作正确的是哪些选项？

A.

```
import mindspore
from mindspore import Tensor
from mindspore.common.initializer import One
x = Tensor(shape=(4, ), init=One())
```

B.

```
import numpy as np
import mindspore
from mindspore import Tensor
data = np.ones(4)
x = Tensor.from_numpy(data)
```

C.

```
import mindspore
from mindspore import Tensor
data = [1, 1, 1, 1]
x = Tensor(data)
```

D.

```
import numpy as np
import mindspore
from mindspore import Tensor
```

```
data = np.array([1, 1, 1, 1])
x = Tensor(data)
```

【解析】

选项 A：目前 MindSpore 的 Tensor 类没有这种初始化方法。该选项错误。

选项 B：使用 Tensor 的 from_numpy 方法将 NumPy 全 1 数组转换为张量。该选项正确。

选项 C：使用 Tensor 的构造方法将 Python 包含 4 个整型 1 元素的列表转换为张量。该选项正确。

选项 D：先使用 np.array 通过 Python 的列表[1, 1, 1, 1]创建出 NumPy 全 1 数组，然后使用 Tensor 的构造方法将 NumPy 全 1 数组作为初始化参数创建出张量。该选项正确。

【答案】BCD

22.【多选题】MindSpore 支持以下哪几种硬件？

A. CPU

B. 仅支持 CPU 与 NPU

C. NPU

D. GPU

【解析】

选项 A：MindSpore 支持在 CPU 上运行，以便在没有专用加速硬件的情况下进行模型开发和推理。该选项正确。

选项 B：这一描述不完整且不准确，因为 MindSpore 不仅支持 CPU 和 NPU，还支持 GPU。该选项错误。

选项 C：MindSpore 支持在 NPU 上运行，利用专用硬件加速 AI 计算。该选项正确。

选项 D：MindSpore 支持在 GPU 上运行，利用 GPU 的强大计算能力执行深度学习任务。该选项正确。

【答案】ACD

23.【多选题】MindSpore 支持对以下哪些模块进行自定义？

A. 评价指标　B. 损失函数　C. 优化器　D. 神经网络层

【解析】

MindSpore 支持用户对多个模块进行自定义，以满足特定的研究和应用需求。

选项 A：用户可以通过继承 nn.Metric 类或已有的评价指标来实现和使用自定义的评价指标，以评估模型的性能。该选项正确。

选项 B：用户可以通过继承 nn.LossBase 类或已有的损失函数来自定义损失函数；用户可以根据任务的需要定义新的损失函数，以便在训练过程中优化模型。该选项正确。

选项 C：用户可以通过继承 nn.Optimizer 类或已有的优化器类来自定义优化器；用户可以控制模型的更新方式，以满足特殊的训练需求。该选项正确。

选项 D：用户可以通过继承 nn.Cell 类或已有的网络层来定义新的神经网络层，以构建复杂和具有创新性的神经网络架构。该选项正确。

【答案】ABCD

24.【多选题】某同学正在通过 MindSpore 构建一个猫狗分类的模型，并计划利用 MindSpore Lite 框架将模型部署在手机上，目前已经完成了模型的训练，以下对接下来的步骤描述正确的是哪些选项？

A. 首先，导出 MindIR 模型

B. 其次，在端侧部署时，因为 MindIR 已经是全场景的中间表示了，即使依赖库和软硬件环境不同，也无须对模型文件进行格式转换

C. 然后，在手机端构建好可以调用模型文件的 App 后，通过 USB 连接传输、邮件传输、第三方软件传输等形式，将模型传输至手机

D. 最后，将模型文件移动至指定路径下，在手机端进行识别效果验证

【解析】

选项 A：在完成模型训练后，导出模型是下一个重要步骤。MindSpore 的模型可以导出为 MindIR 格式，方便后续的部署和优化。该选项正确。

选项 B：虽然 MindIR 是全场景的中间表示，但在不同硬件和软件环境下，可能仍需要对模型进行一定的优化和转换，以确保能够获得最佳性能。通常会使用 MindSpore Lite 提供的转换工具，将 MindIR 转换为适合移动端的模型格式。该选项错误。

选项 C：模型文件可以通过多种形式传输到手机上，以确保应用能够访问到模型文件。该选项正确。

选项 D：将模型文件移动到应用可以访问的指定路径下，然后在手机端测试和验证模型的识别效果是部署流程中的关键步骤。该选项正确。

【答案】ACD

25.【判断题】mindspore.Tensor 具有形状、数据类型、维数等属性，其中可以通过 type 查看张量数据类型。

【解析】

在 MindSpore 中，要查看张量数据类型，应使用 dtype 属性而非 type 方法。type 方法在 Python 中用来获取对象的类型信息，而 dtype 属性专门用于获取数据类型。

【答案】错误

26.【判断题】MindSpore 使用函数式自动微分的设计理念，它提供 grad 接口来获取微分函数，从而计算并得到梯度。

【解析】

MindSpore 采用了函数式自动微分（Functional Automatic Differentiation）的设计理念，允许开发者以更加灵活和直观的方式构建和优化神经网络模型。MindSpore 提供 grad 接口来实现自动微分功能，用户可以通过该接口轻松地获取一个函数关于其输入变量的梯度函数，进而计算并得到梯度。

【答案】正确

27.【判断题】在使用 MindSpore 开发框架进行 CNN 训练时，可以使用 mindspore.dataset 中的数据变换模块（如 transforms、vision）对输入进行旋转、平移、缩放等预处理以提高模型泛化能力。

【解析】

MindSpore 通过 mindspore.dataset 模块提供了丰富的数据处理功能，特别是 transforms 和 vision 子模块，二者包含一系列常用的数据变换方法，可用于进行如旋转（Rotate）、平移（通过组合 RandomCrop 和 Pad 等操作实现）、缩放（Resize）、翻转（RandomHorizontalFlip 或 RandomVerticalFlip）等图像预处理。这些预处理能够增加训练数据的多样性，降低过拟合的风险，使模型学习到更健壮的特征，从而提高模型泛化能力。

【答案】正确

28.【判断题】某同学希望可以在手机端部署图像分类模型，此时他需要用到 MindSpore Lite。

【解析】

MindSpore Lite 是华为 MindSpore 开发框架的一部分，专为移动端和边缘设备设计，可以实现模型的轻量化部署。在手机端部署图像分类模型时，MindSpore Lite 是一个理想的选择。它能够将训练好的 MindSpore 模型转换并优化为适用于移动设备的格式，从而在资源有限的环境中实现实时的推理能力。通过 MindSpore Lite，开发者可以将模型集成到 Android 或 iOS 应用程序中，实现诸如图像分类、物体检测等多种 AI 功能。

【答案】正确

29.【判断题】mindspore.dataset 提供的接口仅支持解压后的数据文件，因此在加载前需要对下载数据集进行解压。

【解析】

MindSpore 的 mindspore.dataset 模块设计用于便捷地加载和处理数据集，以便进行模型训练或评估。该模块提供的 API 虽然支持加载多种格式的数据集，包括通用数据集和业界标准格式（如 MindRecord、TFRecord、Manifest 等），但要求这些数据集以未压缩的状态存在。所以，在使用 mindspore.dataset 进行数据加载之前，用户需要对下载数据集进行解压。

【答案】正确

30.【判断题】MindSpore 可以直接通过数据创建张量，但无法从 NumPy 数组生成张量。

【解析】

MindSpore 支持直接从 NumPy 数组生成张量。MindSpore 提供与 NumPy 相似的 API，并且可以无缝地将 NumPy 数组转换为 MindSpore 张量，以便在分布式计算和 GPU/CPU 上进行高效计算。

【答案】错误

31.【判断题】MindSpore Lite 为全场景推理框架，支持大模型的推理、压缩等。

【解析】

MindSpore Lite 是 MindSpore 全场景 AI 框架的端侧引擎，目前 MindSpore Lite 作为 HMS Core、鸿蒙、运营商、能源领域嵌入式设备机器学习服务的推理引擎底座，已为全球 4000 多个应用提供推理引擎服务，日均调用量超过 7 亿，同时在各类手机、穿戴感知、智慧屏、智能手表和其他 IoT 设备的 AI 特性上得到了广泛应用。使用 MindSpore Lite 的优势如下。

- 极致性能：高效的内核算法和汇编级优化，支持 CPU、GPU、NPU 异构调度，最大化发挥硬件算力，最小化推理时延和功耗。
- 轻量化：提供超轻量的解决方案，支持模型量化压缩，模型更小且运行得更快，使能 AI 模型在极限环境下的部署与执行。
- 全场景支持：支持 iOS、Android 等手机操作系统以及 LiteOS 嵌入式操作系统，支持手机、大屏设备、平板电脑、IoT 等各种智能设备上的 AI 应用。
- 高效部署：支持 MindSpore/TensorFlow Lite/Caffe/ONNX 模型，提供模型压缩、数据处理等能力，统一训练和推理 IR，方便用户快速部署。

【答案】正确

2.4　AI 算法与应用模块真题解析

1.【单选题】在交通执法的车辆检测场景中，对违章车辆的判罚宁可漏报，不要误报，以免产生错误的罚款。这需要系统的哪个指标很高？

A. 精度　　B. 正确率

C. 召回率　　D. 置信度

【解析】

在交通执法的车辆检测场景中，对违章车辆的判罚宁可漏报，不要误报，以免产生错误的罚款。这种情况下，我们希望系统能尽可能地避免误报，这需要系统具有高精度。精度指的是在所有被预测为违章的车辆中，真正违章的车辆所占的比例。

选项 A：精度是指在预测为正的样本中，真正为正的比例。精度高意味着误报少。该选项正确。

选项 B：正确率是指在所有样本中，预测正确的比例。虽然正确率高很好，但它不能确保误报率低。该选项错误。

选项 C：召回率是指在所有实际为正的样本中，被正确预测为正的比例。召回率高意味着漏报少，但不一定能保证误报少。该选项错误。

选项 D：置信度是指模型对某个预测的置信程度，但不是直接的评价指标。该选项错误。

【答案】A

2.【单选题】以下哪个是错误的数据增强操作？

A. 图片数据随机裁剪　　B. 图片数据随机旋转

C. 音频数据增加噪声点　　D. 文本数据打乱文字顺序

【解析】

数据增强是指在原始数据集的基础上通过各种变换操作生成新的数据样本，以提高模型的泛化能力。不同类型的数据适用的数据增强操作不同。

选项 A：通过随机裁剪图像的一部分可以增加数据的多样性。该选项正确。

选项 B：通过随机旋转图像来增加数据的多样性和健壮性。该选项正确。

选项 C：通过增加噪声来提高模型对噪声的健壮性。该选项正确。

选项 D：这个操作在大多数情况下是不合理的。打乱文字顺序会破坏文本的语义结构和语法，导致模型难以理解文本内容。该选项错误。

【答案】D

3.【单选题】一张大小为 100×100 的彩色图片，在经历一层（16 个卷积核）尺寸为 3、步长为 1、无填充的卷积运算后，又经历了尺寸为 2、步长为 2 的最大池化层运算，此时得到的特征图大小为以下哪个选项？

A. 97×97×16　　B. 16×98×98

C. 49×49×16　　D. 16×48×48

【解析】

- 卷积后的特征图大小计算公式为：输出尺寸 = (输入尺寸−卷积核尺寸)/步长 + 1。
  因此，卷积后的特征图大小为(100−3) / 1 + 1 = 98，由于有 16 个卷积核，所以输出特征图大小为 98 × 98 × 16。
- 池化后的特征图大小计算公式为：输出尺寸 = 输入尺寸 / 步长。
  因此，池化后的特征图大小为 98 / 2 = 49，由于池化并不改变深度，所以输出特征图大小为 49 × 49 × 16。

【答案】C

4.【多选题】以下关于 LSTM 网络和 GRU 的描述，正确的是哪些选项？

A. LSTM 网络的关键是细胞状态，细胞状态贯穿整个链条，只有一些次要的线性交互作用，信息很容易以不变的方式流过

B. 门结构可以选择性地让信息通过，它们由 tanh 神经网络层和逐点乘法运算组成

C. GRU 将遗忘门和输入门合并为一个单一的更新门

D. GRU 混合了细胞状态和隐藏状态

【解析】

选项 A：LSTM（Long Short-Term Memory，长短期记忆）网络的核心是细胞状态，通过在整个网络中保持和传递信息，细胞状态使得信息可以在较长的时间跨度内保持不变。该选项正确。

选项 B：LSTM 网络和 GRU（Gated Recurrent Unit，门控循环单元）的门结构（如输入门、遗忘门和输出门）使用 tanh 和 sigmoid 激活函数，以及逐点乘法操作来控制信息的流动。该选项错误。

选项 C：GRU 简化了 LSTM 网络的结构，将遗忘门和输入门合并为一个单一的更新门，从而减少了网络的参数量。该选项正确。

选项 D：与 LSTM 网络不同，GRU 没有单独的细胞状态，而是将细胞状态和隐藏状态合并为一个单一的隐藏状态，简化了网络结构。该选项正确。

【答案】ACD

5.【多选题】以下哪些选项属于图像数据增强方法？

A. 修改图像，增加子图　　B. 翻转

C. 拉伸　　D. 缩放

【解析】

图像数据增强方法的作用是增加数据的多样性，帮助模型更好地泛化。以下是对各选项的详细描述。

选项 A：对图像进行裁剪、旋转等修改，以及创建新的图像块，是使图像数据增强的一种方法。该选项正确。

选项 B：翻转（包括水平翻转和垂直翻转）是常见的图像数据增强方法，该方法通过翻转图像来增加数据的多样性。该选项正确。

选项 C：拉伸是一种图像数据增强方法，该方法通过改变图像的长宽比来生成不同的图像样本，帮助模型更好地适应各种形状的输入。该选项正确。

选项 D：缩放也是一种常见的图像数据增强方法，该方法通过改变图像的大小来生成不同的图像样

本，从而增加数据集的多样性。该选项正确。

【答案】ABCD

6.【多选题】下列属于 AI 涉及的子领域的有哪些选项？

A. 机器学习
B. 知识工程
C. 人机交互
D. 数据挖掘

【解析】

选项 A：机器学习（Machine Learning）是 AI 的一个重要子领域，涉及算法和统计模型的研究，帮助计算机在没有明确编程的情况下进行预测或决策。该选项正确。

选项 B：知识工程（Knowledge Engineering）涉及构建知识库和推理系统，帮助计算机模拟人类的知识和推理过程，是 AI 的一个重要子领域。该选项正确。

选项 C：人机交互（Human Computer Interaction，HCI）研究如何设计和使用计算机系统以实现高效和自然的用户交互，是 AI 的一个重要子领域。该选项正确。

选项 D：数据挖掘（Data Mining）涉及从大量数据中提取有用的信息和模式，是 AI 的一个重要应用领域和子领域，常常与机器学习紧密结合。该选项正确。

【答案】ABCD

7.【判断题】自监督学习算法（Self-Supervised Learning Algorithm）是近几年兴起的学习方法，当数据集中只有数据的特征而没有标签时，依然可以通过某些方法来“制造”标签进行监督学习。

【解析】

在传统监督学习中，算法依赖于大量人工标注的样本（即特征与对应标签）来进行学习。然而，在很多情况下，收集和标注数据的操作既昂贵又费时。自监督学习则提供了一种创新思路，它允许模型在无标签或者只含少量标签的数据集上进行训练。自监督学习的核心思想是设计一种预处理转换（比如旋转、遮挡、颜色改变等），将原始数据转换为其不同版本，然后让模型基于这些转换去预测原始数据的某个方面或转换的性质。这个过程实质上是“创造”了一个预测任务，其中，转换前的数据可以视为未标记的输入，转换的信息或原始数据的某个属性则可以作为“自制”的监督信号或标签。通过这种方式，即使在缺乏人类标注的情况下，模型也能学习到数据的有用表示，这些表示往往具有良好的泛化能力，可以迁移到下游的监督任务中。

【答案】正确

8.【判断题】BERT（Bidirectional Encoder Representations from Transformers）语言模型可用于动态生成词向量。

【解析】

BERT 语言模型的独特之处在于其采用了双向 Transformer 编码器，因此该模型能够理解词语在句子中的上下文关系，无论这些词语出现在目标词之前或之后。

“动态生成词向量”是指 BERT 语言模型可以根据词语的具体语境生成对应的词向量。传统的词嵌入方法（如 Word2Vec 或 GloVe）生成的词向量是静态的，每个词语在所有上下文中都对应同一个向量。而 BERT 语言模型在处理每个词语时，会考虑整个句子的上下文信息，因此即使针对同一个词语，在不同的句子或语境中，BERT 语言模型生成的词向量也会有所不同。

具体而言，在 BERT 语言模型中，输入的文本首先被转换成由分词和特殊标记（如[CLS]和[SEP]）组成的序列，然后通过 Transformer 层进行深度双向编码，最终得到的每个分词的隐层表示就可以视作该词在当前上下文中的动态词向量。这种上下文敏感的词表示极大地提高了模型在各种自然语言处理任务（包括情感分析、命名实体识别、问答系统等）上的性能。

【答案】正确

9.**【判断题】**如果有全连接层的存在，卷积神经网络输入图像的尺寸必须保持一致。

【解析】

卷积神经网络（Convolution Neural Network，CNN）通过卷积层、池化层（Pooling Layer）等结构设计，能够处理不同尺寸的输入图像。特别是池化层和全局平均池化（Global Average Pooling）等技术的应用，使得网络能够适应不同尺寸的输入，而不会对网络结构造成影响。全连接层（Fully Connected Layer）通常位于卷积神经网络的末端，用于分类任务。尽管传统的全连接层需要固定长度的输入向量，但使用 Flatten 层或适应性全局平均池化（Adaptive Global Average Pooling）等技术可以灵活调整输出尺寸，以匹配全连接层的输入要求，从而允许输入图像尺寸在一定范围内变化。因此，即使存在全连接层，卷积神经网络也不必严格要求输入图像的尺寸必须保持一致。

【答案】错误

第 3 章

2023—2024 全国总决赛真题解析

2023—2024 全国总决赛分本科组和高职组，均包含理论考试和实验考试两个部分。理论考试仅有 20 题；实验考试为综合实验题，本科组和高职组共用。

3.1 理论考试真题解析

3.1.1 本科组理论考试真题解析

1.【多选题】MindSpore 深度学习框架的候选运行时支持多种硬件平台，包括 CPU、GPU、NPU 等。以下关于 MindSpore 后端的描述中，正确的有哪些选项?

A. MindSpore 后端运行时负责将计算图转换为对应硬件平台的执行指令，同时进行硬件相关的优化

B. MindSpore 后端运行时可以根据用户的需求，动态地选择合适的硬件平台进行计算

C. MindSpore 后端运行时可以实现跨硬件平台的数据传输和同步，保证计算的正确性和一致性

D. MindSpore 后端运行时可以根据硬件平台的特性，自动地调整计算图的结构和参数，提高计算的效率和精度

【解析】

选项 A：MindSpore 后端运行时主要负责计算图转换、硬件相关的优化等任务。其中，在进行计算图转换时，MindSpore 将前端生成的计算图表示形式转化为低层次的硬件指令，以便在特定硬件上运行。在进行硬件相关的优化时，MindSpore 执行诸如算子融合、内存优化、并行计算、特定硬件加速等功能。该选项正确。

选项 B：MindSpore 后端运行时并不能根据用户的需求，动态地选择合适的硬件平台进行计算。用户需要在前端指定使用的硬件平台，或者使用 MindSpore Lite 进行端侧部署。该选项错误。

选项 C：MindSpore 具备跨硬件平台的数据传输和同步功能，以保证计算的正确性和一致性。该选

项正确。

选项 D：MindSpore 后端运行时不可以根据硬件平台的特性，自动地调整计算图的结构和参数。计算图的结构和参数是由前端和计算图引擎决定的，后端适配器只负责执行计算图。该选项错误。

【答案】AC

2.【单选题】MindSpore 是一个全场景深度学习框架，提供了丰富的数据处理功能。MindSpore 数据处理的核心是 Dataset 类，它可以从不同的数据源加载数据，并支持多种数据处理操作，如复制、分批、混洗、映射等。以下关于 MindSpore 数据处理的描述中，正确的是哪一项？

A. Dataset 类只能从文件系统中加载数据，不支持从内存或网络中加载数据

B. Dataset 类可以通过 map 函数对数据进行映射操作，用户可以自定义函数或使用 transforms 模块提供的算子

C. Dataset 类可以通过 batch 函数对数据进行分批操作，但是不支持将不足一批的数据截掉

D. Dataset 类可以通过 shuffle 函数对数据进行混洗操作，混洗程度由参数 buffer_size 设定，buffer_size 越大，混洗时间越短，可减少计算资源消耗

【解析】

选项 A：Dataset 类可以从多种数据源中加载数据，这些数据源包括文件系统、内存中的 Python 生成器、网络中的 TFRecord 等。该选项错误。

选项 B：Dataset 类支持通过 map 函数对数据进行映射操作。用户可以自定义映射函数，或者使用 MindSpore 的 transforms 模块中提供的预定义算子来处理数据。该选项正确。

选项 C：Dataset 类可以通过 batch 函数对数据进行分批操作，用户可以通过设置 drop_remainder 参数来决定是否将不足一批的数据截掉。该选项错误。

选项 D：Dataset 类可以通过 shuffle 函数对数据进行混洗操作，设定的 buffer_size 越大，混洗程度越高。然而，随着 buffer_size 增大，混洗时间和计算资源消耗都会随之增加。该选项错误。

【答案】B

3.【多选题】MindSpore 是一个全场景深度学习框架，提供了丰富的模型层、损失函数、优化器等组件，帮助用户快速构建神经网络。MindSpore 神经网络构建的核心是 Cell 类，它是所有网络的基类，也是网络的基本单元。以下关于 MindSpore 神经网络构建的描述中，正确的有哪些选项？

A. 自定义网络时，需要继承 Cell 类，并重写__init__方法和 construct 方法

B. Cell 类重写了__call__方法，在 Cell 类的实例被调用时，会执行 construct 方法

C. Cell 类可以通过 requires_grad 方法指定网络是否需要微分求梯度，在不传入参数调用时，默认设置 requires_grad 为 False

D. Cell 类可以通过 set_train 方法指定模型是否为训练模式，在不传入参数调用时，默认设置 mode 属性为 False

【解析】

选项 A：Cell 类是所有网络的基类，因此自定义网络时，必须继承 Cell 类，并重写其中的__init__方法和 construct 方法。其中，__init__方法用于定义网络的结构和参数，construct 方法用于定义网络的前向计算逻辑。该选项正确。

选项 B：Cell 类重写了__call__方法，在 Cell 类的实例被调用时，会执行 construct 方法，这样可以实现动静统一的编程体验。该选项正确。

选项 C：Cell 类可以通过 set_grad 方法指定网络是否需要计算梯度，在不传入参数调用时，默认设置 requires_grad 为 True，这样可以在执行前向网络时构建用于计算梯度的反向网络。该选项错误。

选项 D：Cell 类可以通过 set_train 方法指定模型是否为训练模式，在不传入参数调用时，默认设置 mode 属性为 True，这样可以在训练模式下启用一些特殊的层或操作，如 Dropout、BatchNorm 等。该选项错误。

【答案】AB

4.【单选题】MindSpore 提供了丰富的网络构建和优化的功能。MindSpore 网络优化的核心是 Optimizer 类，它可以对网络的可训练参数进行梯度更新，并支持多种优化算法，如 SGD、Adam、Momentum 等。以下关于 MindSpore 网络优化的描述中，正确的是哪一项？

A. Optimizer 类只能对网络的权重参数进行优化，不支持对偏置参数进行优化

B. Optimizer 类可以通过参数 learning_rate 设置学习率策略，支持固定的学习率或动态的学习率

C. Optimizer 类无须参数分组即可通过参数 parameters 对不同的参数配置不同的学习率、权重衰减和梯度中心化策略

D. Optimizer 类可以通过 clip 类算子对梯度进行裁剪操作，如果要将输入的 Tensor 值裁剪到最大值和最小值之间，可以用 clip_by_global_norm

【解析】

选项 A：Optimizer 类支持对网络的所有可训练参数进行优化，包括权重和偏置参数。该选项错误。

选项 B：Optimizer 类可以通过参数 learning_rate 设置学习率策略，支持固定的学习率或动态的学习率。该选项正确。

选项 C：Optimizer 类不支持对同一参数组使用不同的优化算法，只能对不同的参数组使用不同的优化算法。该选项错误。

选项 D：Optimizer 类的梯度裁剪操作是根据 clip_type 参数来确定裁剪方式的，如果要将输入的 Tensor 值裁剪到合适的最大值和最小值之间，应使用 clip_by_value。该选项错误。

【答案】B

5.【单选题】MindSpore 提供了多种模型迁移工具，如 MindSpore Dev Toolkit、TroubleShooter 等，支持将神经网络从其他主流深度学习框架快速迁移到 MindSpore 进行二次开发和调优。以下有关 MindSpore 网络迁移的流程描述中，正确的是哪一项？

① 网络脚本开发　② 网络脚本分析　③ 网络执行、调试

④ 网络精度和性能调优　⑤ MindSpore 环境配置

A. ⑤③②①④

B. ⑤②①③④

C. ⑤④③②①

D. ⑤①②③④

【解析】

MindSpore 支持将其他主流深度学习框架（如 PyTorch、TensorFlow 等）的神经网络快速迁移到 MindSpore

进行二次开发和调优。为此，首先，我们要配置 MindSpore 环境，确保该环境满足所有必要的软件和硬件要求；接下来，我们要分析现有的网络脚本，包括理解模型架构、操作和参数，确保在迁移过程中能够正确地转换模型；然后，根据分析结果，我们基于 MindSpore 开发框架开发相应的网络脚本，这涉及将其他框架的网络模型代码转换为 MindSpore 支持的代码；在转换完代码后，我们需要执行和调试网络脚本，确保模型能够正确运行；最后，我们需要对网络的精度和性能进行调优，以在 MindSpore 平台上实现达到或者超过原平台上的性能表现。

【答案】 B

6. **【多选题】** 以下关于 MindSpore 的统一模型文件 MindIR 的描述中，正确的有哪些选项？

A. MindIR 同时存储了网络结构和权重参数

B. 同一 MindIR 文件支持多种硬形态的部署

C. 支持云侧（训练）和端侧（推理）任务

D. MindIR 模型与硬件平台解耦，实现一次训练多次部署

【解析】

选项 A：MindIR 文件不仅存储了网络的结构，也存储了模型权重参数。该选项正确。

选项 B：MindIR 文件具有通用性，可以在不同硬件平台（包括 Ascend、GPU 和 CPU 等）上进行部署。这种特性提高了模型的可移植性和部署灵活性。该选项正确。

选项 C：MindIR 文件可以在云端进行训练任务，也能在设备端进行推理任务。这样可以实现端到端的 AI 应用场景，满足不同的需求。该选项正确。

选项 D：通过 MindIR，模型训练和部署之间实现了解耦。模型训练只需进行一次，生成的 MindIR 文件可以在多个硬件平台上进行部署。这种方式不仅提高了开发效率，还减少了模型在不同硬件平台上的适配成本。该选项正确。

【答案】 ABCD

7. **【多选题】** 如下所示，在使用 MindSpore 构建的残差网络中，以下关于该段代码的描述中，正确的有哪些选项？

A. 结构的主分支有两层卷积结构

B. 主分支第二层卷积层通过 1 × 1 的卷积核进行升维

C. 主分支与 shortcuts 输出的特征矩阵相加时，需要保证主分支与 shortcuts 输出的特征矩阵维度相同

D. 该段代码可以正常运行的前提条件是 in_channel = out_channel *2

```
class ResidualBlock(nn.Cell):
    expansion = 4 #最后一个卷积核的数量是第一个卷积核数量的 4 倍
    def __init__(self, in_channel: int, out_channel: int,
                 stride: int = 1, down_sample: Optional[nn.Cell] = None) -> None:
        super(ResidualBlock, self).__init__()
        self.conv1 = nn.Conv2d(in_channel, out_channel,
                               kernel_size=3, weight_init=weight_init)
        self.norm1 = nn.BatchNorm2d(out_channel)
        self.conv2 = nn.Conv2d(out_channel, out_channel * self.expansion,
                               kernel_size=1, weight_init=weight_init)
        self.norm2 = nn.BatchNorm2d(out_channel * self.expansion)
        self.relu = nn.ReLU()
```

```
    self.down_sample = down_sample
  def construct(self, x):
    identity = x          #shortcuts 分支
    out = self.conv1(x)   # 主分支第一层：3×3 卷积层
    out = self.norm1(out)
    out = self.relu(out)
    out = self.conv2(out) # 主分支第二层：1×1 卷积层
    out = self,norm2(out)
    if self.down_sample is not None:
      identity = self.down_sample(x)
    out += identity # 输出为主分支与 shortcuts 之和
    out = self.relu(out)
    return out
```

【解析】

选项 A：结构的主分支有两层卷积结构，分别是 self.conv1、self.conv2 两层卷积运算。该选项正确。

选项 B：观察__init__函数，其中第二层卷积层 self.conv2 的 kernel_size 参数取值为 1，这对应于卷积核大小 1×1；此外，第二个参数中的 self.expansion 表示经过卷积运算后，将输出通道数扩展到输入通道数相应的倍数，因此起到了升维的作用。该选项正确。

选项 C：在 ResNet 架构中，主分支与 shortcuts 分支输出的特征矩阵需要进行加法操作，此时需要保证两个分支输出的特征矩阵维度相同。该选项正确。

选项 D：主分支与 shortcuts 输出的特征矩阵相加时，需要保证主分支与 shortcuts 输出的特征矩阵维度相同。由于主分支第二层卷积的输出通道为 out_channel *self.expansion，即 out_channel * 4，所以该段代码可以正常运行的前提条件是 in_channel = out_channel * 4。该选项错误。

【答案】ABC

8.【单选题】实现无人驾驶需要使用 AI、传感器、控制器等多种技术来解决车辆自动驾驶或辅助驾驶中的环境感知、地图定位、规划决策、控制执行这 4 大问题。在无人驾驶中，以下哪一项是使用生成对抗网络算法的主要目的？

A. 规划驾驶路径，使智能车辆根据当前的路况采取合适的路径规划策略

B. 识别道路和交通标志，辅助智能车辆感知环境，获取自身定位

C. 增强驾驶场景模拟数据，用于感知车辆周围环境的机器视觉模型的训练和调优

D. 调优驾驶控制参数，提升智能车辆在固定场景中的驾乘体验

【解析】

选项 A：在自动驾驶模型规划驾驶路径时，通常使用的是 Dijkstra、A*、强化学习等方法，并不会采用生成对抗网络算法。该选项错误。

选项 B：在识别道路和交通标志、感知周围环境时，通常使用的是图像分类、检测、车道线识别等算法，并不会采用生成对抗网络算法；在获取车辆自身定位时，通常使用的是多传感器融合下的 SLAM 算法。该选项错误。

选项 C：在增强驾驶场景模拟数据时，可以采用生成对抗网络算法实现模拟样本的生成，以提升机器视觉模型的训练和调优能力。该选项正确。

选项 D：在调优驾驶控制参数时，可以使用强化学习、贝叶斯优化等模型，通常也不会采用生成对抗

网络算法。该选项错误。

【答案】C

9.【单选题】以下关于达芬奇架构（AI Core）中的硬件架构和对应的功能介绍中，错误的是哪一项？

A. 达芬奇架构（AI Core）包括计算单元、存储单元。计算单元：包含两种基础计算资源（矢量计算单元、向量计算单元）。存储系统：AI Core 的片上存储单元和相应的数据通路构成了存储系统

B. 达芬奇架构这一专门为 AI 算力提升所研发的架构，是昇腾 AI 计算引擎和 AI 处理器的核心所在

C. 矩阵计算单元和累加器主要完成矩阵相关运算。一拍完成一个 Fp16 的 16×16 与 16×16 矩阵乘法（4096）

D. 累加器：把当前矩阵乘法的计算结果与前次计算的中间结果相加，可以用于完成卷积中的加偏置（Bias）操作

【解析】

选项 A：达芬奇架构（AI Core）包括计算单元、存储单元、控制单元。其中，计算单元包含两种基础计算资源（矢量计算单元、向量计算单元）；AI Core 的片上存储单元和相应的数据通路构成了存储系统；控制单元则在整个计算过程提供了指令控制，相当于 AI Core 的司令部。

选项 B：达芬奇架构这一专门为 AI 算力提升所研发的架构，是昇腾 AI 计算引擎和 AI 处理器的核心所在，代表了华为在 AI 计算领域的技术前沿，表现了华为致力于提供高性能、低延迟和高效能的计算解决方案，推动智能计算技术的创新和发展。

选项 C：在达芬奇架构中，矩阵计算单元和累加器是完成矩阵相关运算的关键组件。对于 FP16（16 位浮点数）精度的矩阵乘法，一拍（Single Cycle）完成一个 16×16 与 16×16 矩阵乘法，这对应于在一个时钟周期内完成 4096 个浮点运算（乘加操作），这是达芬奇架构中矩阵计算单元高效能的一个具体表现。

选项 D：在达芬奇架构中，累加器不仅用于矩阵乘法的结果累加，还可以用于其他需要累加操作的计算任务，比如在卷积操作中加上偏置项。

【答案】A

10.【单选题】以下关于 CANN 的描述中，错误的是哪一项？

A. AscendCL 接口是昇腾计算开放编程框架，是对底层昇腾计算服务接口的封装。它提供设备管理、上下文管理、流管理、内存管理等 API 库，只能供用户在 MindSpore 开发框架上开发 AI 应用

B. 昇腾计算服务层：主要提供昇腾算子库（AOL），通过神经网络库、线性代数计算库（BLAS）等高性能算子库加速计算；昇腾调优引擎（AOE），通过算子调优（OPAT）、子图调优（SGAT）、梯度调优（GDAT）、模型压缩（AMCT）提升模型端到端运行速度

C. 昇腾计算编译层：通过图编译器（Graph Compiler）将用户输入中间表达（Intermediate Representation，IR）的计算图编译成昇腾硬件可执行模型；同时借助张量加速引擎（Tensor Boost Engine，TBE）的自动调度机制，高效编译算子

D. 昇腾计算执行层：负责模型和算子的执行，提供运行时库（Runtime）、图执行器（Graph Executor）、数字视觉预处理（Digital Vision Pre-Processing，DVPP）、AI 预处理（Artificial Intelligence Pre-Processing，AIPP）、华为集合通信库（Huawei Collective Communication Library，HCCL）等功能单元

【解析】

选项 A：AscendCL 接口是昇腾计算开放编程框架，是对底层昇腾计算服务接口的封装。它提供设备管理、上下文管理、流管理、内存管理等 API 库，供用户开发 AI 应用。虽然 AscendCL 在设计上可以与多种 AI 框架集成，但它并非限制于特定的框架。这意味着，使用 AscendCL 可以在昇腾处理器上实现对于不同 AI 框架的加速计算，例如 TensorFlow、PyTorch 等，只要开发者在具体的框架上进行了适当的集成和优化工作。

选项 B：昇腾计算服务层提供了一系列关键技术和工具，以加速和优化 AI 计算任务。这些关键技术和工具如下。AOL：集成了神经网络库、BLAS 等高性能算子，用于加速各类计算任务，尤其是涉及神经网络的复杂计算任务。AOE：利用一系列优化工具和技术，包括算子调优（OPAT，优化单个算子的执行效率和资源利用）、子图调优（SGAT，针对神经网络的子图进行优化，以提升整体性能）、梯度调优（GDAT，优化梯度计算过程，加速模型训练和优化）、模型压缩（AMCT，压缩模型参数和结构），以提升模型端到端运行速度。

选项 C：昇腾计算编译层在昇腾 AI 处理器架构中扮演着重要角色，主要通过图编译器、TBE 实现高效的计算图编译和算子优化。其中，图编译器负责将用户输入 IR 的计算图编译成昇腾硬件可执行模型，包括将高级神经网络模型转换成硬件指令的复杂转换过程，确保在昇腾 AI 处理器上的高效执行；TBE 则使用自动调度机制动态调整计算任务的执行顺序和资源分配，以最大化硬件的使用率和性能。

选项 D：昇腾计算执行层是昇腾 AI 处理器架构中的关键组成部分，主要负责模型和算子的实际执行，并提供了 Runtime、图执行器、DVPP、AIPP、HCCL 等多种功能单元，为昇腾 AI 处理器提供了强大的执行能力和高效的运行环境，支持和满足各种复杂的 AI 应用场景和计算需求。

【答案】A

11.【多选题】以下有关 CANN 层的描述中，正确的是哪些选项？

A. CANN 是华为提出的异构计算架构，包括 AscendCL、GE、Runtime、DVPP、AI Core 等部分

B. AscendCL 是华为提供的一套用于在昇腾系列处理器上进行加速计算的 API，能够管理和使用昇腾软硬件计算资源，并进行机器学习相关计算

C. 当前 AscendCL 提供了 C/C++和 Python 编程接口，负责模型加载、算子能力开放和 Runtime 开放

D. AscendCL 提供分层开放能力的管控，通过不同的组件对不同的使能部件进行对接，包含 GE 能力开放、算子能力开放、Runtime 能力开放、Driver 能力开放等

【解析】

选项 A：CANN 里不包含 AI Core 部分，AI Core 属于昇腾芯片的硬件架构，并不属于软件架构。该选项错误。

选项 B：AscendCL 接口是昇腾计算开放编程框架，是对底层昇腾计算服务接口的封装，它提供设备管理、上下文管理、流管理、内存管理等 API 库。此外，AscendCL 专注于机器学习相关的各种运算，包括张量运算、矩阵运算、卷积运算等。该选项正确。

选项 C：当前 AscendCL 提供了 C/C++和 Python 编程接口，负责模型加载、算子能力开放、Runtime 开放等，帮助开发者实现个性化的功能开发和扩展，充分利用昇腾处理器的计算能力实现 AI 应用开发和部

署。该选项正确。

选项 D：AscendCL 提供分层开放能力的管控，通过 GE 能力开放、算子能力开放、Runtime 能力开放，以及 Driver 能力开放等，为开发者提供了灵活而强大的开发环境，实现多样化的 AI 应用场景。该选项正确。

【答案】BCD

12.【多选题】AscendCL 是 CANN 层中很重要的一个环节，提供分层开放能力的管控，可以对不同的使能部件进行对接。以下哪些选项是正确的 AscendCL 软件开发流程？

A. 准备环境→开发场景分析→编译运行应用→资源初始化→资源释放

B. 资源初始化→数据传输到 Device→数据预处理→模型推理→数据后处理→资源释放

C. 开发场景分析→创建代码目录→资源初始化→数据传输→数据预处理→模型推理

D. 数据预处理→模型推理→资源释放→数据后处理→编译运行应用

【解析】

在开发 AI 应用时，应当首先进行资源初始化，在 Host 和 Device 上为变量分配合适的内存空间；接下来将训练数据从 Host 传输到 Device 中，并完成一系列的数据预处理，方便后续模型推理；在模型推理后，部分结果需要进行后处理，以符合输出的格式和需求；最后要对初始分配的资源进行释放，防止内存泄露和无效的资源占用。AscendCL 软件开发流程遵循软件开发的通用步骤：开发场景分析→创建代码目录→资源初始化→数据传输→数据预处理→模型推理。

【答案】BC

13.【多选题】以下关于 AscendCL 相关概念和开发流程描述中，正确的有哪些选项？

A. pyACL（Python Ascend Computing Language）是在 AscendCL 的基础上使用 C++语言封装得到的 Python API 库，使用户可以通过 Python 进行昇腾 AI 处理器的运行管理、资源管理等。应用程序通过 pyACL 调用 AscendCL 层，进行模型加载等功能的实现

B. AscendCL 提供设备管理、上下文管理、流管理、内存管理、模型加载与执行、算子加载与执行、媒体数据处理等 C/C++/Python（pyACL）API 库供用户开发深度神经网络应用，用于实现目标识别、图像分类等功能

C. 在运行应用时，AscendCL 调用 FE 执行器提供的接口实现模型和算子的加载与执行、调用运行管理器的接口实现设备管理、上下文管理、流管理、内存管理等

D. 动态分辨率指的是在某些场景下，模型每次输入的 batch 数或分辨率是不固定的，如检测出人脸后再执行人脸识别，会由于人脸个数不固定导致人脸识别网络输入 batchsize 不固定

【解析】

选项 A：pyACL 是在 AscendCL 的基础上使用 Python 语言封装得到的 Python API 库，使用户可以通过 Python 进行昇腾 AI 处理器的运行管理、资源管理等。应用程序通过 pyACL 调用 AscendCL 层，进行模型加载等功能的实现。该选项错误。

选项 B：AscendCL API 是对底层昇腾计算服务接口的封装，它提供了设备管理、上下文管理、流管理、内存管理、模型加载与执行、算子加载与执行、媒体数据处理等 C/C++/Python（pyACL）库供用户开发深度神经网络应用，用于实现目标识别、图像分类等功能。该选项正确。

选项 C：在运行应用时，AscendCL 调用 GE 执行器，而非 FE 执行器，提供的接口实现模型和算子的

加载与执行；调用运行管理器的接口实现设备管理、上下文管理、流管理、内存管理等。该选项错误。

选项 D：动态分辨率是指模型每次输入的 batch 数或张量维度是存在变化的。例如，由于图像中人脸个数不固定，导致人脸识别后，对应的人脸识别网络输入 batchsize 不固定。该选项正确。

【答案】BD

14.【单选题】小张在使用 MindSpore 构建网络的过程中（基于 Atlas 300I Duo 的本地设备），为了方便调试，可以在程序中加入哪行代码？

A. mindspore.set_context(mode=mindspore.PYNATIVE_MODE, device_target=‘NPU’)

B. mindspore.set_context(mode=“Graph”, device_target=‘GPU’)

C. mindspore.set_context(mode=mindspore.PYNATIVE_MODE , device_target=‘Ascend’)

D. mindspore.set_context(mode="PyNative" , device_target=‘NPU’)

【解析】

MindSpore 支持两种运行模式，这两种模式在调试或运行方面做了不同的优化。

- PyNative 模式：也称动态图模式，该模式将神经网络模型中的各个算子逐一下发执行，方便用户编写和调试神经网络模型。
- Graph 模式：也称静态图模式或图模式，该模式将神经网络模型编译成一整张图，然后下发执行。该模式利用图优化等技术提高运行性能，同时有助于规模部署和跨平台运行。

因此，为方便调试，我们需要在 MindSpore 中设置 PyNative 模式，对应于代码实现中的 mode = mindspore.PYNATIVE_MODE。此外，由于 Atlas 300I Duo 中内置昇腾芯片，因此在目标设备中，我们需要设置 device_target = ‘Ascend’。

【答案】C

15.【多选题】卷积神经网络中 1×1 卷积和的作用包含以下哪些选项？

A. 控制输出特征图的通道数

B. 融合不同特征图之间的信息

C. 提供防止过拟合的能力

D. 调节超参数

【解析】

选项 A：1×1 卷积核的一个作用是控制输出特征图的通道数，可以升维也可以降维。该选项正确。

选项 B：1×1 卷积核的另一个作用是融合不同特征图之间的信息。该选项正确。

选项 C：1×1 卷积核并不具有防止过拟合的功能。该选项错误。

选项 D：1×1 卷积核无法调节网络的超参数，它只能控制神经网络的可训练参数。该选项错误。

【答案】AB

16.【单选题】在自然语言处理任务中，以下有关处理输入和输出长度不同问题的描述中，错误的是哪一项？

A. Seq2Seq 方法可以用来处理输入和输出序列不等长的问题，是一种特殊的 RNN 模型

B. Attention（注意力）模型和 self-Attention（自注意力）模型的核心逻辑是从关注全部到关注重点，可以用于 Seq2Seq 方法中，进行机器翻译等任务

C. BIRNN 或者 BILSTM 等双向 RNN 结构由前向 RNN 与后向 RNN 组合而成。考虑到词语在句子中的前后顺序，为更好地学习双向语义依赖，可以将双向 RNN 结构用在 Seq2Seq 网络中

D. Seq2Seq 属于 Encoder-Decoder 结构的一种，常见的 Encoder-Decoder 结构的基本思想是利用两个 RNN，一个 RNN 作为 Encoder，另一个 RNN 作为 Decoder。Encoder 负责将输出序列压缩成指定长度的向量，这个向量就可以看作这个序列的语义，这个过程称为解码；可将这个向量传递给 Decoder 模块进行编码

【解析】

选项 A：Seq2Seq 是 “Sequence-to-Sequence”（序列到序列）的简称，它是一种特殊的 RNN（Recurrent Neural Network，循环神经网格）模型，用于处理输入和输出都是序列的任务，同时输入和输出长度可以不同。

选项 B：Attention 模型和 Self-Attention 模型都希望从输入内容中找出与任务更相关的部分，起到信息压缩的作用，因此它们将网络的关注目标从关注全部调整到关注重点；Attention 模型可用于多种不同的网络结构和应用中，包含 Seq2Seq 方法和机器翻译等任务。

选项 C：BIRNN 或者 BILSTM 中的 “BI” 是指 “Bi-directional”，其含义是 BIRNN 或者 BILSTM 对应于双向 RNN 结构，由前向 RNN 与后向 RNN 组合而成。在机器翻译任务中，对于一个词语，我们通常要考虑上下文语境才能确定其具体含义。因此，在使用 Seq2Seq 网络构建机器翻译模型时，为更好地学习双向语义依赖，我们可以使用双向 RNN 结构。

选项 D：Seq2Seq 属于 Encoder-Decoder 结构的一种，常见的 Encoder-Decoder 结构的基本思想是利用两个 RNN，一个 RNN 作为 Encoder，另一个 RNN 作为 Decoder。Encoder 负责将输入序列压缩成指定长度的向量，这个向量就可以看作这个序列的语义，这个过程称为编码。相应地，当这个向量从 Encoder 传递到 Decoder 时，Decoder 部分就完成对该向量的解码任务。

【答案】D

17.【多选题】以下关于 MindSpore 的统一模型文件 MindIR 的描述中，正确的有哪些选项？

A. MindIR 同时存储了网络结构和权重参数。IR（中间表示）是程序编译过程中介于源语言和目标语言之间的程序表示，以方便编译器进行程序分析和优化，因此 IR 的设计需要考虑从源语言到目标语言的转换难度，同时考虑程序分析和优化的易用性和性能

B. 同一 MindIR 文件支持多种硬形态的部署。MindIR 是一种基于图表示的函数式 IR，其最核心的目的是服务于自动微分变换

C. 在图模式 mindspore.set_context(mode=mindspore.GRAPH_MODE)下运行用 MindSpore 编写的模型时，若配置中设置了 mindspore.set_context(save_graphs=True)，运行时会输出图编译优化过程中生成的一些中间文件，我们称为 IR 文件

D. 在 MindIR 中，一个函数图（FuncGraph）表示一个普通函数的定义，函数图一般由 ParameterNode、ValueNode 和 CNode 组成有向无环图，可以清晰地表达出从参数到返回值的计算过程

【解析】

选项 A：MindIR 同时存储了网络结构和权重参数。IR 是程序编译过程中介于源语言和目标语言之间的

程序表示，以方便编译器进行程序分析和优化。IR 的设计需要考虑从源语言到目标语言的转换难度，同时考虑程序分析和优化的易用性和性能。

选项 B：同一 MindIR 文件支持在多个不同硬件设备上进行部署。MindIR 确实是一种基于图表示的函数式 IR，主要用于自动微分变换。

选项 C：在图模式下运行用 MindSpore 编写的模型，会使用图编译优化等技术提高运行性能。如果设置 save_graphs 参数为 True，则运行时会输出图编译优化过程中生成的一些中间文件（IR 文件），方便我们进行查看和调试。

选项 D：在 MindIR 中，一个函数图表示一个普通函数的定义，函数图一般由 ParameterNode、ValueNode 和 CNode 组成有向无环图，可以清晰地表达出从参数到返回值的计算过程。

【答案】ABCD

18.【单选题】以下关于 Transformer 网络结构的描述中，错误的是哪个选项？

A. 2017 年，谷歌机器翻译团队发表的“Attention is All You Need”中，提出了 Transformer，完全抛弃了 RNN 和 CNN 等网络结构，而仅采用 Attention 机制来进行机器翻译任务，并且取得了很好的效果，Attention 机制也成了研究热点

B. Encoder 是由 Multi-Head Attention、Add & Norm、Feed Forward、Add & Norm 组成的，不需要残差结构和卷积计算。Encoder 包含 N 个相同的 layer，layer 指的就是多头自注意力机制单元

C. 将 Encoder 输出的编码信息矩阵 C 传递到 Decoder 中，Decoder 会依次根据当前翻译过的 $1\sim i$ 个词语翻译第 $i+1$ 个词语

D. 对 Transformer 来说，由于句子中的词语都是同时进入网络中进行处理的，顺序信息在输入网络时就已丢失。因此，Transformer 是需要额外的处理来告知每个词语的相对位置的。其中的一个解决方案是论文中提到的位置编码（Positional Encoding），即将能表示位置信息的编码添加到输入中，让网络知道每个词语的位置和顺序

【解析】

选项 A：“Attention is All You Need”这篇论文中第一次提出了 Transformer 架构，完全抛弃了之前 RNN 和 CNN 等广泛用于自然语言处理和图像领域的网络结构，仅采用 Self-Attention 机制来进行机器翻译任务。

选项 B：Encoder 是由 Multi-Head Attention、Add & Norm、Feed Forward、Add & Norm 组成的，虽然上述结构不需要卷积计算，但是需要残差结构实现。

选项 C：在进行第 $i+1$ 个词语预测时，Decoder 模块会将 Encoder 模块的输出，以及之前预测的第 $1\sim i$ 个结果作为输入，进行 Decoder 模块的前向传播。

选项 D：在 Transformer 架构中，为了保证句子中各个词语的位置信息正确，需要使用位置编码方法将各个词语的位置信息添加到网络输入中，让 transformer 知道每个词语的位置和顺序。

【答案】B

19.【多选题】以下关于自注意力机制的描述中，正确的是哪些选项？

A. Q、K、V 这 3 个向量是通过输入表示与 3 个权重矩阵相乘后创建的。这些新向量在维度上比词嵌入向量更低，它们的维度是 64，而词嵌入和编码器的输入/输出向量的维度是 512。但实际上不强

求维度更低，这只是一种基于架构的选择，可以使多头注意力（Multi-Head Attention）的大部分计算保持不变

B. 计算自注意力的第二步是计算得分。假设我们在为例子中的第一个词语“机器”计算自注意力向量，我们需要用输入句子中的每个词语对“机器”打分。这些分数决定了在编码词语“机器”的过程中有多重视句子的其他部分。这些分数是通过打分词语（所有输入句子的词语）的键向量与“机器”的查询向量相点积来计算的。所以如果我们处理的是位置最靠前的词语的自注意力，第一个分数是 q1 和 k1 的点积，第二个分数是 q1 和 k2 的点积

C. 计算自注意力的第三步是归一化，即将分数除以 8（向量维度的平方根），然后通过 Softmax 计算每一个词语对于其他词语的 attention 系数

D. 在每个编码器中的每个子层（自注意力、前馈网络）的周围都有一个残差连接，并且都跟随着一个“层-归一化”步骤

【解析】

选项 A：计算自注意力的第一步是通过 Q、K、V 这 3 个向量对输入表示进行编码。通常情况下，编码后的向量在维度上比词嵌入向量更低，这保证 Transformer 在后续使用多头注意力机制进行计算时，仍然能够保证相近的计算量。该选项正确。

选项 B：请参考 Transformer 结构中的自注意力机制计算方法。该选项正确。

选项 C：请参考 Transformer 结构中的自注意力机制计算方法。该选项正确。

选项 D：请参考 Transformer 结构中的自注意力机制计算方法。该选项正确。

【答案】ABCD

20.【单选题】华为 AI 全栈全场景解决方案中，以下关于 ATC 转换中 AIPP 的使能流程的描述中，错误的是哪一项?

A. 使用 AIPP 功能后，若实际提供给模型推理的测试图片不满足要求（包括对图片格式、图片尺寸等的要求），经过模型转换后会输出满足模型要求的图片，并将该信息固化到转换后的离线模型中（模型转换后 AIPP 功能会以 aipp 算子形式插入离线模型中）

B. 实现 AIPP 的流程为“获取网络模型→构造 AIPP 配置文件→在 ATC 命令中加入参数→成功执行 ATC 命令”

C. 静态 AIPP 配置模板主要由如下几部分组成：AIPP 配置模式（静态 AIPP 或动态 AIPP）、原始图片信息（包括图片格式以及图片尺寸）、改变图片尺寸（通过抠图、补边）、色域转换功能等

D. 在 ATC 命令中加入 conf 参数，用于插入预处理算子

```
 atc --model=$HOME/module/resnet50_tensorflow*.pb --framework=3
--conf=$HOME/module/insert_op.txt  --output=$HOME/module/out/tf_resnet50
--soc_version=<soc_version>。
```

【解析】

选项 A：使用 AIPP 功能后，若实际提供给模型推理的测试图片不满足要求，经过模型转换后会输出满足模型要求的图片，并将该信息固化到转换后的离线模型中。

选项 B：实现 AIPP 的流程为“获取网络模型→构造 AIPP 配置文件→在 ATC 命令中加入参数→成功

执行 ATC 命令”。

选项 C：静态 AIPP 配置模板主要由 AIPP 配置模式、原始图片信息、改变图片尺寸、色域转换功能 4 个部分组成。

选项 D：正确的代码实现为“atc --model=$HOME/module/resnet50_tensorflow*.pb --framework=3 --output=$HOME/module/out/tf_resnet50 --soc_version=<soc_version> --insert_op_conf=$HOME/module/insert_op.cfg”。其中 insert_op_conf 需要放到后面，插入配置文件的格式为 CFG 格式，同时接口为 insert_op_conf。

【答案】D

3.1.2 高职组理论考试真题解析

1.【多选题】MindSpore 全场景深度学习框架，支持在昇腾、GPU、CPU 等多种设备上运行。在模型训练过程中，可以使用 save_checkpoint 函数或 ModelCheckpoint 回调函数来保存模型的参数，生成 CheckPoint 文件。以下关于 MindSpore 模型参数保存的描述中，正确的有哪些选项？

A. save_checkpoint 函数可以直接把内存中的网络权重参数保存到 CheckPoint 文件，需要传入一个 Cell 对象或数据列表作为参数

B. ModelCheckpoint 回调函数可以在训练过程中保存模型参数，需要传入一个 CheckpointConfig 对象来设置保存策略，如每隔多少个 step 或多少秒保存一次

C. CheckPoint 文件是一个二进制文件，采用了 Protocol Buffers 机制，与开发语言、平台无关，具有良好的可扩展性

D. CheckPoint 文件可以直接用于不同硬件平台上的推理任务，无须将其格式转换为其他格式，如 MindIR、AIR 或 ONNX

【解析】

选项 A：save_checkpoint 函数的第一个参数为 save_obj，支持使用 Cell 对象或数据列表作为输入。其中，Cell 对象通常为待保存的网络模型，继承于基类 Cell；而数据列表则声明需要保存的对象，其中每个元素为一个字典，例如 [{“name”: param_name, “data”: param_data},⋯]。该选项正确。

选项 B：ModelCheckpoint 回调函数在训练过程中可以保存模型参数，但是需要传入 CheckpointConfig 对象来声明保存模型的策略，例如每隔多少个 step 或多少秒自动保存模型一次。该选项正确。

选项 C：CheckPoint 文件是一个二进制文件。由于其采用了 Protocol Buffers 机制，与开发语言、平台无关，因此具有良好的可扩展性。该选项正确。

选项 D：CheckPoint 文件不能直接用于不同硬件平台上的推理任务，需要先将其格式转换为其他格式，如 MindIR、AIR 或 ONNX 等。这些格式可以存储网络结构和权重参数，消除了不同后端的模型差异。该选项错误。

【答案】ABC

2.【单选题】 MindSpore 是一个全场景深度学习框架，支持多种分布式并行模式，如数据并行、模型并行、混合并行等。在分布式并行训练中，为了提高通信效率和降低内存占用，MindSpore 提供了一些集

合通信算子，如 AllReduce、AllGather、ReduceScatter 和 Broadcast 等。以下关于集合通信算子的描述中，正确的是哪一项？

A. AllReduce 算子可以对各个设备上的张量进行逐元素的归约操作，并将结果广播到所有设备上

B. AllGather 算子可以将各个设备上的张量沿着指定维度进行拼接，并将结果广播到所有设备上

C. ReduceScatter 算子可以对各个设备上的张量进行逐元素的归约操作，并将结果沿着指定维度进行切分，并分发到各个设备上

D. Broadcast 算子可以将提供的一组数据分发到其他特定的设备上，同时从特定的设备上接收数据

【解析】

选项 A：AllReduce 算子可以对各个设备上的张量进行逐元素的归约操作，并将结果广播到所有设备上，常用于梯度聚合和参数同步。该选项正确。

选项 B：AllGather 算子可以将各个设备上的张量沿着指定维度进行拼接，但是不会将结果广播到所有设备上，而是将结果保留在各自的设备上。该选项错误。

选项 C：ReduceScatter 算子可以对各个设备上的张量进行逐元素的归约操作，然后在第 0 维度上将结果按设备数量进行切分，并分发到对应的设备上。该选项错误。

选项 D：Boardcast 算子执行的是广播操作，可以将特定设备上的一组数据分发到其他设备上，但并不会从特定的设备上接收数据。与 D 选项对应的算子是 NeighborExchange 算子，它可以将提供的一组数据分发到其他特定的设备上，同时从特定的设备上接收数据。该选项错误。

【答案】A

3.【多选题】MindSpore 全场景深度学习框架支持多种模型参数加载方式，如 load_checkpoint、load_param_into_net 等。下列关于这些加载方式的描述中，正确的是哪些选项？

A. load_checkpoint 可以从 CheckPoint 文件中加载模型参数，返回一个字典，其中，键为参数名，值为参数值

B. load_param_into_net 可以将 load_checkpoint 返回的字典或用户自定义的字典加载到网络中，实现模型参数的更新

C. load_checkpoint 也可以加载 MindIR、ONNX 等格式的模型参数

D. load_param_into_net 可以用相同的后缀名将参数字典中的参数加载到网络中，并在精度不匹配时进行转换，但需要用户将 strict_load 参数设置为 True

【解析】

选项 A：load_checkpoint 从 CheckPoint 文件中加载预先训练好的模型参数，返回一个字典，其中，键为参数名，值为参数值。该选项正确。

选项 B：load_param_into_net 可以将 load_checkpoint 返回的字典或用户自定义的字典加载到网络中，实现模型参数的更新。该选项正确。

选项 C：load_checkpoint 不能加载 MindIR、ONNX 等格式的模型参数。该选项错误。

选项 D：当调用 load_param_into_net 函数时，需要将 strict_load 参数设置为 False，才能在参数的精度不匹配时进行自动转换；否则就会报错。该选项错误。

【答案】AB

4.【单选题】 MindSpore 大模型平台支持多种大模型的在线体验，如 ChatGLM、Llama 等。这些大模型都基于 Transformer 的深度神经网络，能够捕捉长距离的语义依赖关系。以下关于 Transformer 的描述中，正确的是哪一项？

A. Transformer 是一种基于循环神经网络（RNN）的序列到序列（Seq2Seq）模型，使用注意力（Attention）机制来增强序列的表示能力

B. Transformer 是一种基于卷积神经网络（CNN）的 Seq2Seq 模型，使用残差连接（Residual Connection）来增加网络的深度

C. Transformer 是一种基于自注意力（Self-Attention）机制的 Seq2Seq 模型，使用位置编码（Positional Encoding）来增加序列数据的位置信息

D. Transformer 是一种基于图神经网络（Graph Neural Network，GNN）的 Seq2Seq 模型，使用图注意力（Graph Attention）机制来增强图结构的表示能力

【解析】

选项 A：Transformer 并不是一种基于 RNN 的 Seq2Seq 模型。该选项错误。

选项 B：Transformer 也不是一种基于 CNN 的 Seq2Seq 模型。该选项错误。

选项 C：Transformer 是基于自注意力机制的 Seq2Seq 模型，同时使用位置编码来增加序列数据的位置信息。该选项正确。

选项 D：Transformer 也不是一种基于 GNN 的 Seq2Seq 模型。该选项错误。

【答案】C

5.【单选题】导致如下代码无法运行的原因是以下哪个选项？

A. 该段代码没有导入必要的模块或库

B. 使用 Tensor 时没有正确调用

C. 没有正确定义 construct 方法

D. 其他原因导致代码无法运行

```
import numpy as np
import mindspore as ms
import mindspore.nn as nn

class Net(nn.Cell):
    def __init__(self):
        super(Net, self).__init()__
        self.relu = nn.ReLU()
    def forward(self, x,y):
        X=x+ y
        x= self.relu(x)
        return x
net = Net()
X = ms.Tensor(np.ones([1]).astype(np.float32))
X= ms.Tensor(np.ones([1]).astype(np.float32))
output = net(x,y)
print(output)
```

【解析】

在 MindSpore 网络模型中，继承于基类 Cell，定义网络的前向传播是重写 construct 方法，并不是 forward。因此选择答案 C。

【答案】C

6.【多选题】在 AI 绘画领域，Diffusion 模型的应用是一个热门话题。以下关于 Diffusion 模型在 AI 绘画领域的描述中，正确的有哪些选项？

A. Diffusion 模型可以生成多样化的图像风格

B. Diffusion 模型是一种生成式模型，它通过逐步添加随机噪声来生成图像，从完全的噪声状态逐渐过渡到接近真实的图像

C. Diffusion 模型无法应用于文本到图像的生成

D. Diffusion 模型具有可解释性

【解析】

选项 A：Diffusion 模型可以根据 LoRA 的不同，生成多样化的图像风格。该选项正确。

选项 B：Diffusion 模型是一种生成式模型，它通过逐步添加随机噪声来生成图像，可以由一张初始的噪声图像逐步过渡到接近真实的图像。该选项正确。

选项 C：Diffusion 模型可以应用于文本到图像的生成，只要给定相应的文本描述，Diffusion 模型就可以生成与文本描述相匹配的图像。该选项错误。

选项 D：Diffusion 模型具有可解释性。该选项正确。

【答案】ABD

7.【单选题】如下所示，使用 MindSpore 构建残差网络，在空白处应填入的正确代码是以下哪个选项？

A. out += x

B. out -= x

C. out += identity

D. out -= identity

```
class ResidualBlockBase(nn.Cell):
    def init (self, in_channel: int, out_channel: int,
              stride:int =1, norm:Optional[nn.Cell] = None,
              down_sample:Optionallnn.Cell] = None) -> None:

    super(ResidualBlockBase, self).__init__()
    if not norm:
        self.norm = nn.BatchNorm2d(out_channel)
    else:
        self.norm = norm
    self.convl = nn.Conv2d(in_channel, out_channel,
                           kernel_size=3, stride=stride,
                           weight_init=weight_init)
    self.conv2 = nn.Conv2d(in_channel, out_channel,
                           kernel_size=3,
                           weight_init=weight_init)
    self.relu = nn.RelU()
    self.down_sample = down_sample
```

```
def construct(self, x):
    identity = x #shortcuts 分支
    out = self.conv1(x)  #主分支第一层:3×3 卷积层
    out = self.norm(out)
    out = self.relu(out) #主分支第二层:3×3 卷积层
    out = self.conv2(out)
    out = self.norm(out)
    if self.down_sample is not None:
        identity = self.down_sample(x)
    out += identity #输出为主分支与 shortcuts 之和
    out = self.relu(out)
    return out
```

【解析】

残差网络的每个组件由两个分支组成：一个主分支，一个 shortcuts 分支。其中，主分支通过堆叠一系列的卷积操作得到，shortcuts 分支则从输入直接到输出。主分支输出的特征矩阵 F(X)加上 shortcuts 输出的特征矩阵 X 得到 $F(X)+X$，通过 ReLU 激活函数后为残差网络各个组件的输出。在本题中，shortcuts 输出的特征矩阵为 identity，主分支输出的特征矩阵为 out，所以应将 out 和 identity 进行加法操作。

【答案】C

8.【多选题】作为一名自然语言处理算法工程师，小李经常需要对公司的文本数据做预处理并选择合适的模型来处理各种自然语言任务。对于大模型的训练，小李有丰富的实践经验并作了一些总结，以下关于总结的描述中，错误的是哪些选项?

A. 在选择训练数据时，要确保数据来源的可靠性、多样性和规模性，以便模型能够学到更广泛的语言特征和知识

B. 在训练大模型时，需要采用有效的优化算法和技巧，如梯度下降、Adam、学习率衰减等，以提高模型的训练效率和泛化能力

C. 在使用大模型进行推理和部署时，可以不考虑模型的计算资源和响应时间，因为大模型的性能优于小模型

D. 在使用大模型进行微调时，可以利用迁移学习的思想，根据不同的任务或领域对模型做进一步的训练，微调所需的数据量和小模型微调数据量相当

【解析】

- 选项 A：数据多样性在大模型的训练中起到至关重要的作用。因此在选择训练数据时，要确保数据来源的可靠性、多样性和规模性，以便模型能够学到更广泛的语言特征和知识。
- 选项 B：大模型的优化需要采用有效的优化算法和技巧，包括但不限于梯度下降、Adam、学习率衰减等，这样能够提高模型的训练效率和泛化能力。
- 选项 C：因为大模型的推理和部署需要消耗大量的计算资源和时间，这会影响模型的实际应用效果。因此，必须要采用一些模型压缩和加速的技术，如量化、剪枝、蒸馏等，以降低模型的复杂度和提高模型的响应速度。
- 选项 D：利用迁移学习的思想是正确的，但是在微调大模型时，还需要注意数据量一般多于小模型的，以避免过拟合或欠拟合的问题。

【答案】CD

9.【单选题】以下关于昇腾芯片中的数据排布格式问题的描述中，正确的是哪个选项？

A. 多维数据通过多维数组存储，比如图像数据用三维数组存储，3 个维度分别为特征图高度（Height，H）、特征图宽度（Width，W）以及特征图通道（Channel，C），排布格式为 HWC 匹配昇腾芯片

B. 多维数据通过多维数组存储，比如图像数据用四维数组存储，4 个维度分别为批量大小（Batch，N）、特征图高度（Height，H）、特征图宽度（Width，W）以及特征图通道（Channel，C），排布格式为 NCHW 匹配昇腾芯片，实际存储为 RRRGGGBBB

C. 多维数据通过多维数组存储，比如图像数据用三维数组存储，3 个维度分别为特征图高度（Height，H）、特征图宽度（Width，W）以及特征图通道（Channel，C），排布格式为 CHW 匹配昇腾芯片，实际存储为 RRRGGGBBB

D. 多维数据通过多维数组存储，比如图像数据用四维数组存储，4 个维度分别为批量大小（Batch，N）、特征图高度（Height，H）、特征图宽度（Width，W）以及特征图通道（Channel，C），排布格式为 NHWC 匹配昇腾芯片，实际存储为 RGBRGBRGB

【解析】

多维数据通过多维数组存储，比如图像数据用四维数组存储，4 个维度分别为批量大小（Batch，N）、特征图高度（Height，H）、特征图宽度（Width，W）以及特征图通道（Channel，C）。在排布格式上，需要使用 NCHW 顺序以匹配昇腾芯片。以一张格式为 RGB 的图片为例，NCHW 实际存储的是"RRRGGGBBB"，即同一通道的所有像素值顺序存储在一起。

【答案】B

10.【多选题】以下关于 AscendCL 接口调用流程的描述中，正确的是哪些选项？

A. 调用 AscendCL 接口，可开发包含模型推理、媒体数据处理、单算子调用等功能的应用，这些功能可以独立存在，也可以组合存在

B. 调用 AscendCL 接口，可开发包含模型推理、媒体数据处理、单算子调用等功能的应用，这些功能只可以独立存在，分步执行

C. 调用流程为"通过 aclInit 接口实现初始化 AscendCL→运行管理资源申请，依次申请 Device、Context、Stream→模型推理/单算子调用/媒体数据处理→运行管理资源释放→AscendCL 去初始化"

D. 调用流程为"通过 aclInit 接口实现初始化 AscendCL→运行管理资源申请，依次申请 Context、Device、Stream→模型推理/媒体数据处理→运行管理资源释放→AscendCL 去初始化"

【解析】

调用 AscendCL 接口，可开发包含模型推理、媒体数据处理、单算子调用等功能的应用，这些功能可以独立存在，也可以组合存在。因此选项 A 正确，选项 B 错误。在调用 AscendCL 接口进行模型推理时，调用流程为"通过 aclinit 接口实现初始化 AscendCL→运行管理资源申请，依次申请 Device、Context、Stream→模型推理/单算子调用/媒体数据处理→运行管理资源释放→AscendCL 去初始化"。因此选项 C 正确，选项 D 错误。

【答案】AC

11.【单选题】以下关于 AscendCL 中模型加载的描述中，错误的是哪个选项?

A. 用户可根据具体使用场景选择对应的模型加载 AscendCL 接口。针对不同的加载方式（从文件加载、从内存加载等），只需设置接口中的配置参数，便适用于各种加载方式。模型加载过程中涉及多个接口配合使用，这些接口分别用于创建配置对象、设置对象中的属性值、加载模型

B. 用户可根据具体使用场景选择对应的模型加载 AscendCL 接口：根据不同的加载方式（从文件加载、从内存加载等）选择不同的接口，操作相对简单，但需要记住各种方式的加载接口

C. AscendCL 提供两套模型加载接口，用户可根据编程习惯、使用场景选择对应的模型加载接口

D. 在整网模型加载流程（通过接口中的配置参数区分加载方式）中，要获取模型运行的权值内存和工作内存大小，需使用 aclrtMalloc 命令；接下来申请权值内存和工作内存，再创建模型加载的配置对象

【解析】

选项 A：用户可根据个人编程习惯、使用场景，自由地选择对应模型加载 AscendCL API。针对不同的加载方式（从文件加载、从内存加载等），只需设置接口中的配置参数，便适用于各种加载方式。模型加载过程中涉及多个接口配合使用，这些接口分别用于创建配置对象、设置对象中的属性值、加载模型。

选项 B：用户可根据具体使用场景选择对应的模型加载 AscendCL 接口：根据不同的加载方式（从文件加载、从内存加载等）选择不同的接口，操作相对简单，但需要记住各种方式的加载接口。

选项 C：AscendCL 提供两套模型加载接口，用户可根据编程习惯、使用场景选择对应的模型加载接口。

选项 D：在整网模型加载流程中，要使用 aclmdlQuerySize 命令，而非 aclrtMalloc 命令，以获取模型运行的权值内存和工作内存大小；接下来申请权值内存和工作内存，再创建模型加载的配置对象。

【答案】D

12.【多选题】以下关于 AscendCL 中模型执行的描述中，正确的有哪些选项?

A. 在整网模型执行的接口调用流程中，在模型加载之后、模型执行之前，只需要准备输入数据结构即可，将输入数据传输到模型输入数据结构的对应内存中。

B. 在整网模型执行的接口调用流程中，模型执行结束后，若无须使用输入数据、aclmdlDesc 类型、aclmdlDataset 类型、aclDataBuffer 类型等相关资源，须及时释放内存、销毁对应的数据类型，防止内存异常

C. AscendCL 提供了 aclmdlDesc 一种类型来描述模型、描述其输入/输出以及存放数据的内存。在模型执行前，需要构造好这种数据类型，作为模型执行的输入

D. 在模型存在多个输入、输出时，用户可调用 aclmdlGetNumInputs、aclmdlGetNumOutputs 接口获取输入、输出的个数

【解析】

选项 A：在整网模型执行的接口调用流程中，在模型加载之后、模型执行之前，需要同时准备输入、输出数据结构，将输入数据传输到模型输入数据结构的对应内存中。

选项 B：在整网模型执行的接口调用流程中，模型执行结束后，若无须使用输入数据、aclmdlDesc 类型、aclmdlDataset 类型、aclDataBuffer 类型等相关资源，须及时释放内存、销毁对应的数据类型，防止内存

异常。

选项 C：AscendCL 提供了 aclmdlDesc、aclmdlDataset、aclDataBuffer 等多种类型来描述模型、描述其输入/输出以及存放数据的内存。在模型执行前，需要构造好这些数据类型，作为模型执行的输入。

选项 D：在模型存在多个输入、输出时，用户可以调用 aclmdlGetNumInputs、aclmdlGetNumOutputs 接口，以获取输入、输出的个数。

【答案】BD

13.【多选题】华为 AI 全栈全场景解决方案中，以下关于模型转换的描述中，不正确的是哪些选项？

A. 在模型转换任务中，要将 TensorFlow、PyTorch 等框架训练的模型转换成适配昇腾 AI 处理器的离线模型，只能通过 ATC 命令实现

B. 在当前 ATC 命令中，只能支撑将 TensorFlow 和 PyTorch 网络模型转换成离线 OM 模型，MindSpore 开发框架是华为自研的深度学习框架，用其训练的模型不需要转换

C. 在当前 ATC 命令中，可以支撑将.pb、.ONNX、.prototxt 和.caffemodel 模型，以及.air 文件、.mindir 文件转换成离线 OM 模型

D. 涉及 ATC 命令，可以执行如下命令将 TensorFlow 框架的.pb 模型转换成离线 OM 模型

```
atc --model=$HOME/module/resnet50_tensorflow*.pb --framework=3 --output=$HOME/module/out/tf_
        resnet50 --soc_version=<soc_version>
```

【解析】

选项 A：在模型转换任务中，要将 TensorFlow、PyTorch 等框架训练的模型转换成适配昇腾 AI 处理器的离线模型，除使用 ATC 命令外，也可以使用华为云、MindStudio 方式支撑模型转换。该选项错误。

选项 B：在当前 ATC 命令中，即使是 MindSpore 开发框架训练的模型，依然需要进行模型转换。该选项错误。

选项 C：在当前 ATC 命令中，可以支撑将.pb、.ONNX、.prototxt 和.caffemodel 模型，以及.air 文件转换成离线 OM 模型，但.mindir 文件并不需要转换成离线 OM 模型。该选项错误。

选项 D：该选项正确。

【答案】ABC

14.【单选题】华为 AI 全栈全场景解决方案中，涉及模型部署的过程需要进行模型编译，以下关于该部分知识的描述中，错误的是哪一项？

A. 模型编译时，若遇到 AI CPU 算子不支持某种数据类型而导致编译失败的场景，可通过启用 Cast 算子自动插入特性快速将输入转换为算子支持的数据类型，从而实现网络的快速打通

B. 操作步骤中，首先打开 AutoCast 的开关，然后修改对应的算子信息库

C. AutoCastMode = 1 代表打开了 AutoCast 的开关

D. 模型编译时，若遇到 AI CPU 算子不支持某种数据类型而导致编译失败的场景，为了让其支持 float16，需要进行如下修改：① 对输入信息进行修改，调整模型结构和输入模块，并不能通过增加支持的数据类型及增加数据类型转换规则切换该部分；② 对输出信息进行修改，将其类型修改为支持的数据类型，并不能通过增加支持的数据类型及增加数据类型转换规则来实现

【解析】

选项 A：在模型编译时，若遇到 AI CPU 算子不支持某种数据类型而导致编译失败的场景，可以通过启用 Cast 算子的自动插入特性快速将输入转换为算子支持的数据类型，从而实现网络的快速打通。

选项 B：在模型编译时，需要首先打开 AutoCast 的开关，然后修改对应的算子信息库。

选项 C：AutoCastMode = 1 代表打开了 AutoCast 的开关。

选项 D：在模型编译时，若遇到 AI CPU 算子不支持某种数据类型而导致编译失败的场景，为了让其支持 float16，需要进行如下修改。① 对输入信息进行修改，可以增加支持的数据类型，并增加数据类型转换规则。例如，对于 MatrixInverse 算子，可以在输入上增加对 float16 类型的支持，并增加 cast 规则以将 float16 转换为 float32，这表示在此输入前会插入一个 float16 到 float32 的 cast 算子。② 对输出信息进行修改，增加支持的数据类型，并增加数据类型转换规则。例如，同样对于 MatrixInverse 算子，可以在输出时增加对 float16 类型的支持，并增加 cast 规则以将 float32 转换为 float16，这表示在此输出后插入一个 float32 到 float16 的 cast 算子。

【答案】D

15.【多选题】以下使用 MindSpore 进行模型训练优化相关的描述中，错误的有哪些选项？

A. 通常我们训练神经网络模型的时候，默认使用的数据类型为 FP16（半精度）。近年来，为了加快训练速度、减少网络训练时所占用的内存，并且保证训练出来的模型精度持平的条件下，业界提出越来越多的混合精度训练的方法

B. MindSpore 中使用的混合精度训练是指在训练的过程中，同时使用 FP32（单精度）和 FP16

C. 浮点数据类型主要分为 FP64（双精度）、FP32、FP16。在神经网络模型的训练过程中，一般默认采用 FP32 浮点数据类型来表示网络模型权重和其他参数

D. 与 FP32 相比，FP16 的存储空间是 FP32 的一半，FP32 的存储空间则是 FP64 的一半。使用 FP16 训练，可以减少内存占用，提高通信效率，使得计算效率更高，计算精度不会受到影响，舍入误差可以接受

【解析】

选项 A：通常我们训练神经网络模型的时候，默认使用的数据类型为 FP32。近年来，为了加快训练速度、减少网络训练时所占用的内存，并且保证训练出来的模型精度持平的条件下，业界提出越来越多的混合精度训练的方法。

选项 B：MindSpore 中使用的混合精度训练是指在训练的过程中，根据算子的计算精度要求，灵活地同时使用 FP32 和 FP16。

选项 C：浮点数据类型主要分为 FP64、FP32、FP16。在神经网络模型的训练过程中，一般默认采用 FP32 浮点数据类型来表示网络模型权重和其他参数。

选项 D：与 FP32 相比，FP16 的存储空间是 FP32 的一半，FP32 的存储空间则是 FP64 的一半。使用 FP16 训练，可以减少内存占用，提高通信效率，使得计算效率更高。然而，计算精度可能会受到影响，出现上溢（Overflow）和下溢（Underflow）的情况。由于在深度学习中需要计算网络模型中权重的梯度值，而梯度一般会远小于其权重值，因此更容易出现下溢情况。

【答案】AD

16.【多选题】YOLO v3 是常用的目标检测算法之一，以下有关 YOLO v3 算法相关的描述中，错误的有哪些选项？

A. YOLO v3 算法属于二阶段的目标检测算法，相比一阶段的目标检测算法会更准确，但是速度会稍微慢些

B. YOLO v3 算法对比 YOLO v2 算法，从骨干网络、结构、先验框设置、损失函数到模型性能都做了升级

C. YOLO v3 通过特征提取网络对输入特征提取特征，得到特定大小的特征图输出。输入图像被分成 16 × 16 的 grid cell，如果真实框中某个 object 的中心坐标落在某个 grid cell 中，就由该 grid cell 来预测该 object。每个 object 有固定数量的 bounding box，YOLO v3 中有 5 个 bounding box，使用线性回归确定来预测 bounding box

D. 预测框一共分为 3 种情况：正例（positive）、负例（negative）、忽略样例（ignore）

【解析】

选项 A：YOLO v3 算法属于一阶段的目标检测算法，相比于二阶段的目标检测算法，例如 Faster RCNN，其精度更低，但是速度更快。

选项 B：相比于 YOLO v2 算法，YOLO v3 从骨干网络、结构、先验框设置、损失函数到模型性能都做了升级。

选项 C：YOLO v3 通过特征提取网络对输入特征提取特征，得到特定大小的特征图输出。输入图像被分成 13 × 13 的 grid cell，如果真实框中某个 object 的中心坐标落在某个 grid cell 中，就由该 grid cell 来预测该 object。每个 object 有固定数量的 bounding box，YOLO v3 中有 3 个而非 5 个 bounding box，使用线性回归确定来预测 bounding box。

选项 D：预测框一共分为 3 种情况：正例（positive）、负例（negative）、忽略样例（ignore）。

【答案】AC

17.【多选题】Transformer 是现有大模型中的架构网络，是常用的算法之一，以下有关 Transformer 算法的描述中，错误的有哪些选项？

A. Transformer 由 Encoder 和 Decoder 两个部分组成，Encoder 和 Decoder 都包含 6 个 block

B. Transformer 中单词的输入表示向量 x 通过将单词的 Embedding 和位置编码放到一个线性网络当中计算得到

C. Transformer 中除了单词的 Embedding，还需要使用位置编码表示单词出现在句子中的位置。因为 Transformer 采用 RNN 结构，使用输入的部分信息，不能利用单词的顺序信息，而这部分信息对于自然语言处理来说非常重要

D. Self-Attention 结构在计算的时候需要用到矩阵 Q（查询）、K（键值）、V（值）3 项。在实际中，Self-Attention 接收的是输入（单词的表示向量 x 组成的矩阵 X）或者上一个 Encoder block 的输出。而 Q、K、V 正是通过将 Self-Attention 的输入进行线性变换得到的

【解析】

选项 A：Transformer 由 Encoder 和 Decoder 两个部分组成。在现有的网络架构中，通常 Encoder 和 Decoder 各包含 6 个 block。

选项 B：在 Transformer 中，单词的输入表示 x 由单词的 Embedding 和位置编码相加得到，并没有经过一个线性网络运算。

选项 C：Transformer 并没有采用 RNN 结构，而是使用了 Self-Attention 信息来编码单词的全局相关性，但这丢失了对于自然语言处理任务来说很重要的单词位置信息。为此，Transformer 架构引入了位置编码以表示单词的位置信息。

选项 D：Self-Attention 结构在计算的时候需要用到矩阵 Q（查询）、K（键值）、V（值）3 项，其中该结构接收的是输入（单词的表示向量 x 组成的矩阵 X）或者上一个 Encoder block 的输出。而 Q、K、V 正是通过将 Self-Attention 的输入进行线性变换得到的。

【答案】BC

18.【单选题】在华为 AI 全栈全场景解决方案中，Atlas 系列产品提供硬件算力， Atlas 200I DK A2 则是专门针对开发者设计的开发者套件，以下关于该开发板的描述中，错误的是哪一项？

A. 为了能更快完成开发者套件的启动，已提前将 OS、NPU 驱动固件、CANN、MindX SDK、代码样例制作成镜像，需将镜像烧录到 SD 卡后，才可启动运行开发者套件

B. Atlas 200I DK A2 开发板中内置了昇腾 AI 处理器，该开发板专门用于 AI 训练，也可以用于推理，有 12TOPS INT8 的算力，功耗为 24W

C. Atlas 200I DK A2 开发者套件（以下简称开发者套件）是一款高性能的 AI 开发者套件，可提供 8TOPS INT8 的算力，可以实现图像、视频等多种数据的分析与推理计算，可广泛应用于教育、机器人、无人机等场景

D. 开发者套件提供了 AscendCL 和 MindX SDK 两套编程接口。AscendCL 为底层编程接口，接口多且全面。MindX SDK 基于 AscendCL 接口进行了封装，接口相对精简，并且将一些典型模型（如目标检测、文本识别等）的数据后处理封装为函数，大大降低了编程难度

【解析】

选项 A：为了能更快完成开发者套件的启动，华为已提前将 OS、NPU 驱动固件、CANN、MindX SDK、代码样例制作成镜像。只有将镜像烧录到 SD 卡后，才可启动运行开发者套件。

选项 B：Atlas 200I DK A2 开发板中内置了昇腾 AI 处理器，该开发板专门用于 AI 推理，有 8TOPS INT8 的算力，功耗为 24W。

选项 C：Atlas 200I DK A2 开发者套件（以下简称开发者套件）是一款高性能的 AI 开发者套件，可提供 8TOPS INT8 的算力，可以实现图像、视频等多种数据的分析与推理计算，可广泛应用于教育、机器人、无人机等场景。

选项 D：开发者套件提供了 AscendCL 和 MindX SDK 两套编程接口。AscendCL 为底层编程接口，接口多且全面。MindX SDK 基于 AscendCL 接口进行了封装，接口相对精简，并且将一些典型模型（如目标检测、文本识别等）的数据后处理封装为函数，大大降低了编程难度。

【答案】B

19.【单选题】在华为 AI 全栈全场景解决方案中，ATC 转换工具可以快速将训练好的模型转换成离线 OM 模型，以下关于 ATC 转换中 AIPP 的过程的描述，错误的是哪一项？

A. AIPP 用于在 AI Core 上完成图像预处理，包括色域转换（转换图像格式）、图像归一化（减均值/

乘系数）和抠图（指定抠图起始点，抠出神经网络需要尺寸的图片）。AIPP 分为静态 AIPP 和动态 AIPP，只能二选一，不能同时支持

B. AIPP 与 DVPP 相似，都可以实现媒体数据处理功能，两者的功能范围有重合部分，比如改变图像尺寸、转换图像格式，也有不同部分，比如 DVPP 可以用于图像编解码、视频编解码，AIPP 可以用于归一化配置

C. DVPP 主要用于在 AI Core 上完成数据预处理，AIPP 是昇腾 AI 处理器内置的图像处理单元，通过 AscendCL 媒体数据处理接口提供强大的媒体处理硬加速能力

D. AIPP、DVPP 可以分开独立使用，也可以组合使用。在组合使用场景下，一般先使用 DVPP 对图片/视频进行解码、抠图、缩放等基本处理。但由于 DVPP 硬件上的约束，DVPP 处理后的图片格式、分辨率有可能不满足模型的要求，因此还需要再经过 AIPP 进一步进行色域转换、抠图、填充等处理

【解析】

选项 A：AIPP 用于图像预处理，完成包括色域转换、图像归一化和抠图等功能。AIPP 分为静态 AIPP 和动态 AIPP，只能二选一，不能同时支持。

选项 B：AIPP 与 DVPP 类似，都可以实现媒体数据处理功能，两者的功能范围有重合部分，比如改变图像尺寸、转换图像格式，也有不同部分，例如 DVPP 可以用于图像编解码、视频编解码，AIPP 则可以用于归一化配置。

选项 C：AIPP 主要用于在 AI Core 上完成数据预处理，DVPP 是昇腾 AI 处理器内置的图像处理单元，通过 AscendCL 媒体数据处理接口提供强大的媒体处理硬加速能力。

选项 D：AIPP、DVPP 可以分开独立使用，也可以组合使用。在组合使用场景下，一般先使用 DVPP 对图片/视频进行解码、抠图、缩放等基本处理。但由于 DVPP 硬件上的约束，DVPP 处理后的图片格式、分辨率有可能不满足模型的要求，因此还需要再经过 AIPP 进一步进行色域转换、抠图、填充等处理。

【答案】C

20.【多选题】以下哪些选项是 Vision Transformer 模型中采用的技术？

A. 数据集的原图像被划分为多个 patch 后，将一维 patch（不考虑 channel）转换为三维向量，再加上类别向量与位置向量作为模型输入

B. 模型主体的 Block 结构基于 Transformer 的 Encoder 结构，但是调整了 Normalization 的位置，其中，最主要的结构依然是 Multi-Head Attention 结构

C. 模型在 Blocks 堆叠后接全连接层，接收类别向量的输出作为输入并用于分类。通常情况下，我们将最后的全连接层称为 Head，Transformer Encoder 部分为 backbone

D. Vision Transformer 模型将输入图像在每个 channel 上划分为 16×16 个 patch，这一步是通过卷积操作来完成的，当然也可以人工进行划分，但卷积操作也可以达到目的，同时还可以进行一次额外的数据处理。例如，一幅输入 224×224 的图像，首先经过卷积操作得到 16×16 个 patch，那么每一个 patch 的大小就是 14×14

【解析】

选项 A：数据集的原图像被划分为多个 patch 后，将二维 patch（不考虑 channel）转换为一维向量，再加上类别向量与位置向量作为模型输入。该选项错误。

选项 B：请参考 Vision Transformer 模型结构的计算方法。该选项正确。

选项 C：请参考 Vision Transformer 模型结构的计算方法。该选项正确。

选项 D：请参考 Vision Transformer 模型结构的计算方法。该选项正确。

【答案】BCD

3.2 实验考试真题解析

3.2.1 考题设计背景

随着新一轮科技革命和产业变革的加速演进，全球各国都在借助新技术推动制造业升级，从工业 2.0 自动化开始兴起，到工业 3.0 信息化普及，如今正迈向工业 4.0 智能化，借助 IoT、工业大数据、AI 等先进技术实现从低端劳动密集型产业向高端科技型产业的制造升级。

在应用 AI 技术之前，部分场景下已出现利用传统机器视觉进行质检的案例。但是，由于产品零件复杂、光源多样等因素的限制，更多场景还是依赖于人工质检。而 AI 技术的融合可进一步提升检测精度，很多实践已证明 AI 算法可实现 99%以上的检测精度，可以应用在绝大多数工业质检场景中。

从 AI 算法到工业制造场景化应用的距离还很长，算法开发、应用开发、业务部署是阻碍 AI 应用进入工业生产的三大鸿沟。为此，华为昇腾计算秉承“硬件开放、软件开源”的理念，打造了昇腾智能制造使能平台，致力于推进制造业转型升级。

3.2.2 考试说明

（1）考试分数说明

考试内容涵盖 AI 算法与应用、MindSpore 开发框架实践、昇腾全栈 AI 平台和昇腾 AI 应用实战 4 个技术方向，总分为 1000 分。

（2）考试要求

① 做题之前需要仔细、完整阅读“考试指导”及考试题目。

② 如果题目有多种答案，需要选择一个最符合题目要求的进行解答。

③ 考试涉及的资源密码可自行设置，设置后请务必记住密码，因密码忘记导致无法登录的相关责任由考生自己承担。

（3）考试平台

实验环境为华为云官网：https://www.huaweicloud.com/。

① 考试前请仔细阅读“考试指导”。

② 代金券发放金额可用于比赛中使用的所有云资源，购买任意资源时务必按照考题要求选择按需计费模式，因考生自己操作购买包年包月资源出现超出代金券限额费用问题，由考生自己承担。

③ 若遇到所需规格资源售完的情况，请选择相近规格的资源进行购买。

（4）保存答案

本次昇腾 AI 赛道考试结果以截图的形式保存，详细结果保存要求参考“考试指导”。

3.2.3　考题正文

1. 场景

本实验使用工业质检场景中的模拟数据集，采用 MindSpore 深度学习框架构建 U-Net 网络，在华为云平台的 ModelArts 上创建基于昇腾 AI 处理器的训练环境，启动训练并得到图像分割的模型，再转换成在昇腾推理芯片上支持的 OM 模型；之后在本地平台的 Atlas 200I DK A2 开发板上创建基于昇腾 AI 处理器的推理环境，基于 CANN 框架执行模型推理任务。

2. 数据字段说明

本实验使用工业质检场景中的模拟数据集，识别目标为开发板上标出的蓝色区域（图 3-1 中椭圆框内），开发板图片作为检测前景，图 3-1 所示为检测前景示例。

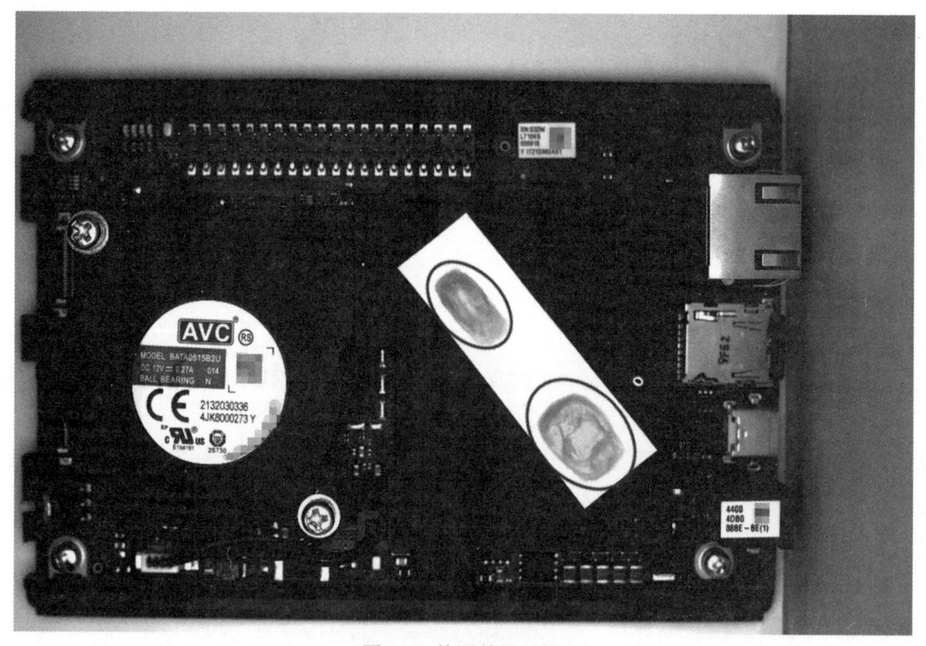

图 3-1　检测前景示例

实验数据集分为原始数据集和预处理后的数据集。

- 原始数据集为 raw_data，属于 COCO 格式数据集，包含图片和标签文件。原始数据集不能直接使用，需要经过数据预处理。
- 预处理后的数据集为 data，存放预处理后的数据集，包含图片和标签文件，用于模型训练和推理。

原始数据集 raw_data 的目录结构如下。

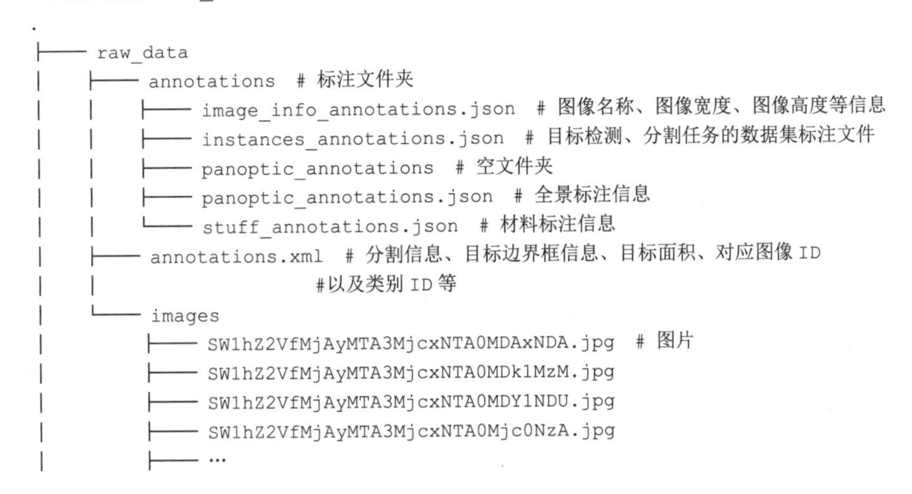

```
.
├── raw_data
│   ├── annotations  # 标注文件夹
│   │   ├── image_info_annotations.json  # 图像名称、图像宽度、图像高度等信息
│   │   ├── instances_annotations.json  # 目标检测、分割任务的数据集标注文件
│   │   ├── panoptic_annotations  # 空文件夹
│   │   ├── panoptic_annotations.json  # 全景标注信息
│   │   └── stuff_annotations.json  # 材料标注信息
│   ├── annotations.xml  # 分割信息、目标边界框信息、目标面积、对应图像 ID
│   │                    #以及类别 ID 等
│   └── images
│       ├── SW1hZ2VfMjAyMTA3MjcxNTA0MDAxNDA.jpg  # 图片
│       ├── SW1hZ2VfMjAyMTA3MjcxNTA0MDk1MzM.jpg
│       ├── SW1hZ2VfMjAyMTA3MjcxNTA0MDY1NDU.jpg
│       ├── SW1hZ2VfMjAyMTA3MjcxNTA0Mjc0NzA.jpg
│       ├── …
```

3. 考试资源

① 实验环境

实验环境如表 3-1 所示，需要考生根据题目要求在华为云自行进行搭建。

表 3-1 实验环境

实验任务	实验平台	AI 计算框架	AI 处理器/算力	软件
MindSpore 训练	华为云 ModelArts	MindSpore 1.10	Ascend	Notebook 环境、Python 3.7.5、MindSpore 1.10、CANN 6.0.1
CANN 推理	Atlas 200I DK A2	MindSpore	Ascend	npu-driver 23.0.RC2、CANN 6.2.RC2、MobaXterm

② 建议使用工具，如表 3-2 所示。

表 3-2 工具列表

软件包	说明
MobaXterm	远程链接工具

③ 实验数据包，如表 3-3 所示。

表 3-3 实验数据包

数据包	说明
unet.zip	实验所需数据和代码

④ 考试要求

a. 参加考试前请仔细阅读考试说明和考试任务。

b. 如果一项练习有多种解决方案，请选择最佳解决方案。

4. 考试题目

实验中所有步骤单独计分，共 1000 分，请合理安排考试时间。

任务 1：模型训练（500 分）

考点 1：实验云环境准备（MindSpore）

要求：在华为云官网（推荐使用“北京四”区域）购买 ModelArts 服务，软件配置要求如下。

a. 名称：自定义。

b. 自动停止：2 小时。

c. 镜像：公共镜像，Mindspore1.10.0-cann_6.0.1-euler2.8.3-euler_2.8.3，Ascend+ARM 算法开发和训练基础镜像。

d. 资源类型：公共资源池。

e. 类型：Ascend。

f. 规格：Ascend 1*Ascend910|ARM 24 核 96GB。

g. 磁盘规格：20GB。

单击“立即创建”前截图。上传本地数据至华为云开发路径下，解压压缩包 unet.zip，将数据和代码解压完成并截图整个界面。

结果保存，截图要求：将创建环境界面和代码编辑界面都截出来（只截图创建环境界面不算分），并将截图分别命名为 1-1-1env 和 1-1-2env。

【解析】

购买 ModelArts 服务的步骤如下。

a. 使用考生的账号登录华为云官网（https://www.huaweicloud.com/），并进入控制台，找到 ModelArts 服务，选择“北京四”区域，如图 3-2 所示。

图 3-2　控制台

b. 如图 3-2 所示，在 ModelArts 服务下单击“开发环境”→ “Notebook”，右边会展示当前的全部开发环境，单击“创建”按钮。

c. 如图 3-3 所示，设置开发环境名称和自动停止。名称自定义，自动停止选择“2 小时”。

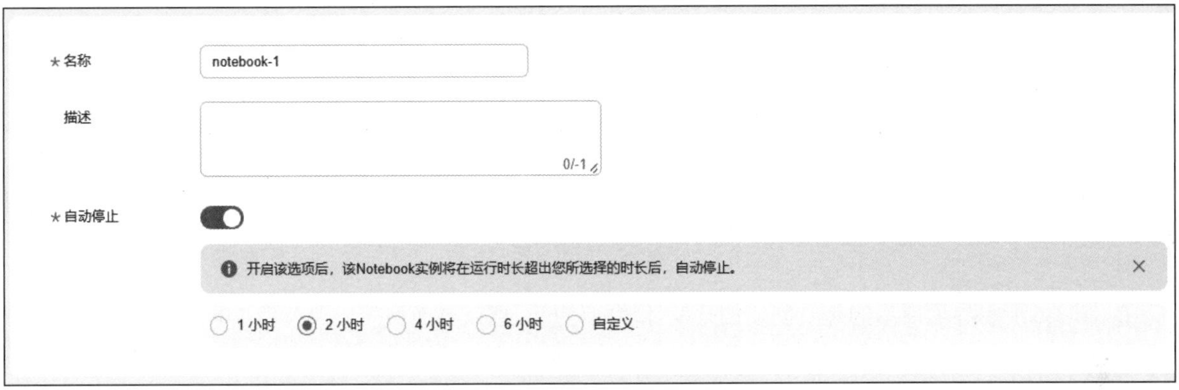

* 名称　notebook-1
描述　0/-1
* 自动停止
开启该选项后，该Notebook实例将在运行时长超出您所选择的时长后，自动停止。
1 小时　2 小时　4 小时　6 小时　自定义

图 3-3　设置开发环境名称和自动停止

d. 如图 3-4 所示，选择镜像、规格等。由于公共镜像数量较多，可以在搜索栏输入“1.10.0”并进行搜索。选择考题指定的“mindspore_1.10.0-cann_6.0.1-py_3.7-euler_2.8.3”镜像。在“规格”下拉列表中选择“Ascend：1*Ascend Snt9|ARM：24 核 96GB”，将“磁盘规格”改为 20GB。

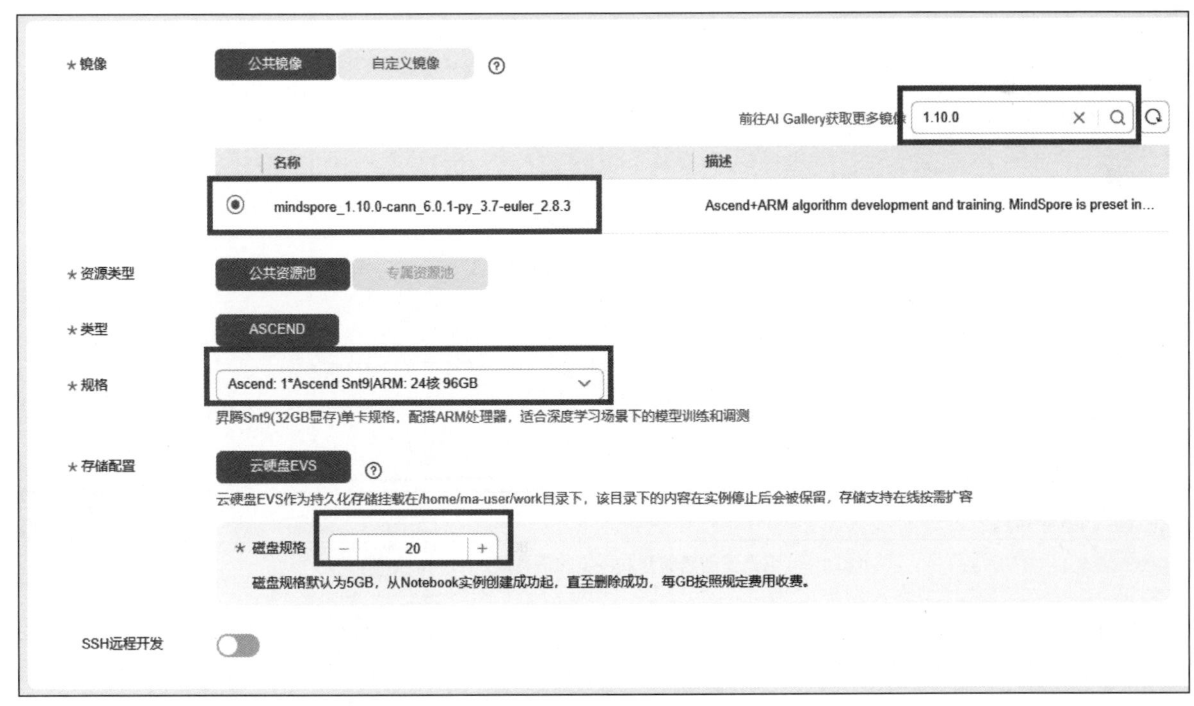

图 3-4　选择镜像、规格等

e. 如图 3-5 所示，可根据自己的需要设置标签。完成后单击“立即创建”按钮，创建开发环境。

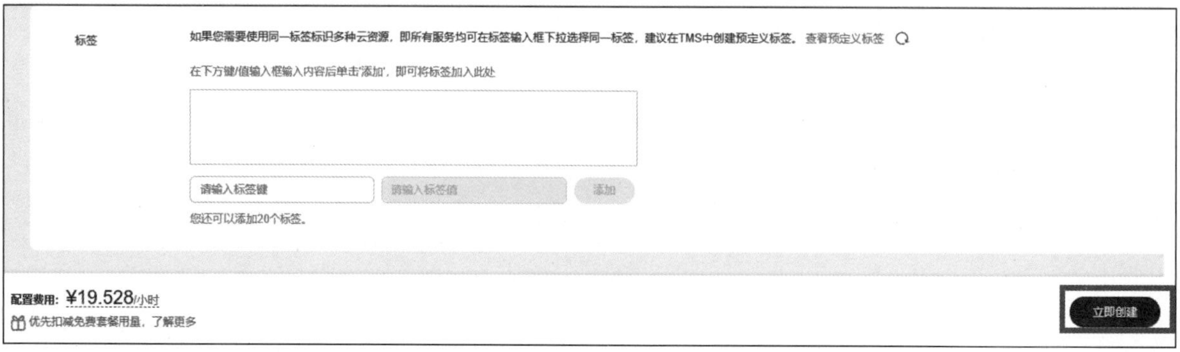

标签　如果您需要使用同一标签标识多种云资源，即所有服务均可在标签输入框下拉选择同一标签，建议在TMS中创建预定义标签。查看预定义标签

在下方键/值输入框输入内容后单击'添加'，即可将标签加入此处

请输入标签键　请输入标签值　添加

您还可以添加20个标签。

配置费用：¥19.528/小时

优先扣减免费套餐用量，了解更多

立即创建

图 3-5　设置标签

f. 图 3-6 所示界面展示的是要创建的开发环境的信息，把该界面截图，保存为 1-1-1env.jpg。单击“提交”按钮，再单击“返回”按钮，可以看到开发环境正在创建，等候约 1 分钟。如图 3-7 所示，创建好的开发环境的状态为“运行中”。

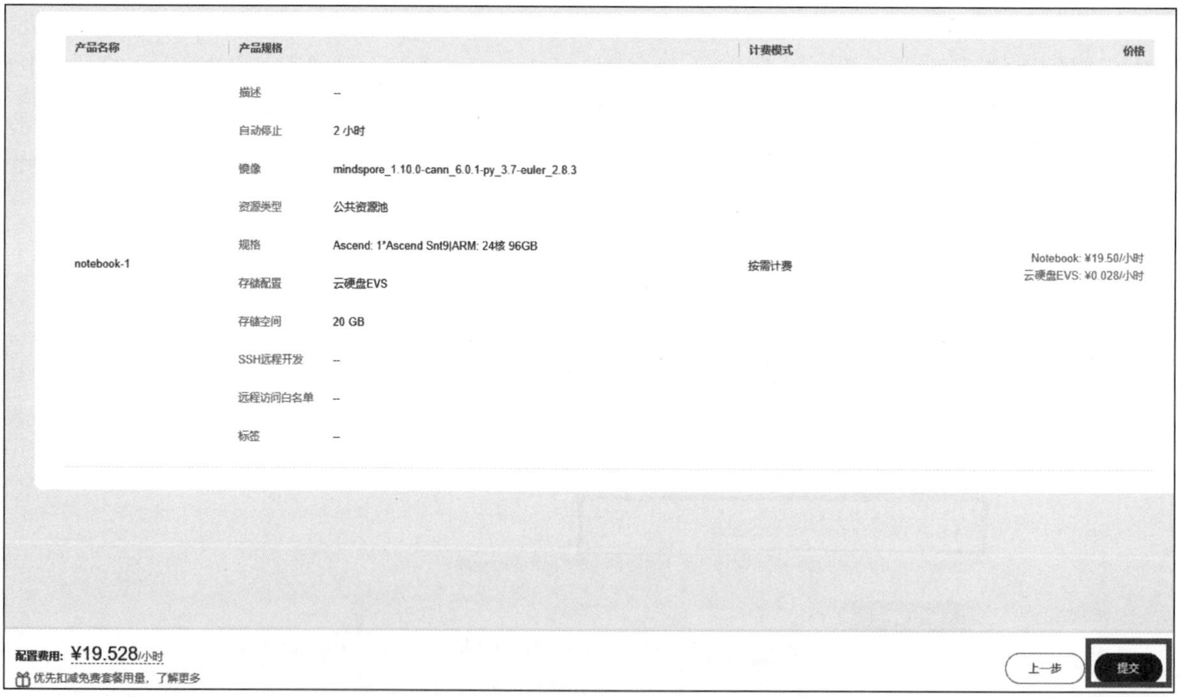

产品名称	产品规格		计费模式	价格
notebook-1	描述	--	按需计费	Notebook: ¥19.50/小时 云硬盘EVS: ¥0.028/小时
	自动停止	2 小时		
	镜像	mindspore_1.10.0-cann_6.0.1-py_3.7-euler_2.8.3		
	资源类型	公共资源池		
	规格	Ascend: 1*Ascend Snt9|ARM: 24核 96GB		
	存储配置	云硬盘EVS		
	存储空间	20 GB		
	SSH远程开发	--		
	远程访问白名单	--		
	标签	--		

配置费用：¥19.528/小时

优先扣减免费套餐用量，了解更多

上一步　提交

图 3-6　确认要创建的开发环境的信息（1-1-1env 截图）

g. 在图 3-7 所示界面中，单击“打开”按钮。开发环境界面如图 3-8 所示，注意当前 Notebook 的目录为/目录（实际上为 Linux Shell 下的/home/ma-user/work 目录），不要改变目录。单击 ⇡ 按钮上传考场提供的 unet.zip 文件。

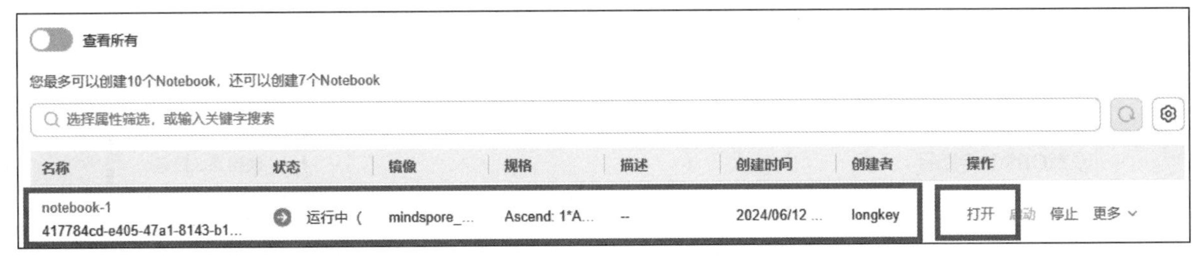

图 3-7　创建好的开发环境

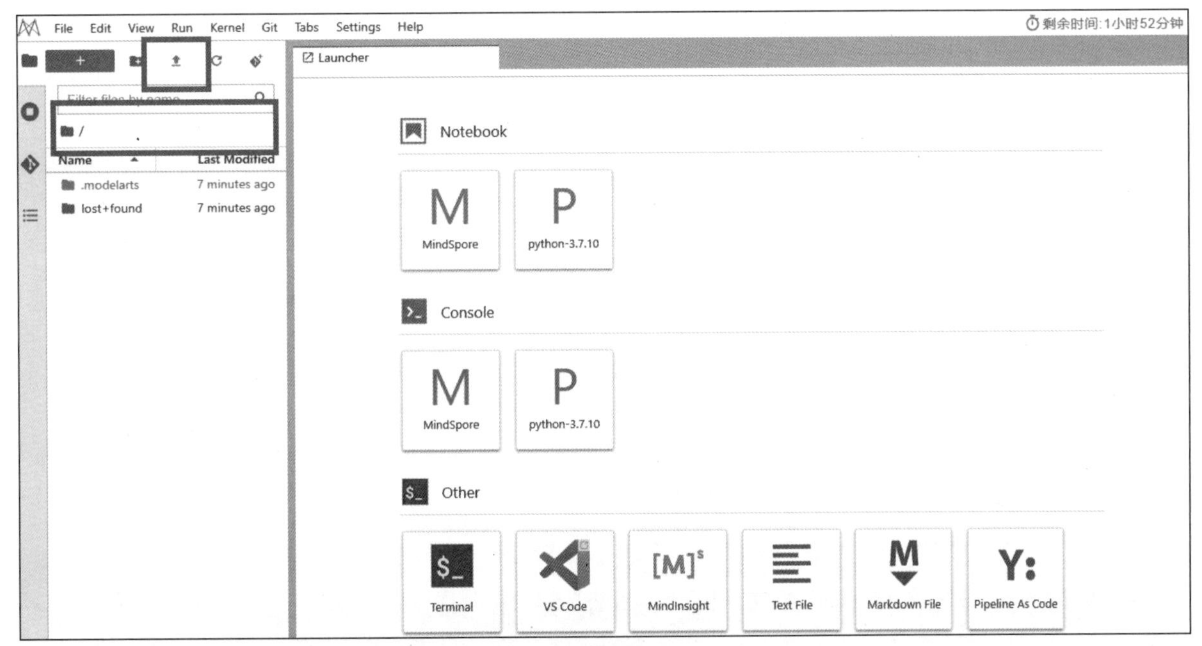

图 3-8　开发环境界面

h. 如图 3-9 所示，因文件超过 100MB，需要选择“OBS 中转”。

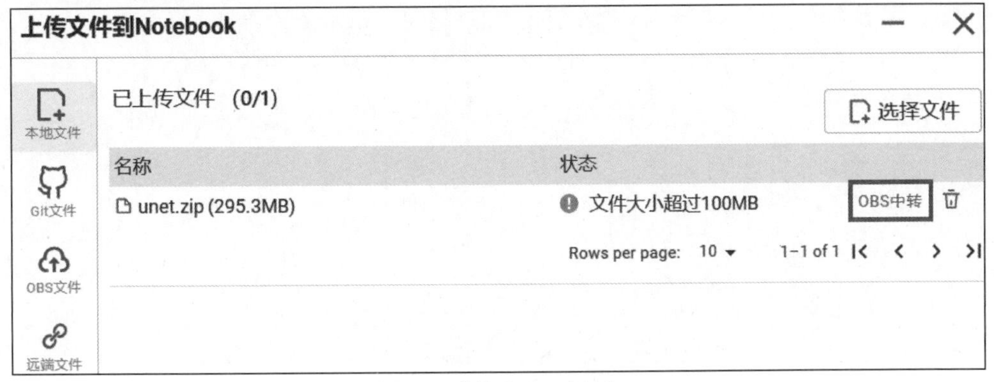

图 3-9　选择“OBS 中转”

i. 如图 3-10 所示，选择“使用默认路径”，文件开始上传，图 3-11 所示是文件上传成功的提示。

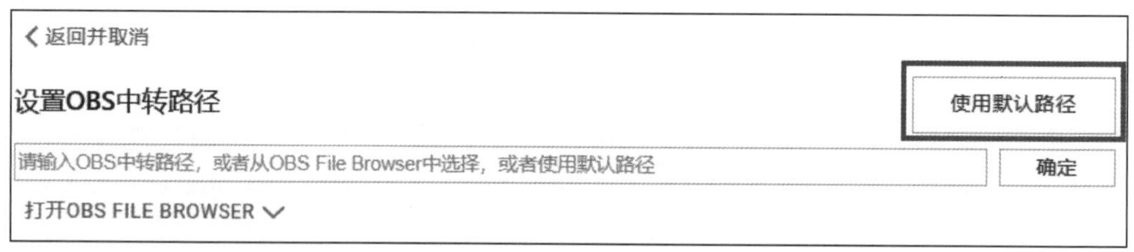

图 3-10　选择“使用默认路径”

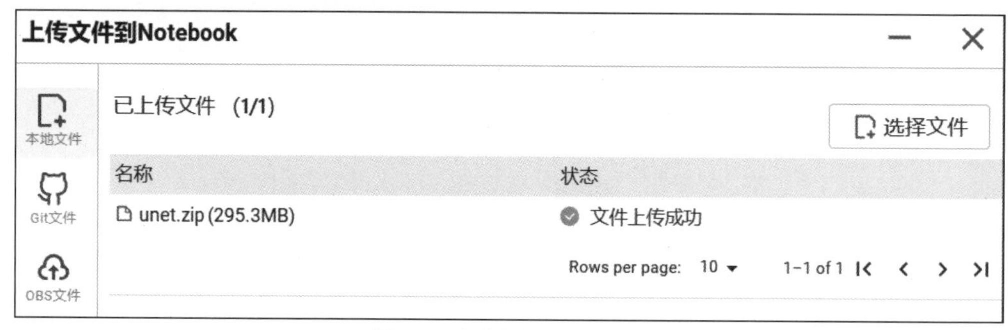

图 3-11　文件上传成功的提示

j. 在图 3-8 所示界面中，单击“Terminal”图标，打开 Linux 系统的界面。在 Shell 下执行“ls -l”命令可以看到上传的文件 unet.zip，使用“unzip unet.zip”解压该文件，如图 3-12 所示。

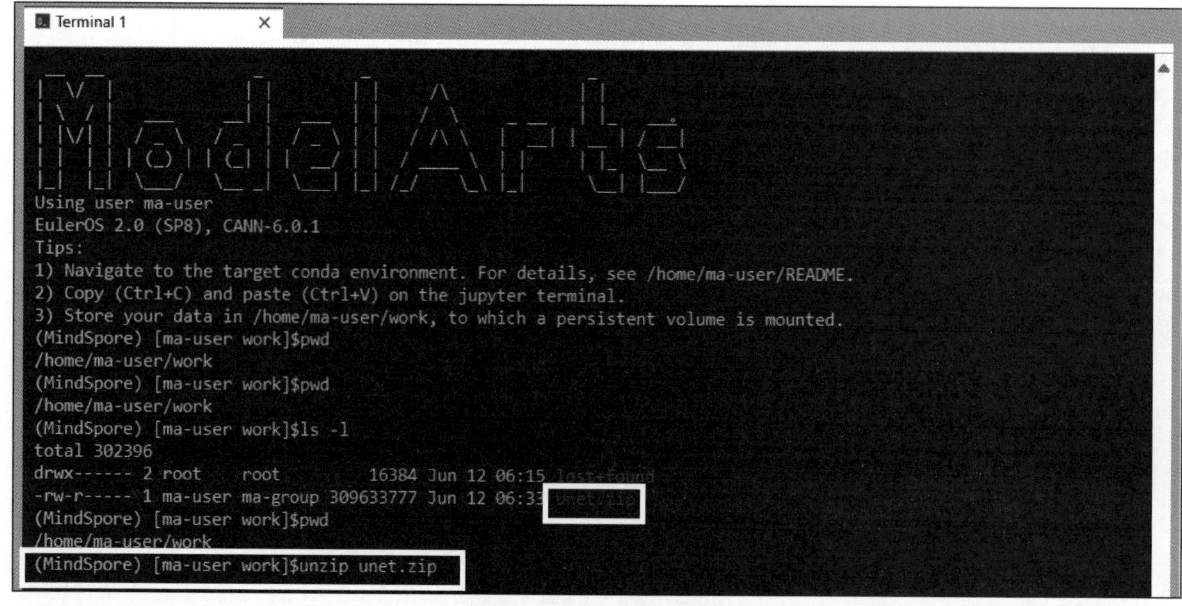

图 3-12　在 Shell 下解压文件

k. 执行如下命令。

```
(MindSpore) [ma-user]$cd unet                    //进入 unet 目录
(MindSpore) [ma-user unet]$pwd                   //确认当前路径
/home/ma-user/work/unet
(MindSpore) [ma-user unet]$ls -l                 //查看目录下的文件
total 72
drwxr-x--- 2 ma-user ma-group 4096 Mar  1  2022 data
-rw-r----- 1 ma-user ma-group 4014 Jan 29  2022 draw_result_folder.py
-rw-r----- 1 ma-user ma-group 3948 Jan 29  2022 draw_result_single.py
-rw-r----- 1 ma-user ma-group 3893 Jan 29  2022 eval.py
-rw-r----- 1 ma-user ma-group 2906 Jan 29  2022 export.py
drwxr-x--- 2 ma-user ma-group 4096 Mar  9 17:22 out_model
-rw-r----- 1 ma-user ma-group 5919 Nov 23  2021 postprocess.py
-rw-r----- 1 ma-user ma-group 4106 Nov 23  2021 preprocess.py
-rw-r----- 1 ma-user ma-group 6703 Feb 28 19:55 preprocess_dataset.py
drwxr-x--- 4 ma-user ma-group 4096 Mar  9 17:17 raw_data
-rw-r----- 1 ma-user ma-group   42 Nov 23  2021 requirements.txt
drwxr-x--- 5 ma-user ma-group 4096 Feb 28 20:00 src
-rw-r----- 1 ma-user ma-group 9177 Feb 28 20:07 train.py
(MindSpore) [ma-user unet]$
```

l. 如图 3-13 所示，在开发环境界面左侧，选择进入/unet/目录。单击界面右侧的“MindSpore”图标或者单击菜单“File”→“New”→“Notebook”→“MindSpore”，创建 Notebook 文件。

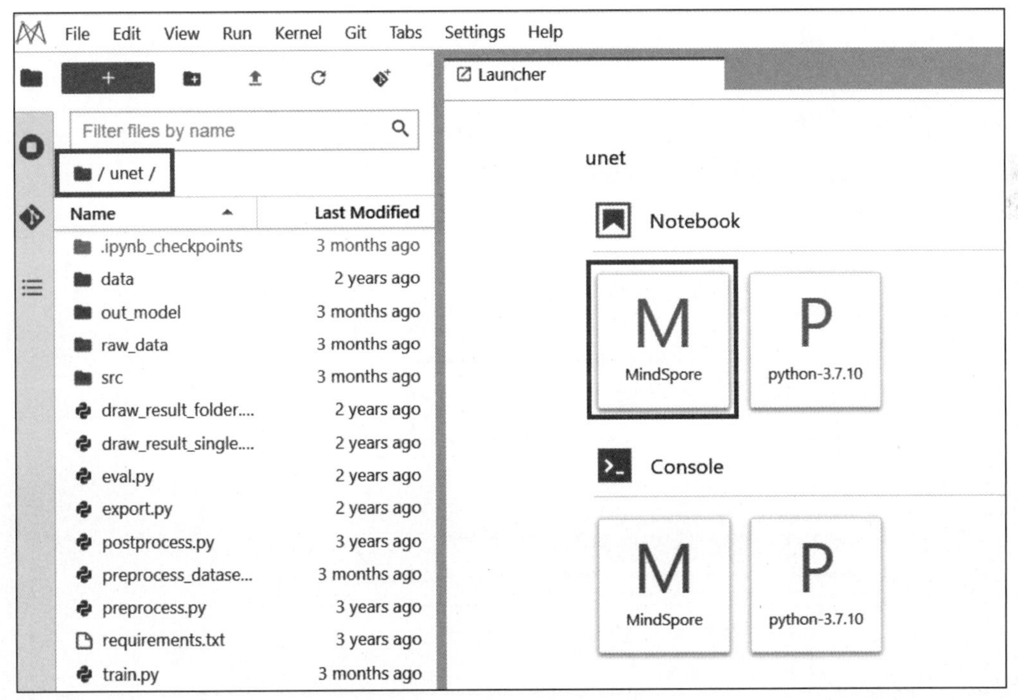

图 3-13　创建 Notebook 文件

m. 创建.ipynb 文件，如图 3-14 所示，把该界面截图，保存为 1-1-2env.jpg。该考点任务完成。

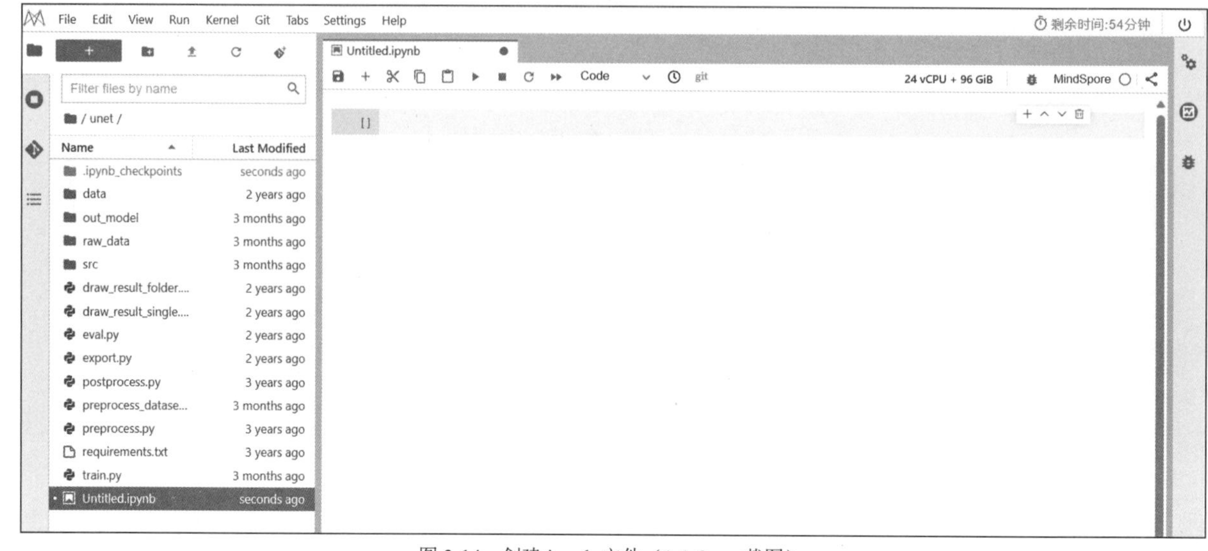

图 3-14　创建.ipynb 文件（1-1-2env 截图）

n. 1-1-1env 截图如图 3-6 所示，1-1-2env 截图如图 3-14 所示。

考点 2：数据预处理，填写预处理部分挖空代码

要求：

a. 填写数据预处理部分代码（preprocess_dataset.py，3 处空缺）并保存，截图该部分。图 3-15 所示为截图参考示例。

b. 填写数据预处理部分代码（src/config.py，4 处空缺）并保存，截图该部分。

c. 预处理运行成功，截图该部分代码和输出的内容。

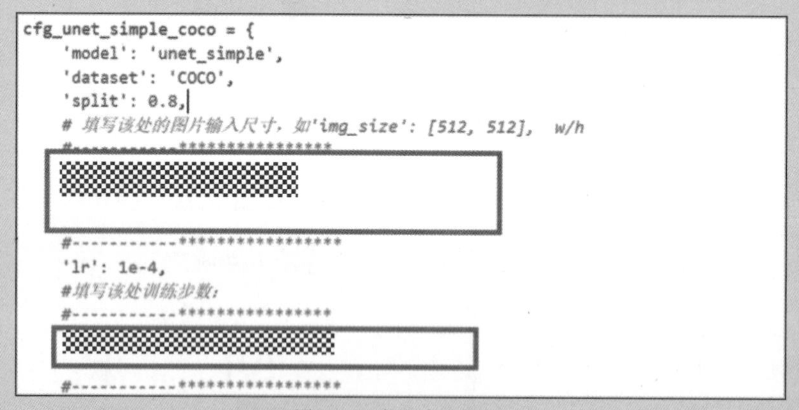

```
cfg_unet_simple_coco = {
    'model': 'unet_simple',
    'dataset': 'COCO',
    'split': 0.8,
    # 填写该处的图片输入尺寸，如'img_size': [512, 512],  w/h
    #-----------*****************

    #-----------*****************
    'lr': 1e-4,
    #填写该处训练步数：
    #-----------*****************

    #-----------*****************
```

图 3-15　截图参考示例

结果保存，截图要求：

a. 将代码填充第一部分界面（含字典名称部分）都截出来（只截图填充部分不算分），并将截图命名为 1-2-1-preprocess1，如有后续内容可以命名为 1-2-1-preprocess2 等。

b. 将代码填充第二部分界面（含字典名称部分）都截出来（只截图填充部分不算分），并将截图命名为 1-2-2-config1，如有后续内容可以命名为 1-2-2-config2 等。

c. 将代码和运行代码部分都截出来（只截图代码部分不算分），并将截图命名为 1-2-3-pro1。

【解析】

在模型训练之前，需要对训练数据进行预处理操作，以生成符合模型输入格式的训练数据和标签样本集。由于比赛数据集采用 COCO 格式标注，因此需要将每张图像的 COCO 格式 JSON 标注数据，转化为与图像尺寸相同的掩膜标注数据。为此，preprocess_coco_dataset 函数实现将 JSON 标注数据的格式转换为图像掩膜标注形式；src/config.py 文件下的 cfg_unet_simple_coco 变量用于设定模型训练的超参数和数据集配置信息。

a. 考题提供的、挖空了部分代码后的 preprocess_dataset.py 源代码如下：

```
"""
Preprocess dataset.
Images within one folder is an image, the image file named '"image.png"', the mask file named
'"mask.png"'.
"""
import os
import argparse
import cv2
import numpy as np
# from model_zoo.official.cv.unet.src.config import cfg_unet
from src.config import cfg_unet

def annToMask(ann, height, width):
    """Convert annotation to RLE and then to binary mask."""
    from pycocotools import mask as maskHelper
    segm = ann['segmentation']  # 前景边界点，对应 COCO RLE 格式
    if isinstance(segm, list):
        rles = maskHelper.frPyObjects(segm, height, width)
        rle = maskHelper.merge(rles)
    elif isinstance(segm['counts'], list):
        rle = maskHelper.frPyObjects(segm, height, width)
    else:
        rle = ann['segmentation']
    m = maskHelper.decode(rle)
    return m

def preprocess_cell_nuclei_dataset(param_dict):
    """
    Preprocess for Cell Nuclei dataset.
    merge all instances to a mask, and save the mask at data_dir/img_id/mask.png.
    """
    print("========== start preprocess Cell Nuclei dataset ==========")
    data_dir = param_dict["data_dir"]
    img_ids = sorted(next(os.walk(data_dir))[1])
    for img_id in img_ids:
        path = os.path.join(data_dir, img_id)
        if (not os.path.exists(os.path.join(path, "image.png"))) or \
           (not os.path.exists(os.path.join(path, "mask.png"))):
```

```
            img = cv2.imread(os.path.join(path, "images", img_id + ".png"))
            if len(img.shape) == 2:
                img = np.expand_dims(img, axis=-1)
                img = np.concatenate([img, img, img], axis=-1)
            mask = []
            for mask_file in next(os.walk(os.path.join(path, "masks")))[2]:
                mask_ = cv2.imread(os.path.join(path, "masks", mask_file),
                                   cv2.IMREAD_GRAYSCALE)
                mask.append(mask_)
            mask = np.max(mask, axis=0)
            cv2.imwrite(os.path.join(path, "image.png"), img)
            cv2.imwrite(os.path.join(path, "mask.png"), mask)

def preprocess_coco_dataset(param_dict):
    """
    Preprocess for coco dataset.
    Save image and mask at save_dir/img_name/image.png save_dir/img_name/mask.png
    """
    print("========== start preprocess coco dataset ==========")
    from pycocotools.coco import COCO

    #1. 填写参数标签
    #-----------------*************************
    anno_json =    # annotation json 文件路径
    coco_cls =    # 数据集中的类别名
    coco_dir =    # 数据集路径
    save_dir =    # 最终结果保存路径
    #------------------***********************

    coco_cls_dict = {}  # key 为类名，value 为索引值
    for i, cls in enumerate(coco_cls):

        #2. 补全该处代码
        #-----------------**************
        coco_cls_dict[xxx] =     # eg:{'background':0, 'person':1',...}
        #-----------------**************

    coco = COCO(anno_json)
    classs_dict = {}  # key 为 idx，value 为类名
    # 长度为 80，元素形如{'supercategory':'vihicle','id':2, "name": "bick"}
    cat_ids = coco.loadCats(coco.getCatIds())
    for cat in cat_ids:
        classs_dict[cat["id"]] = cat["name"]  # {1:"collid"}
    image_ids = coco.getImgIds()  # [1,...,300]
    images_num = len(image_ids)  # 300
    for ind, img_id in enumerate(image_ids):
        image_info = coco.loadImgs(img_id)
        file_name = image_info[0]["file_name"]  # xxx.jpg
        img_name, _ = os.path.splitext(file_name)
        image_path = os.path.join(coco_dir, file_name)
        if not os.path.isfile(image_path):
            print("{}/{}: {} is in annotations but not exist".format(ind + 1, images_num, image_path))
            continue
        if not os.path.exists(os.path.join(save_dir, img_name)):
```

```
        os.makedirs(os.path.join(save_dir, img_name))  # 保存在 /xxx/图片名/中
    anno_ids = coco.getAnnIds(imgIds=img_id, iscrowd=None)
    anno = coco.loadAnns(anno_ids)  # 每个元素为一个前景物体，{'segmentation':[[...]], 'area':x ,}
    h = coco.imgs[img_id]["height"]
    w = coco.imgs[img_id]["width"]
    mask = np.zeros((h, w), dtype=np.uint8)

    #3. 补全该处代码
    #-----------------**************
    for instance in anno:
        m = annToMask(     )  # h×w 的 array
        c = coco_cls_dict[ ]  # 最里层用以说明此分割物体的类别。class_dict 把 idx 转换成类名，cls_dict 把类名转换回 idx
        if len(m.shape) < 3:
            mask[:, :] += () * ( * )
        else:
            mask[:, :] += () * (((    * c).astype(np.uint8)  # 将 3D 转换成 2D，进行与上面类似的操作
    #-----------------**************

    img = cv2.imread(image_path)
    cv2.imwrite(os.path.join(save_dir, img_name, "image.png"), img)
    cv2.imwrite(os.path.join(save_dir, img_name, "mask.png"), mask)

def preprocess_dataset(cfg, data_dir):
    """Select preprocess function."""
    if cfg['dataset'].lower() == "cell_nuclei":
        preprocess_cell_nuclei_dataset({"data_dir": data_dir})
    elif cfg['dataset'].lower() == "coco":
        if 'split' in cfg and cfg['split'] == 1.0:
            train_data_path = os.path.join(data_dir, "train")
            val_data_path = os.path.join(data_dir, "val")
            train_param_dict = {"anno_json": cfg["anno_json"], "coco_classes": cfg["coco_classes"],
                                "coco_dir": cfg["coco_dir"], "save_dir": train_data_path}
            preprocess_coco_dataset(train_param_dict)
            val_param_dict = {"anno_json": cfg["val_anno_json"], "coco_classes": cfg["coco_classes"],
                              "coco_dir": cfg["val_coco_dir"], "save_dir": val_data_path}
            preprocess_coco_dataset(val_param_dict)
        else:
            param_dict = {"anno_json": cfg["anno_json"], "coco_classes": cfg["coco_classes"],
                          "coco_dir": cfg["coco_dir"], "save_dir": data_dir}
            preprocess_coco_dataset(param_dict)
    else:
        raise ValueError("Not support dataset mode {}".format(cfg['dataset']))
    print("========== end preprocess dataset ==========")

if __name__ == '__main__':
    parser = argparse.ArgumentParser(description='Train the UNet on images and target masks',
                                     formatter_class=argparse.ArgumentDefaultsHelpFormatter)
    parser.add_argument('-d', '--data_url', dest='data_url', type=str, default='data/',
                        help='save data directory')
    args = parser.parse_args()
preprocess_dataset(cfg_unet, args.data_url)
```

b. preprocess_dataset.py 文件补全如下：

```
def preprocess_coco_dataset(param_dict):
    ......（省略）......

    #1. 填写参数标签
    #------------------*****************************
    # 在对数据集进行预处理时，需要指定该数据集相关信息
    anno_json = param_dict["anno_json"]    # JSON 格式标注文件路径
    coco_cls = param_dict["coco_classes"] # 数据集中类别名
    coco_dir = param_dict["coco_dir"]       # 数据集路径
    save_dir = param_dict["save_dir"]       # 最终结果保存路径
    #------------------*****************************

    coco_cls_dict = {}  # key 为类名，value 为索引值
    for i, cls in enumerate(coco_cls):

        #2. 补全该处代码
        #------------------**************
        # 将类别名转换为字典结构
        coco_cls_dict[cls] = i   # eg:{'background':0, 'person':1',...}
        #------------------**************

        ......（省略）......


        #3. 补全该处代码
        #------------------**************
        # 根据每张图像的标注信息，计算对应掩膜图像
        for instance in anno:
            m = annToMask(instance, h, w)    # 根据当前类别标注信息生成二值化的掩膜矩阵
            # 获取当前类别对应的标注 ID。其中，class_dict 把 idx 转换成类名，cls_dict 把类名转换回 idx
            c = coco_cls_dict[classs_dict[instance["category_id"]]]
            if len(m.shape) < 3:
                mask[:, :] += (mask == 0) * (m * c)    # mask==0 则将所属当前类别的图像像素添加到掩膜图像上
            else:
                # 将 3D 转换成 2D，进行与上面类似的操作
                mask[:, :] += (mask == 0) * (((np.sum(m, aixs=2)) > 0)    * c).astype(np.uint8)
        #------------------**************

        img = cv2.imread(image_path)
        cv2.imwrite(os.path.join(save_dir, img_name, "image.png"), img)
        cv2.imwrite(os.path.join(save_dir, img_name, "mask.png"), mask)
```

c. 考题提供的、挖空了部分代码后的 src/config.py 源代码如下：

```
cfg_unet_medical = {
    'model': 'unet_medical',
    'crop': [388 / 572, 388 / 572],
    'img_size': [572, 572],
    'lr': 0.0001,
    'epochs': 400,
    'repeat': 400,
    'distribute_epochs': 1600,
```

```
    'batchsize': 16,
    'cross_valid_ind': 1,
    'num_classes': 2,
    'num_channels': 1,

    'keep_checkpoint_max': 10,
    'weight_decay': 0.0005,
    'loss_scale': 1024.0,
    'FixedLossScaleManager': 1024.0,

    'resume': False,
    'resume_ckpt': './',
    'transfer_training': False,
    'filter_weight': ['outc.weight', 'outc.bias'],
    'eval_activate': 'Softmax',
    'eval_resize': False
}

cfg_unet_nested = {
    'model': 'unet_nested',
    'crop': None,
    'img_size': [576, 576],
    'lr': 0.0001,
    'epochs': 400,
    'repeat': 400,
    'distribute_epochs': 1600,
    'batchsize': 16,
    'cross_valid_ind': 1,
    'num_classes': 2,
    'num_channels': 1,

    'keep_checkpoint_max': 10,
    'weight_decay': 0.0005,
    'loss_scale': 1024.0,
    'FixedLossScaleManager': 1024.0,
    'use_bn': True,
    'use_ds': True,
    'use_deconv': True,

    'resume': False,
    'resume_ckpt': './',
    'transfer_training': False,
    'filter_weight': ['final1.weight', 'final2.weight', 'final3.weight', 'final4.weight'],
    'eval_activate': 'Softmax',
    'eval_resize': False
}

cfg_unet_nested_cell = {
    'model': 'unet_nested',
    'dataset': 'Cell_nuclei',
    'crop': None,
    'img_size': [96, 96],
    'lr': 3e-4,
    'epochs': 200,
```

```
    'repeat': 10,
    'distribute_epochs': 1600,
    'batchsize': 16,
    'cross_valid_ind': 1,
    'num_classes': 2,
    'num_channels': 3,

    'keep_checkpoint_max': 10,
    'weight_decay': 0.0005,
    'loss_scale': 1024.0,
    'FixedLossScaleManager': 1024.0,
    'use_bn': True,
    'use_ds': True,
    'use_deconv': True,

    'resume': False,
    'resume_ckpt': './',
    'transfer_training': False,
    'filter_weight': ['final1.weight', 'final2.weight', 'final3.weight', 'final4.weight'],
    'eval_activate': 'Softmax',
    'eval_resize': False
}

cfg_unet_simple = {
    'model': 'unet_simple',
    'crop': None,
    'img_size': [576, 576],  # 输入图片尺寸
    'lr': 0.0001,
    'epochs': 400,
    'repeat': 400,
    'distribute_epochs': 1600,
    'batchsize': 16,
    'cross_valid_ind': 1,
    'num_classes': 2,   # 2类，前景背景
    'num_channels': 1,  #

    'keep_checkpoint_max': 10,
    'weight_decay': 0.0005,
    'loss_scale': 1024.0,
    'FixedLossScaleManager': 1024.0,

    'resume': False,
    'resume_ckpt': './',
    'transfer_training': False,
    'filter_weight': ["final.weight"],
    'eval_activate': 'Softmax',
    'eval_resize': False
}

cfg_unet_simple_coco = {
    'model': 'unet_simple',
    'dataset': 'COCO',
    'split': 0.8,
```

```
        # 1. 填写该处的图片输入尺寸，如'img_size': [512, 512],   w/h
        #----------*****************
        'img_size': [],
        #----------*****************

        'lr': 1e-4,

        #2. 填写该处训练步数
        #----------*****************
        'epochs':,
        #----------*****************

        #3. 填写该处训练参数
        #----------*****************
        'repeat': ,
        'distribute_epochs': ,
        'cross_valid_ind': ,
        'batchsize': ,
        'num_channels': ,
        #----------*****************

        'keep_checkpoint_max': 10,
        'weight_decay': 0.0005,
        'loss_scale': 1024.0,
        'FixedLossScaleManager': 1024.0,
        'resume': False,
        'resume_ckpt': './',
        'transfer_training': False,
        'filter_weight': ["final.weight"],
        'eval_activate': 'Softmax',
        'eval_resize': False,

        #4. 填写类别数目、类别名称和 coco 文件夹路径
        #----------****************
        'num_classes': ,
        'coco_classes': (   , 'colloid'),
        'coco_dir': ' ',
        #----------*****************

        'anno_json': './raw_data/annotations/instances_annotations.json',
        'val_anno_json': '/data/coco2017/annotations/instances_val2017.json',
        'val_coco_dir': '/data/coco2017/val2017'
    }

    cfg_unet = cfg_unet_simple_coco
    if not ('dataset' in cfg_unet and cfg_unet['dataset'] == 'Cell_nuclei') and cfg_unet['eval_resize']:
        print("ISBI dataset not support resize to original image size when in evaluation.")
cfg_unet['eval_resize'] = False
```

d. src/config.py 文件补全如下。

```
cfg_unet_simple_coco = {
    'model': 'unet_simple',
```

```
    'dataset': 'COCO',
    'split': 0.8,

    # 1. 填写该处的图片输入尺寸，如'img_size': [512, 512],    w/h
    #----------*****************
    # 设定模型训练时输入图像的宽度和高度
    'img_size': [576, 576],
    #----------*****************

    'lr': 1e-4,

    #2. 填写该处训练步数
    #----------*****************
    # 设定模型训练 epochs
    'epochs':5,
    #----------*****************


    #3. 填写该处训练参数
    #----------*****************
    # 设定分布式训练的超参数
    'repeat': 1, # 每个 epoch 中训练集样本被重复使用的次数
    'distribute_epochs': 120, # 分布式训练时每个节点 epoch 数量
    'cross_valid_ind': 1, # 交叉验证索引号，此处表明是第 1 折交叉训练
    'batchsize': 1, # 前向传播 batch_size
    'num_channels': 3, # 图像的特征通道数
    #----------*****************

    'keep_checkpoint_max': 10,
    'weight_decay': 0.0005,
    'loss_scale': 1024.0,
    'FixedLossScaleManager': 1024.0,

    'resume': False,
    'resume_ckpt': './',
    'transfer_training': False,
    'filter_weight': ["final.weight"],
    'eval_activate': 'Softmax',
    'eval_resize': False,

    #4. 填写类别数目、类别名称和 COCO 文件夹路径
    #----------****************
    # 设定 COCO 数据集信息
    'num_classes': 2, # 从 COCO 数据集中选择的类别总数
    'coco_classes': ('background', 'colloid'), # 从 COCO 数据集中选择的类别名
    'coco_dir': './raw_data/images', # COCO 数据集图像路径
    #----------*****************

    'anno_json': './raw_data/annotations/instances_annotations.json',
    'val_anno_json': '/data/coco2017/annotations/instances_val2017.json',
    'val_coco_dir': '/data/coco2017/val2017'
}
```

e. 创建新的 Notebook，执行以下代码。preprocess_dataset.py 数据预处理程序将从 raw_data 目录读取数据（图片）进行预处理，结果将存放到 data 目录下。大约等待 10 分钟。在 data 目录下，可以看到很多目录，每个目录是原来的图片预处理的结果，如图 3-16 所示。

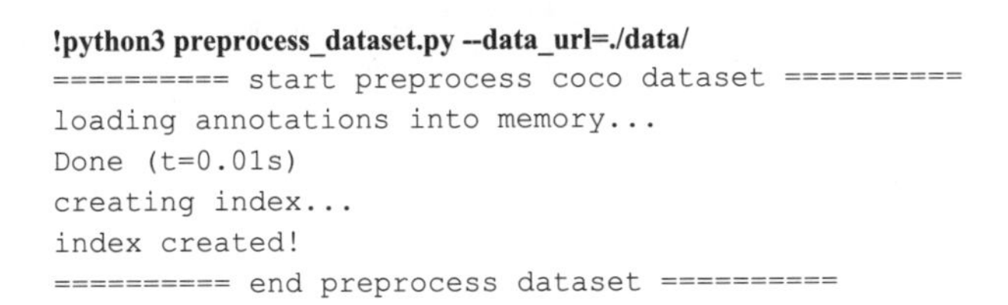

```
!python3 preprocess_dataset.py --data_url=./data/
========== start preprocess coco dataset ==========
loading annotations into memory...
Done (t=0.01s)
creating index...
index created!
========== end preprocess dataset ==========
```

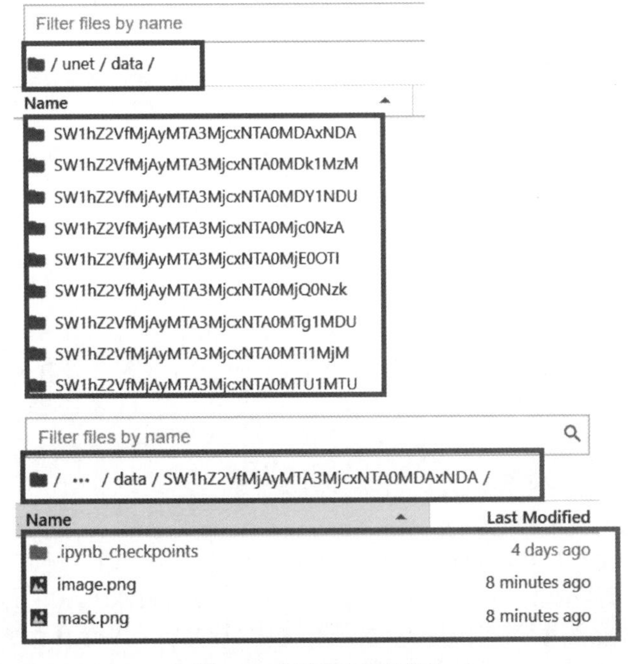

图 3-16　图片预处理的结果

考点 3：补充 U-Net 网络模型挖空部分，训练并保存权重，以生成权重文件为准

要求：

a. U-Net 网络结构如图 3-17 所示。补充 U-Net 网络模型（模型部分结构需要自定义）部分代码（/unet/src/une_nested/unet_model.py）并保存，截图该部分（5 个部分）。

b. 补充 train.py 部分代码（/unet/train.py，第 1～3 个空缺部分）并保存，截图该部分（3 个部分）。

c. 补充 train.py 部分代码（/unet/train.py，第 4 个空缺部分，涉及模型保存，保存为.ckpt 格式）并保存，截图该部分。

d. 补充 train.py 部分代码（/unet/train.py，第 5、6 个空缺部分，涉及 MindSpore 函数式自动微分）并保存，截图该部分。

e. 运行训练文件（trian.py，新建 Notebook 运行并调用该段脚本，根据模型输入传参），进行模型训练，截图训练完成的运行界面。

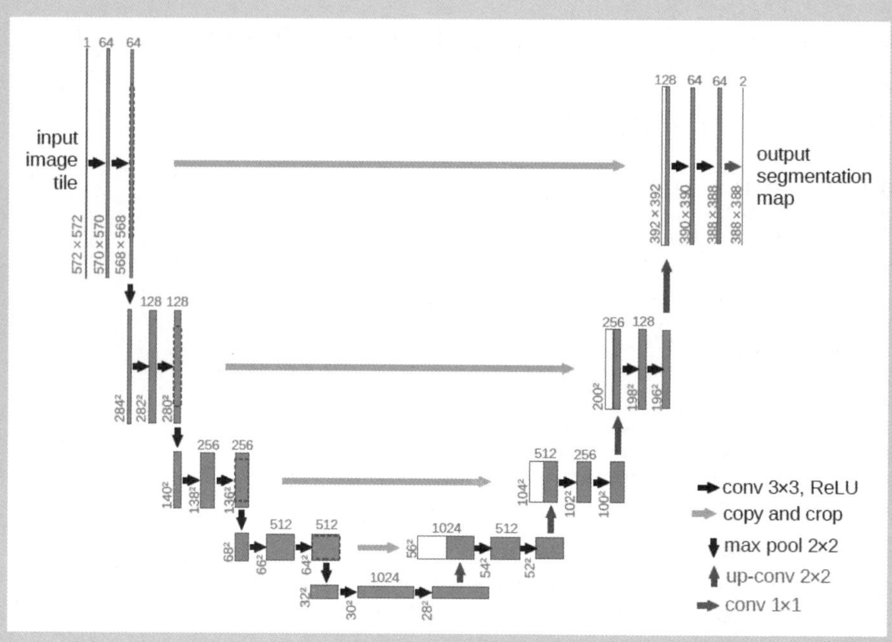

图 3-17　U-Net 网络结构

结果保存，截图要求：

a. 将补充好的代码部分（/unet/src/une_nested/unet_model.py）截图，图中 5 个需要补充的部分都需要截图，否则不算分；将截图命名为 1-3-1model1、1-3-1model2 和 1-3-1model3 等，如有后续内容可以命名为 1-3-1 model4 等。

b. 将补充好的代码部分（/unet/train.py，第 1～3 个空缺部分）进行截图，并将截图命名为 1-3-2trian1，如有后续内容可以命名为 1-3-2 trian2 等。

c. 将补充好的代码部分（/unet/train.py，第 4 个空缺部分）进行截图，并将截图命名为 1-3-3trian4 等。

d. 将补充好的代码部分（/unet/train.py，第 5、6 个空缺部分）进行截图，并将截图命名为 1-3-4trian5 等。

e. 运行训练文件（trian.py，新建 Notebook 运行并调用该段脚本，根据模型输入传参），进行模型训练，截图训练完成的运行界面，并将代码和训练输出截图分别命名为 1-3-5tri_out1 和 1-3-5tri_out2。

【解析】

在完成对数据集的预处理和训练参数配置后，我们构建 U-Net 网络，并完成训练过程中所需要的其他代码逻辑，例如定义损失函数、优化器等。其中，unet_model.py 文件中的__init__函数用于定义 U-Net 网络各个组件层，而 construct 函数用于定义 U-Net 网络前向传播过程，train.py 文件则负责 U-Net 网络训练过程的整体逻辑。

U-Net 是一种用于医学图像分割的深度学习模型，由 Olaf Ronneberger、 Philipp Fischer 和 Thomas Brox 于 2015 年在论文“U-Net: Convolutional Networks for Biomedical Image Segmentation”中首次提出。U-Net 通过一种编码器（Encoder）-解码器（Decoder）结构，借助全卷积网络实现精准的图像语义分割，尤其适用于生物医学领域，例如可用于细胞图像分割。在 U-Net 提出之前，CNN 已经在图像分类等任务中取得了显著的成绩。然而，CNN 并不适用于图像分割任务，因为这些模型通常只输出单个类别的标签而非像素级分割结果。U-Net 的提出通过一种编码器-解码器结构解决了这个问题。

由图 3-17 可知，U-Net 网络结构由两个部分组成：编码器和解码器。其中，编码器类似于传统 CNN，由 5 个“卷积-批量归一化-最大池化”模块堆叠组成。具体来说，每个模块通常由 2 个 3×3 卷积层、 1 个批量归一化层以及 1 个 2×2 最大池化层组成。通过一系列的卷积和池化操作，编码器模块能够逐步降低图像空间分辨率，从而实现图像信息编码。与编码器部分相对应，解码器部分通过 4 个上采样运算将编码后的特征逐步提升。具体来说，每一个上采样运算由 1 个反卷积层和 2 个 3×3 卷积层组合而成。此外，编码器每个模块提取的特征图会通过跳跃连接（Skip Connection）与解码器对应的模块拼接，从而有助于进行细粒度的图像边界分割。

在实际应用中，U-Net 网络结构在医学图像分割任务中表现卓越，能够处理少量标记数据并实现高精度的分割，因此在企业界被广泛使用。此外，U-Net 的设计极大地推动了医学图像分割领域的发展，其结构简单而高效，能够在多个应用场景中实现卓越的性能。自 U-Net 提出以来，它的许多变种和改进版本相继出现，如 3D U-Net、Attention U-Net 等，进一步提升了其在不同领域和任务中的应用能力。

a. 考题提供的、挖空了部分代码后的/unet/src/une_nested/unet_model.py 源代码如下：

```
# Model of UnetPlusPlus
import mindspore
import mindspore.nn as nn
import mindspore.ops as P
# from .unet_parts import UnetConv2d, UnetUp
from src.unet_nested.unet_parts import UnetConv2d, UnetUp

class NestedUNet(nn.Cell):
    """
    Nested unet
    """
    def __init__(self, in_channel, n_class=2, feature_scale=2, use_deconv=True, use_bn=True,
                 use_ds=True):
        super(NestedUNet, self).__init__()
        self.in_channel = in_channel
        self.n_class = n_class
        self.feature_scale = feature_scale
        self.use_deconv = use_deconv
        self.use_bn = use_bn
        self.use_ds = use_ds

        filters = [64, 128, 256, 512, 1024]
        filters = [int(x / self.feature_scale) for x in filters]

        # Down Sample
        self.maxpool = nn.MaxPool2d(kernel_size=2, stride=2, pad_mode="same")
        self.conv00 = UnetConv2d(self.in_channel, filters[0], self.use_bn)
        self.conv10 = UnetConv2d(filters[0], filters[1], self.use_bn)
        self.conv20 = UnetConv2d(filters[1], filters[2], self.use_bn)
        self.conv30 = UnetConv2d(filters[2], filters[3], self.use_bn)
        self.conv40 = UnetConv2d(filters[3], filters[4], self.use_bn)

        # Up Sample
        self.up_concat01 = UnetUp(filters[1], filters[0], self.use_deconv, 2)
        self.up_concat11 = UnetUp(filters[2], filters[1], self.use_deconv, 2)
```

```
        self.up_concat21 = UnetUp(filters[3], filters[2], self.use_deconv, 2)
        self.up_concat31 = UnetUp(filters[4], filters[3], self.use_deconv, 2)
        self.up_concat02 = UnetUp(filters[1], filters[0], self.use_deconv, 3)
        self.up_concat12 = UnetUp(filters[2], filters[1], self.use_deconv, 3)
        self.up_concat22 = UnetUp(filters[3], filters[2], self.use_deconv, 3)
        self.up_concat03 = UnetUp(filters[1], filters[0], self.use_deconv, 4)
        self.up_concat13 = UnetUp(filters[2], filters[1], self.use_deconv, 4)
        self.up_concat04 = UnetUp(filters[1], filters[0], self.use_deconv, 5)

        # Final Convolution
        self.final1 = nn.Conv2d(filters[0], n_class, 1)
        self.final2 = nn.Conv2d(filters[0], n_class, 1)
        self.final3 = nn.Conv2d(filters[0], n_class, 1)
        self.final4 = nn.Conv2d(filters[0], n_class, 1)
        self.stack = P.Stack(axis=0)

    def construct(self, inputs):
        x00 = self.conv00(inputs)                      # channel = filters[0]
        x10 = self.conv10(self.maxpool(x00))           # channel = filters[1]
        x20 = self.conv20(self.maxpool(x10))           # channel = filters[2]
        x30 = self.conv30(self.maxpool(x20))           # channel = filters[3]
        x40 = self.conv40(self.maxpool(x30))           # channel = filters[4]

        x01 = self.up_concat01(x10, x00)              # channel = filters[0]
        x11 = self.up_concat11(x20, x10)              # channel = filters[1]
        x21 = self.up_concat21(x30, x20)              # channel = filters[2]
        x31 = self.up_concat31(x40, x30)              # channel = filters[3]

        x02 = self.up_concat02(x11, x00, x01)          # channel = filters[0]
        x12 = self.up_concat12(x21, x10, x11)          # channel = filters[1]
        x22 = self.up_concat22(x31, x20, x21)          # channel = filters[2]

        x03 = self.up_concat03(x12, x00, x01, x02)  # channel = filters[0]
        x13 = self.up_concat13(x22, x10, x11, x12)  # channel = filters[1]

        x04 = self.up_concat04(x13, x00, x01, x02, x03) # channel = filters[0]

        final1 = self.final1(x01)
        final2 = self.final2(x02)
        final3 = self.final3(x03)
        final4 = self.final4(x04)

        if self.use_ds:
            final = self.stack((final1, final2, final3, final4))
            return final
        return final4

###请填写下面代码中缺失的部分
class UNet(nn.Cell):
    """
    Simple UNet with skip connection
    """

    ###请填写下面代码中缺失的部分
    def __init__(self, in_channel, n_class=???, feature_scale=2, use_deconv=True, use_bn=True):
        super(UNet, self).__init__()
```

```
        self.in_channel = in_channel
        self.n_class = n_class
        self.feature_scale = feature_scale
        self.use_deconv = use_deconv
        self.use_bn = use_bn

        filters = [64, 128, 256, 512, 1024]

        ##1. 请补充填写下面代码中缺失的部分
        ##------------********----------
        filters = [int(x/) for x in ]
        #------------********-----------

        # Down Sample
        ##2. 请补充填写下面代码中缺失的部分，定义 maxpool2d 函数
        ##------------********-----------
        self.maxpool = xxx(kernel_size=, stride=, pad_mode="    ")
        ##------------********-----------

        self.conv0 = UnetConv2d(self.in_channel, filters[0], self.use_bn)

        ##3. 请补充填写下面代码中缺失的部分，将 U-Net 代码中下采样定义为 5 层
        ##------------********-----------



        ##------------********-----------


        # Up Sample
        self.up_concat1 = UnetUp(filters[1], filters[0], self.use_deconv, 2)

        ##4. 请补充填写下面代码中缺失的部分，将 U-Net 代码中上采样定义为 4 层
        ##------------********-----------



        ##------------********-----------

        # Final Convolution
        self.final = nn.Conv2d(filters[0], n_class, 1)

    def construct(self, inputs):
        ##5. 请补充填写下面代码中缺失的部分，将上述算子组合成自定义的 U-Net 网络（down sample 部分）
        ##------------********-----------

        ##------------********-----------

        up4 = self.up_concat4(x4, x3)
        up3 = self.up_concat3(up4, x2)
        up2 = self.up_concat2(up3, x1)
        up1 = self.up_concat1(up2, x0)

        final = self.final(up1)
```

```
        return final

if __name__ == "__main__":
    import numpy as np
    x = mindspore.Tensor(np.random.randint(0, 255, [1,3,1024, 1536]), mindspore.float32)

    net = UNet(3, n_class=2, feature_scale=2, use_deconv=True, use_bn=True)
    result = net(x)
    print("output shape = ", result.shape)
```

b. /unet/src/une-nested/unet_model.py 源代码补全如下（只显示相关片段）:

```
###请填写下面代码中缺失的部分
class UNet(nn.Cell):
    """
    Simple UNet with skip connection
    """

    ###请填写下面代码中缺失的部分
    def __init__(self, in_channel, n_class=2, feature_scale=2, use_deconv=True, use_bn=True):
        super(UNet, self).__init__()

        self.in_channel = in_channel
        self.n_class = n_class
        self.feature_scale = feature_scale
        self.use_deconv = use_deconv
        self.use_bn = use_bn

        filters = [64, 128, 256, 512, 1024]
        ##1. 请补充填写下面代码中缺失的部分
        ##------------********-----------
        ## 调整特征图通道数
        filters = [int(x/ self.feature_scale) for x in filters]
        ##------------********------------

        # Down Sample
        ##2. 请补充填写下面代码中缺失的部分，定义 maxpool2d 函数
        ##------------********-----------
        # 2×2 最大池化层，并保证输出宽度/高度为输入宽度/高度的 1/2
        self.maxpool = nn.MaxPool2d(kernel_size=2, stride=2, pad_mode="same")
        ##------------********-----------

        self.conv0 = UnetConv2d(self.in_channel, filters[0], self.use_bn)
        ##3. 请补充填写下面代码中缺失的部分，将 U-Net 代码中下采样定义为 5 层
        ##------------********-----------
        ## 为编码器的 4 个模块设定卷积的特征图通道数
        self.conv1 = UnetConv2d(filters[0], filters[1], self.use_bn)
        self.conv2 = UnetConv2d(filters[1], filters[2], self.use_bn)
        self.conv3 = UnetConv2d(filters[2], filters[3], self.use_bn)
        self.conv4 = UnetConv2d(filters[3], filters[4], self.use_bn)
        ##------------********-----------

        # Up Sample
        self.up_concat1 = UnetUp(filters[1], filters[0], self.use_deconv, 2)
```

```
        ##4. 请补充填写下面代码中缺失的部分，将 U-Net 代码中上采样定义为 4 层
        ##------------********-----------
        ## 为解码器各个模块设定卷积的特征图通道数，并保证每个模块与对应编码器模块特征图尺寸相同
        self.up_concat2 = UnetUp(filters[2], filters[1], self.use_deconv, 2)
        self.up_concat3 = UnetUp(filters[3], filters[2], self.use_deconv, 2)
        self.up_concat4 = UnetUp(filters[4], filters[3], self.use_deconv, 2)
        ##------------********-----------


        # Final Convolution
        self.final = nn.Conv2d(filters[0], n_class, 1)

    def construct(self, inputs):
        ##5. 请补充填写下面代码中缺失的部分，将上述算子组合成自定义的 U-Net 网络（down sample 部分）
        ##------------********-----------
        ## 编码器前向传播过程
        x0 = self.conv0(inputs) # 第一个卷积模块，输入为原始图像 inputs，输出为特征图 x0
        x1 = self.conv1(self.maxpool(x0)) # 第二个卷积模块，特征图 x0 需经过最大池化和卷积运算得到 x1
        x2 = self.conv2(self.maxpool(x1)) # 第三个卷积模块，特征图 x1 需经过最大池化和卷积运算得到 x2
        x3 = self.conv3(self.maxpool(x2)) # 第四个卷积模块，特征图 x2 需经过最大池化和卷积运算得到 x3
        x4 = self.conv4(self.maxpool(x3)) # 第五个卷积模块，特征图 x3 需经过最大池化和卷积运算得到 x4
        ##------------********-----------

        up4 = self.up_concat4(x4, x3)
        up3 = self.up_concat3(up4, x2)
        up2 = self.up_concat2(up3, x1)
        up1 = self.up_concat1(up2, x0)

        final = self.final(up1)

    return final
```

c. 考题提供的、挖空了部分代码后的/unet/train.py 源代码如下：

```
import os
import argparse
import logging
import ast

import mindspore
import mindspore.nn as nn
from mindspore import Model, context
from mindspore.communication.management import init, get_group_size, get_rank
from mindspore.train.callback import CheckpointConfig, ModelCheckpoint
from mindspore.context import ParallelMode
from mindspore.train.serialization import load_checkpoint, load_param_into_net

from src.unet_medical import UNetMedical
from src.unet_nested import NestedUNet, UNet
from src.data_loader import create_dataset, create_multi_class_dataset
from src.loss import CrossEntropyWithLogits, MultiCrossEntropyWithLogits
from src.utils import StepLossTimeMonitor, UnetEval, TempLoss, apply_eval, filter_checkpoint_
                      parameter_by_list, dice_coeff
from src.config import cfg_unet
```

```
from src.eval_callback import EvalCallBack

# device_id = int(os.getenv('DEVICE_ID'))
device_id=0
```

##1. 请补充填写下面代码中缺失的部分

##------------******------------**

context.set_context()

##------------******------------**

```
mindspore.set_seed(1)

def train_net(args_opt,cross_valid_ind=1,epochs=400,batch_size=16,lr=0.0001,cfg=None):
    rank = 0
    group_size = 1
    data_dir = args_opt.data_url
    run_distribute = args_opt.run_distribute

    if run_distribute:
        init()
        group_size = get_group_size()
        rank = get_rank()
        parallel_mode = ParallelMode.DATA_PARALLEL
        context.set_auto_parallel_context(parallel_mode=parallel_mode,
                                          device_num=group_size,
                                          gradients_mean=False)
    need_slice = False
    if cfg['model'] == 'unet_medical':
        net = UNetMedical(n_channels=cfg['num_channels'], n_classes=cfg['num_classes'])
    elif cfg['model'] == 'unet_nested':
        net = NestedUNet(in_channel=cfg['num_channels'], n_class=cfg['num_classes'], use_deconv=cfg
                        ['use_deconv'],use_bn=cfg['use_bn'], use_ds=cfg['use_ds'])
        need_slice = cfg['use_ds']
    elif cfg['model'] == 'unet_simple':
        net = UNet(in_channel=cfg['num_channels'], n_class=cfg['num_classes'])
    else:
        raise ValueError("Unsupported model: {}".format(cfg['model']))

    if cfg['resume']:
        param_dict = load_checkpoint(cfg['resume_ckpt'])
        if cfg['transfer_training']:
            filter_checkpoint_parameter_by_list(param_dict, cfg['filter_weight'])
        load_param_into_net(net, param_dict)

    if 'use_ds' in cfg and cfg['use_ds']:
        criterion = MultiCrossEntropyWithLogits()
    else:
        criterion = CrossEntropyWithLogits()
    if 'dataset' in cfg and cfg['dataset'] != "ISBI":
        repeat = cfg['repeat'] if 'repeat' in cfg else 1
        split = cfg['split'] if 'split' in cfg else 0.8
```

```
    # dataset_sink_mode = True
    # per_print_times = 30
    dataset_sink_mode = False
    per_print_times = 1

    train_dataset = create_multi_class_dataset(data_dir, cfg['img_size'], repeat, batch_size,
                                               num_classes=cfg['num_classes'], is_train=True,
                                               augment=True,
                                               split=split, rank=rank, group_size=group_size,
                                               shuffle=True)
    valid_dataset = create_multi_class_dataset(data_dir, cfg['img_size'], 1, 1,num_classes=
                                               cfg['num_classes'], is_train=False,eval_resize=
                                               cfg["eval_resize"], split=split,
                                               python_multiprocessing=False, shuffle=False)
else:
    repeat = cfg['repeat']
    dataset_sink_mode = False
    per_print_times = 1
    train_dataset, valid_dataset = create_dataset(data_dir, repeat, batch_size, True, cross_valid_ind,
                                              run_distribute, cfg["crop"], cfg['img_size'])
train_data_size = train_dataset.get_dataset_size()
print("dataset length is:", train_data_size)
ckpt_config = CheckpointConfig(save_checkpoint_steps=train_data_size,
                               keep_checkpoint_max=cfg['keep_checkpoint_max'])
ckpoint_cb = ModelCheckpoint(prefix='ckpt_{}_adam'.format(cfg['model']),
                             directory='./ckpt_{}/'.format(device_id),
                             config=ckpt_config)
```

##2. 请自定义补充填写下面代码中缺失的部分，使用 Adam 优化器

```
##------------********-----------
optimizer = xxx(params=net.xxxx(), learning_rate=, weight_decay=,loss_scale=)
##------------********-----------

print("============== Starting Training ==============")
```

##3. 请自定义补充填写下面代码中缺失的部分，定义训练部分

```
##------------********-----------

for t in range(int(epochs / repeat)):
    print(f"Epoch {}\n-------------------------------")
    train_loop()
    test_loop()
print("Done!")
##------------********-----------
```

##4. 请自定义补充填写下面代码中缺失的部分，定义模型并保存，保存为 best.ckpt

```
##------------********-----------
mindspore.
##------------********-----------

print("============== End Training ==============")
```

```
from mindspore import ops
def train_loop(model, dataset, loss_fn, optimizer):
    # Define forward function
    def forward_fn(data, label):
        logits = model(data)
        loss = loss_fn(logits, label)
        return loss, logits

    ##5. 请自定义补充填写下面的代码，定义用于训练的 train_loop 函数，使用函数式自动微分，首先，需定义正向函
    #数 forward_fn，使用 ops.value_and_grad 获得微分函数 grad_fn。然后，我们将微分函数和优化器的执行封
    #装为 train_step 函数。接下来，循环迭代数据集进行训练即可
    ##-------------********-----------
    grad_fn = ops.xxx(xxx, None, xxx, has_aux=True)

    # Define function of one-step training
    def train_step(data, label):
        (loss, _), grads = xxx(data, label)
        loss = xxx(x, optimizer(x))
        return loss
    ##-------------********-----------

    size = dataset.get_dataset_size()
    model.set_train()
    for batch, (data, label) in enumerate(dataset.create_tuple_iterator()):
        loss = train_step(data, label)

        if batch % 100 == 0:
            loss, current = loss.asnumpy(), batch
            print(f"loss: {loss:>7f}  [{current:>3d}/{size:>3d}]")


def test_loop(model, dataset, loss_fn):
    ##6. 请自定义补充填写下面的代码，定义用于测试的 test_loop 函数，test_loop 函数同样需循环遍历数据集，调用模型计算损失
    #并返回最终结果
    ##-------------********-----------
    num_batches = dataset.xxx()
    model.xxx(False)
    test_loss = 0
    for data, label in dataset.create_tuple_iterator():
        pred = model()

        test_loss += xxxx(    ,     ).asnumpy()

    test_loss /=

    print(f"Test: \n Avg loss: {test_loss:>8f} \n")
    ##-------------********-----------



def get_args():
    parser = argparse.ArgumentParser(description='Train the UNet on images and target masks',
```

```
formatter_class=argparse.ArgumentDefaultsHelpFormatter)
    parser.add_argument('-d', '--data_url', dest='data_url', type=str, default='data/',
                        help='data directory')
    parser.add_argument('-t', '--run_distribute', type=ast.literal_eval,
                        default=False, help='Run distribute, default: false.')
    parser.add_argument("--run_eval", type=ast.literal_eval, default=False,
                        help="Run evaluation when training, default is False.")
    parser.add_argument("--save_best_ckpt", type=ast.literal_eval, default=True,
                        help="Save best checkpoint when run_eval is True, default is True.")
    parser.add_argument("--eval_start_epoch", type=int, default=0,
                        help="Evaluation start epoch when run_eval is True, default is 0.")
    parser.add_argument("--eval_interval", type=int, default=1,
                        help="Evaluation interval when run_eval is True, default is 1.")
    parser.add_argument("--eval_metrics", type=str, default="dice_coeff", choices=("dice_coeff", "iou"),
                        help="Evaluation metrics when run_eval is True, support [dice_coeff, iou],
                             ""default is dice_coeff.")

    return parser.parse_args()

if __name__ == '__main__':
    logging.basicConfig(level=logging.INFO, format='%(levelname)s: %(message)s')
    args = get_args()
    print("Training setting:", args)

    epoch_size = cfg_unet['epochs'] if not args.run_distribute else cfg_unet['distribute_epochs']
    train_net(args_opt=args,
              cross_valid_ind=cfg_unet['cross_valid_ind'],
              epochs=epoch_size,
              batch_size=cfg_unet['batchsize'],
              lr=cfg_unet['lr'],
              cfg=cfg_unet)
```

d. /unet/train.py 源代码如下（只显示相关片段）:

```
device_id=0

##1. 请补充填写下面代码中缺失的部分
##------------********-----------
## 设定模型训练运行环境
# 选择图模式构建静态图，device_target 设定为昇腾设备，训练过程中不保存中间计算图
context.set_context(mode=context.GRAPH_MODE, device_target="Ascend", save_graphs=False, device_id=device_id)
##------------********-----------

mindspore.set_seed(1)

......（省略） ......

##2. 请自定义补充填写下面代码中缺失的部分，使用 Adam 优化器
##------------********-----------
## Adam 优化器设定
# 设定待更新网络参数、学习率、权重衰减和损失缩放因子
optimizer = nn.Adam(params=net.trainable_params(), learning_rate=lr, weight_decay=cfg['weight_decay'], loss_scale=cfg['loss_scale'])
##------------********-----------
```

```
    print("============== Starting Training ==============")

    ##3. 请自定义补充填写下面代码中缺失的部分，定义训练部分
    ##------------********-----------
    ## 输出训练的中间结果
    for t in range(int(epochs / repeat)):
        print(f"Epoch {t+1}\n-------------------------------") # 索引为 t 对应于第 t+1 个 epoch
        train_loop(net, train_dataset, criterion, optimizer)
        test_loop(net, valid_dataset, criterion)

    print("Done!")
    ##------------********-----------


    ##4. 请自定义补充填写下面代码中缺失的部分，定义模型并保存，保存成 best.ckpt
    ##------------********-----------
    ## 保存训练好的模型
    mindspore.save_checkpoint(net, "best.ckpt") # 保存训练好的模型，需指定网络结构体和要保存的文件名
    ##------------********-----------

    print("============== End Training ==============")

from mindspore import ops
def train_loop(model, dataset, loss_fn, optimizer):
    # Define forward function
    def forward_fn(data, label):
        logits = model(data)
        loss = loss_fn(logits, label)
        return loss, logits

    ##5. 请自定义补充填写下面的代码，定义用于训练的 train_loop 函数，使用函数式自动微分，首先，需定义正向函数 forward_fn，
    #使用 ops.value_and_grad 获得微分函数 grad_fn。然后，我们将微分函数和优化器的执行封装为 train_step 函数
    #接下来，循环迭代数据集进行训练即可
    ##------------********-----------
    ## 定义单步训练函数，其中包含损失和梯度运算
    # 生成求导函数，需指定待求导函数 forward_fn，以及训练中需要更新梯度的变量集合
    grad_fn = ops.value_and_grad(forward_fn, None, optimizer.parameters, has_aux=True)
    # Define function of one-step training
    def train_step(data, label):
        (loss, _), grads = grad_fn(data, label) # 调用 grad_fn 函数计算损失值和变量梯度
        #在静态图模式下，需指定函数执行顺序，以确保损失值返回的操作在优化器操作后执行，以返回正确损失值
        #通过上述操作，函数执行顺序为 grad_fn→optimizer→返回损失值
        loss = ops.depend(loss, optimizer(grads))
        return loss
    ##------------********-----------

    size = dataset.get_dataset_size()
    model.set_train()
    for batch, (data, label) in enumerate(dataset.create_tuple_iterator()):
        loss = train_step(data, label)

        if batch % 100 == 0:
            loss, current = loss.asnumpy(), batch
            print(f"loss: {loss:>7f}  [{current:>3d}/{size:>3d}]")
```

```
def test_loop(model, dataset, loss_fn):
    ##6. 请自定义补充填写下面的代码，定义用于测试的 test_loop 函数，test_loop 函数同样需循环遍历数据集，调用模型计算损失值
    #并返回最终结果
    ##-------------********------------
    ## 计算模型在测试样本上的平均损失值
    num_batches = dataset.get_dataset_size() #获取测试图像数量
    model.set_train(False) # 关闭训练模式
    test_loss = 0 # 初始化损失为 0
    for data, label in dataset.create_tuple_iterator():
        pred = model(data)    # 对每个测试图像进行预测
        test_loss += loss_fn(pred, label).asnumpy()  # 计算图像预测损失，并叠加到总体的损失函数上
    test_loss /= num_batches  # 计算每个测试图像的平均损失

    print(f"Test: \n Avg loss: {test_loss:>8f} \n")
    ##-------------********------------
```

e. 在 Notebook 里执行以下代码进行训练。5 个轮次大约耗时 15～20 分钟，可以看到损失下降得很快，这说明训练效果良好。训练结束将产生 best.ckpt 文件（在 unet 目录下），该文件保存了模型的参数。

```
!python3 train.py --data_url=./data --run_eval=True

Training setting: Namespace(data_url='./data', eval_interval=1, eval_metrics='dice_coeff',
eval_start_epoch=0, run_distribute=False, run_eval=True, save_best_ckpt=True)
[WARNING] ME(90055:281472938961472,MainProcess):2024-06-12-23:06:36.887.519
[mindspore/nn/loss/loss.py:171] '_Loss' is deprecated from version 1.3 and will be removed in a future
version, use 'LossBase' instead.
dataset length is: 240
============== Starting Training ==============
Epoch 1
-------------------------------
img shape:  (1800, 1800, 3) mask shape (1800, 1800)
[WARNING] MD(90055,fffe56e4e1e0,python3):2024-06-12-23:07:30.229.042
[mindspore/ccsrc/minddata/dataset/engine/datasetops/source/generator_op.cc:195] operator()] Bad
performance attention, it takes more than 25 seconds to generator.__next__ new row, which might cause
'GetNext' timeout problem when sink_mode=True. You can increase the parameter num_parallel_workers
in GeneratorDataset / optimize the efficiency of obtaining samples in the user-defined generator function.
loss: 2.079599  [  0/240]
loss: 2.072103  [100/240]
loss: 0.655117  [200/240]
img shape:  (1800, 1800, 3) mask shape (1800, 1800)
Test:
Avg loss: 0.399681

......（省略）......

Epoch 5
-------------------------------
loss: 0.282799  [  0/240]
loss: 0.281536  [100/240]
loss: 0.377464  [200/240]
Test:
Avg loss: 0.275328

Done!
============== End Training ==============
```

f. 1-3-5tri_out1 截图如图 3-18 所示，1-3-5tri_out2 截图如图 3-19 所示。

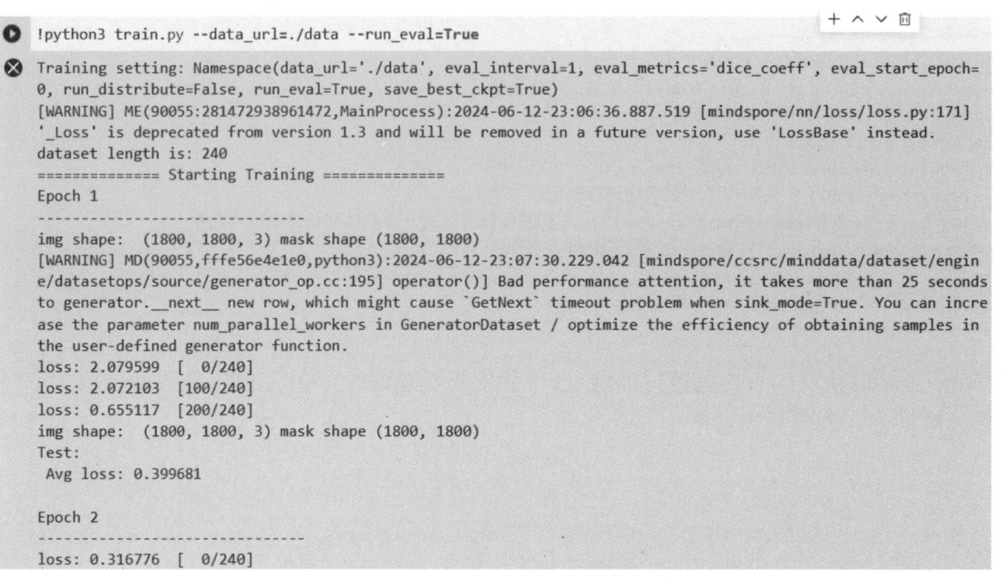

图 3-18　1-3-5tri_out1 截图

```
Epoch 4
-------------------------------
loss: 0.258264  [  0/240]
[WARNING] MD(90055,fffdecff91e0,python3):2024-06-12-23:21:11.256.687 [mindspore/ccsrc/minddata/dataset/engin
e/datasetops/source/generator_op.cc:195] operator()] Bad performance attention, it takes more than 25 seconds
to generator.__next__ new row, which might cause `GetNext` timeout problem when sink_mode=True. You can incre
ase the parameter num_parallel_workers in GeneratorDataset / optimize the efficiency of obtaining samples in
the user-defined generator function.
loss: 0.316534  [100/240]
loss: 0.262853  [200/240]
Test:
 Avg loss: 0.270477

Epoch 5
-------------------------------
loss: 0.282799  [  0/240]
loss: 0.281536  [100/240]
loss: 0.377464  [200/240]
Test:
 Avg loss: 0.275328

Done!
============== End Training ==============
```

图 3-19　1-3-5tri_out2 截图

考点 4：完成训练并保存权重，以生成权重文件为准

要求：

a. 训练完成平均损失小于 2。

b. 训练完成并保存权重，截图生成权重文件 best.ckpt 的文件界面。

c. 调用推理脚本（eval.py，新建 Notebook 运行调用该脚本，根据模型输入传参），进行模型推理，截图推理完成的运行界面，要求 IOU 参数答案大于 0.9。

d. 将 best.ckpt 文件输出成 AIR 格式的模型文件（调用 export.py，在终端侧或者新建 Notebook 运行调用该脚本），命名为“unet_best.air”，截图 AIR 格式权重文件 unet_best.air 的文件界面。

结果保存，截图要求：

a. 将损失部分代码和结果截图，并将截图命名为 1-4-1loss1。

b. 截图生成权重文件 best.ckpt 的文件界面，并将截图命名为 1-4-2tri_ckpt1。

c. 截图推理脚本运行完成的运行界面，包含 IOU，并将截图命名为 1-4-3iou1。

d. 截图调用脚本和生成的 AIR 格式权重文件，并将截图分别命名为 1-4-4air1 和 1-4-4air2。

【解析】

a. 训练结束后，损失值小于 2。在 unet 目录下，将生成权重文件 best.ckpt。

b. 考题提供的 eval.py 源代码（无挖空）如下：

```
# Copyright 2020 Huawei Technologies Co., Ltd
#
# Licensed under the Apache License, Version 2.0 (the "License");
# you may not use this file except in compliance with the License.
# You may obtain a copy of the License at
#
# http://www.apache.org/licenses/LICENSE-2.0
#
# Unless required by applicable law or agreed to in writing, software
# distributed under the License is distributed on an "AS IS" BASIS,
# WITHOUT WARRANTIES OR CONDITIONS OF ANY KIND, either express or implied.
# See the License for the specific language governing permissions and
# limitations under the License.
# ============================================================================

import os
import argparse
import logging
from mindspore import context, Model
from mindspore.train.serialization import load_checkpoint, load_param_into_net

from src.data_loader import create_dataset, create_multi_class_dataset
from src.unet_medical import UNetMedical
from src.unet_nested import NestedUNet, UNet
from src.config import cfg_unet
from src.utils import UnetEval, TempLoss, dice_coeff

# device_id = int(os.getenv('DEVICE_ID'))
device_id=0
context.set_context(mode=context.GRAPH_MODE, device_target="Ascend", save_graphs=False,
                    device_id=device_id)

def test_net(data_dir,ckpt_path,cross_valid_ind=1,cfg=None):
    if cfg['model'] == 'unet_medical':
        net = UNetMedical(n_channels=cfg['num_channels'], n_classes=cfg['num_classes'])
    elif cfg['model'] == 'unet_nested':
        net = NestedUNet(in_channel=cfg['num_channels'], n_class=cfg['num_classes'],
                         use_deconv=cfg['use_deconv'],use_bn=cfg['use_bn'], use_ds=False)
    elif cfg['model'] == 'unet_simple':
```

```
        net = UNet(in_channel=cfg['num_channels'], n_class=cfg['num_classes'])
    else:
        raise ValueError("Unsupported model: {}".format(cfg['model']))
    param_dict = load_checkpoint(ckpt_path)
    load_param_into_net(net, param_dict)
    net = UnetEval(net)
    if 'dataset' in cfg and cfg['dataset'] != "ISBI":
        split = cfg['split'] if 'split' in cfg else 0.8
        valid_dataset = create_multi_class_dataset(data_dir, cfg['img_size'], 1, 1,
                                                   num_classes=cfg['num_classes'], is_train=False,
                                                   eval_resize=cfg["eval_resize"], split=split,
                                                   python_multiprocessing=False, shuffle=False)
    else:
        _, valid_dataset = create_dataset(data_dir, 1, 1, False, cross_valid_ind, False,
                                          do_crop=cfg['crop'], img_size=cfg['img_size'])
    model = Model(net, loss_fn=TempLoss(), metrics={"dice_coeff": dice_coeff(cfg_unet)})

    print("============== Starting Evaluating ============")
    eval_score = model.eval(valid_dataset, dataset_sink_mode=False)["dice_coeff"]
    print("============== Cross valid dice coeff is:", eval_score[0])
    print("============== Cross valid IOU is:", eval_score[1])

def get_args():
    parser = argparse.ArgumentParser(description='Test the UNet on images and target masks',
                                     formatter_class=argparse.ArgumentDefaultsHelpFormatter)
    parser.add_argument('-d', '--data_url', dest='data_url', type=str, default='data/',
                        help='data directory')
    parser.add_argument('-p', '--ckpt_path', dest='ckpt_path', type=str,
                        default='ckpt_unet_ medical_adam-1_600.ckpt',help='checkpoint path')

    return parser.parse_args()

if __name__ == '__main__':
    logging.basicConfig(level=logging.INFO, format='%(levelname)s: %(message)s')
    args = get_args()
    print("Testing setting:", args)
    test_net(data_dir=args.data_url,ckpt_path=args.ckpt_path,
             cross_valid_ind=cfg_unet['cross_valid_ind'],cfg=cfg_unet)
```

c. 新建 Notebook，运行如下脚本，进行评估。

```
!python3 eval.py --data_url=./data --ckpt_path=best.ckpt
Testing setting: Namespace(ckpt_path='best.ckpt', data_url='./data')
============== Starting Evaluating ============
img shape:  (1800, 1800, 3) mask shape (1800, 1800)
[WARNING] MD(125301,fffe75f5b1e0,python3):2024-06-12-23:39:56.310.563
[mindspore/ccsrc/minddata/dataset/engine/datasetops/source/generator_op.cc:195] operator()] Bad
performance attention, it takes more than 25 seconds to generator.__next__ new row, which might cause
'GetNext' timeout problem when sink_mode=True. You can increase the parameter num_parallel_workers
in GeneratorDataset / optimize the efficiency of obtaining samples in the user-defined generator function.
single dice coeff is: 0.9727604621206996, IOU is: 0.946965557934938
single dice coeff is: 0.9738584736748332, IOU is: 0.9490488872060656
......（省略）......
single dice coeff is: 0.973311943666651 2, IOU is: 0.94801136300609
```

```
single dice coeff is: 0.9742498577805461, IOU is: 0.9497925641740836
============== Cross valid dice coeff is: 0.972722450524158
============== Cross valid IOU is: 0.9468948165192288
```

可以看到 IOU 参数大于 0.9。在/unet/pred_visualization 目录下，可以看到评估结果，如图 3-20 所示。

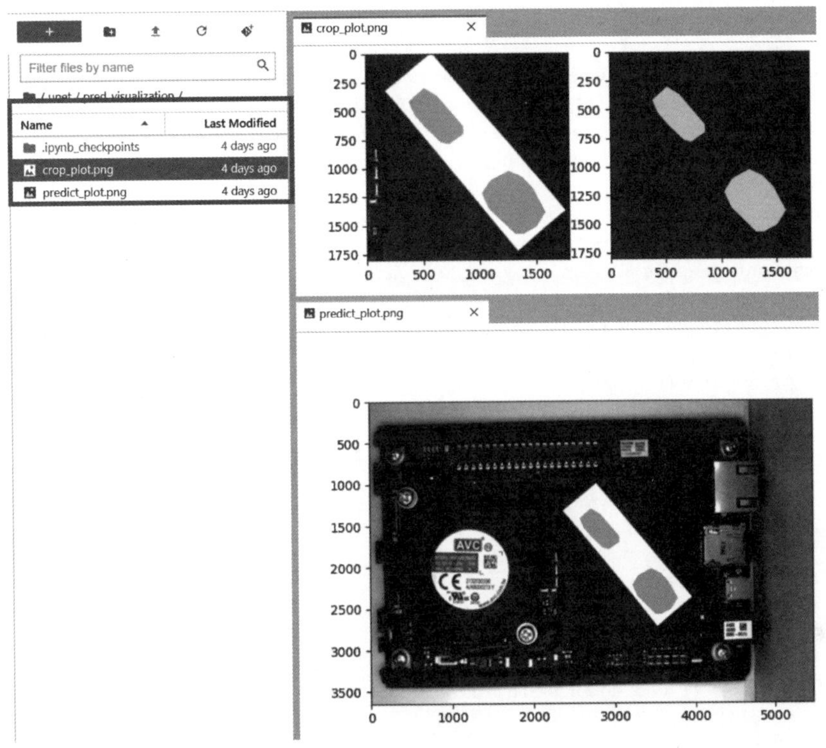

图 3-20 评估结果

d. 考题提供的 export.py 源代码（无挖空）如下：

```
# Copyright 2020 Huawei Technologies Co., Ltd
#
# Licensed under the Apache License, Version 2.0 (the "License");
# you may not use this file except in compliance with the License.
# You may obtain a copy of the License at
#
# http://www.apache.org/licenses/LICENSE-2.0
#
# Unless required by applicable law or agreed to in writing, software
# distributed under the License is distributed on an "AS IS" BASIS,
# WITHOUT WARRANTIES OR CONDITIONS OF ANY KIND, either express or implied.
# See the License for the specific language governing permissions and
# limitations under the License.
# ============================================================================

import argparse
import numpy as np
```

```
from mindspore import Tensor, export, load_checkpoint, load_param_into_net, context

from src.unet_medical.unet_model import UNetMedical
from src.unet_nested import NestedUNet, UNet
from src.config import cfg_unet as cfg
from src.utils import UnetEval

parser = argparse.ArgumentParser(description='unet export')
parser.add_argument("--device_id", type=int, default=0, help="Device id")
parser.add_argument("--batch_size", type=int, default=1, help="batch size")
parser.add_argument("--ckpt_file", type=str, required=True, help="Checkpoint file path.")
parser.add_argument('--width', type=int, default=572, help='input width')
parser.add_argument('--height', type=int, default=572, help='input height')
parser.add_argument("--file_name", type=str, default="unet", help="output file name.")
parser.add_argument('--file_format', type=str, choices=["AIR", "ONNX", "MINDIR"], default='AIR',
                    help='file format')
parser.add_argument("--device_target", type=str, choices=["Ascend", "GPU", "CPU"], default="Ascend",
help="device target")
args = parser.parse_args()

context.set_context(mode=context.GRAPH_MODE, device_target=args.device_target)
if args.device_target == "Ascend":
    context.set_context(device_id=args.device_id)

if __name__ == "__main__":
    if cfg['model'] == 'unet_medical':
        net = UNetMedical(n_channels=cfg['num_channels'], n_classes=cfg['num_classes'])
    elif cfg['model'] == 'unet_nested':
        net = NestedUNet(in_channel=cfg['num_channels'], n_class=cfg['num_classes'],
                         use_deconv=cfg['use_deconv'],use_bn=cfg['use_bn'], use_ds=False)
    elif cfg['model'] == 'unet_simple':
        net = UNet(in_channel=cfg['num_channels'], n_class=cfg['num_classes'])
    else:
        raise ValueError("Unsupported model: {}".format(cfg['model']))
    # return a parameter dict for model
    param_dict = load_checkpoint(args.ckpt_file)
    # load the parameter into net
    load_param_into_net(net, param_dict)
    net = UnetEval(net)
    input_data = Tensor(np.ones([args.batch_size, cfg["num_channels"], args.height,
                        args.width]).astype(np.float32))
    export(net, input_data, file_name=args.file_name, file_format=args.file_format)
```

e. 新建 Notebook，运行如下脚本，将 best.ckpt 文件输出成 AIR 格式的模型文件。

```
!python export.py --ckpt_file="best.ckpt" --width=576 --height=576 --file_name="out_model/unet_
hw960_bs1" --file_format="AIR"
```

f. 图 3-21 所示为 1-4-1loss1 截图，图 3-22 所示为 1-4-2tri_ckpt1 截图，图 3-23 所示为 1-4-3iou1 截图，图 3-24 所示为 1-4-4air1 截图，图 3-25 所示为 1-4-4air2 截图。

```
Epoch 5
-------------------------------
loss: 0.282799  [  0/240]
loss: 0.281536  [100/240]
loss: 0.377464  [200/240]
Test:
 Avg loss: 0.275328

Done!
============== End Training ==============
```

图 3-21　1-4-1loss1 截图

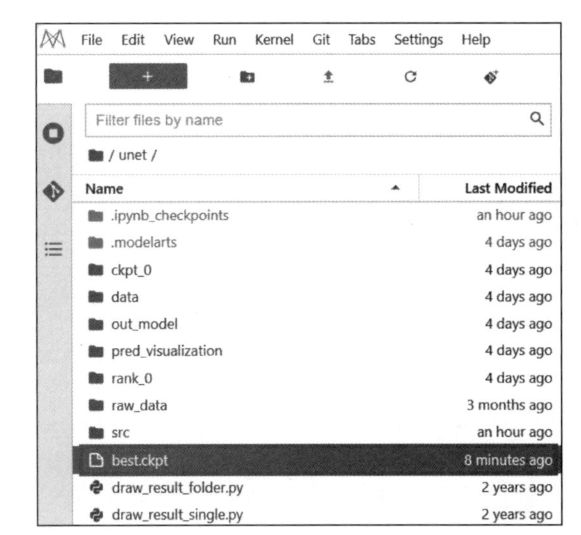

图 3-22　1-4-2tri_ckpt1 截图

```
!python3 eval.py --data_url=./data --ckpt_path=best.ckpt

Testing setting: Namespace(ckpt_path='best.ckpt', data_url='./data')
============== Starting Evaluating ============
img shape:  (1800, 1800, 3) mask shape (1800, 1800)
[WARNING] MD(125301,fffe75f5b1e0,python3):2024-06-12-23:39:56.310.563 [mindspore/ccsrc/minddata/dataset/engin
e/datasetops/source/generator_op.cc:195] operator()] Bad performance attention, it takes more than 25 seconds
to generator.__next__ new row, which might cause `GetNext` timeout problem when sink_mode=True. You can incre
ase the parameter num_parallel_workers in GeneratorDataset / optimize the efficiency of obtaining samples in
the user-defined generator function.
single dice coeff is: 0.9727604621206996, IOU is: 0.946965557934938
single dice coeff is: 0.9738584736748332, IOU is: 0.9490488872060656
single dice coeff is: 0.9727448442796419, IOU is: 0.9469359573060588
single dice coeff is: 0.9735838267667952, IOU is: 0.948527363613155
```

图 3-23　1-4-3iou1 截图

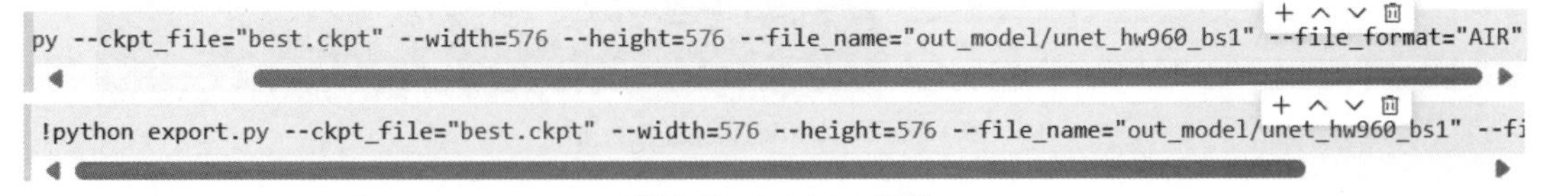

图 3-24　1-4-4air1 截图

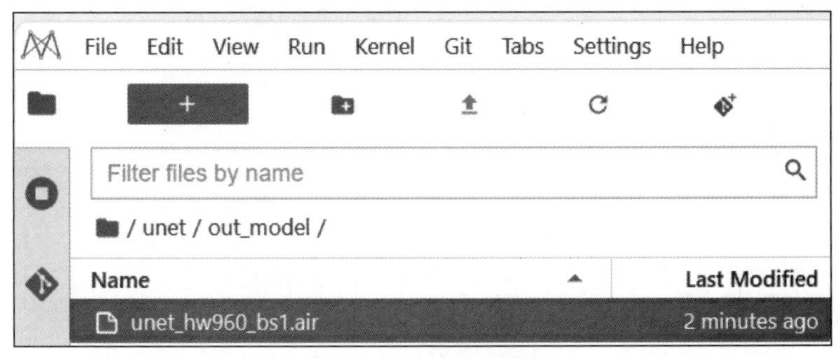

图 3-25　1-4-4air2 截图

任务 2：昇腾模型转换（100 分）

考点 1：将 AIR 模型进行 ATC 转换，生成 OM 文件

要求：

a. 上传 unet_sdk.zip 文件至华为云开发环境下并解压，上传 unet_best.air 至解压后的 unet_sdk/model 文件夹，截图文件管理界面。

b. 在 unet_sdk/model 文件夹下，编辑脚本（air2om.sh）的 ATC 命令（Ascend 310），截图修改后的代码部分。

c. 运行修改后的 air2om.sh 文件，截图运行代码和运行结果。

d. 生成 unet_best.om 文件，截图，下载离线 OM 文件。

结果保存，截图要求：

a. 将 unet_best.air 文件上传到解压后的 unet_sdk/model 文件夹，将截图命名为 2-1-1unet_sdk1。

b. 将 air2om.sh 文件代码部分截图，并将截图命名为 2-1-2sh1。

c. 截图 air2om.sh 运行代码和运行结果，两者均有才算分，将截图分别命名为 2-1-3om1 和 2-1-3om2。

d. 截图 Notebook 左侧完整的文件界面，并将截图命名为 2-1-4om_out1。

【解析】

a. 把 unet_sdk.zip 上传到根目录，打开 Terminal 窗口，执行“unzip unet_sdk.zip”解压文件，如图 3-26 所示，产生 model 目录。如图 3-27 所示，把 AIR 文件从/unet/out_model 目录复制到/model 目录下。

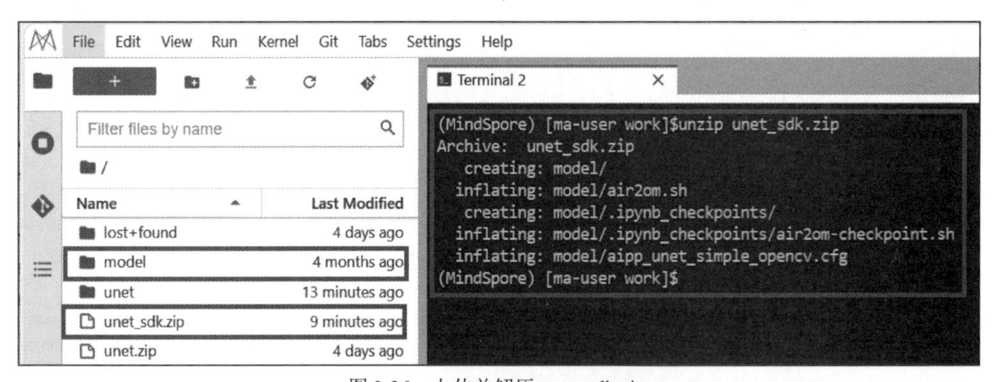

图 3-26　上传并解压 unet_sdk.zip

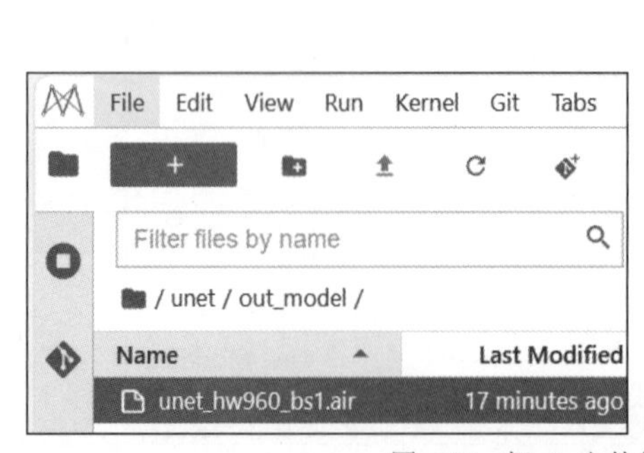

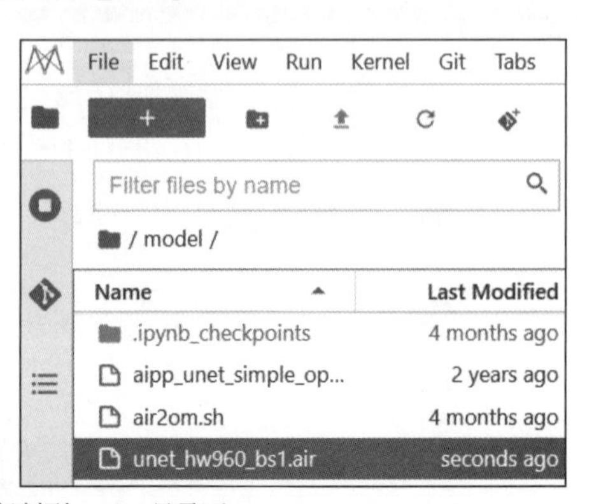

图 3-27　把.air 文件复制到 model 目录下

b. 打开图 3-27 所示的 air2om.sh，考题提供的 air2om.sh 源文件如下：

```
export PATH=/home/ma-user/anaconda3/envs/MindSpore/bin:$PATH
export LD_LIBRARY_PATH=/home/ma-user/anaconda3//envs/MindSpore/lib:$LD_LIBRARY_PATH

atc --framework= \
    --model= \
    --output= \
```

将该文件内容改为：

```
export PATH=/home/ma-user/anaconda3/envs/MindSpore/bin:$PATH
export LD_LIBRARY_PATH=/home/ma-user/anaconda3//envs/MindSpore/lib:$LD_LIBRARY_PATH
atc --framework=1 \
    --model=unet_hw960_bs1.air \
    --output=unet_best \
    --insert_op_conf=./aipp_unet_simple_opencv.cfg \
    --input_format=NCHW \
    --soc_version=Ascend310 \
    --log=error
```

c. 打开 Terminal 窗口，进入/model 目录，执行“bash air2om.sh”命令，把 AIR 文件转为 OM 文件，如图 3-28 所示。

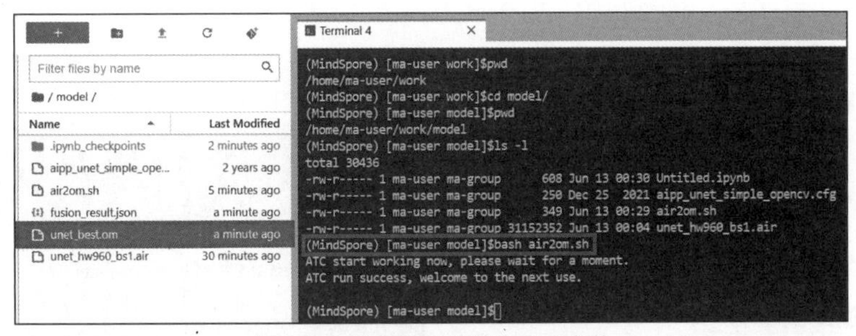

图 3-28 把 AIR 文件转为 OM 文件

d. 在图 3-28 中，可以看到“unet_best.om”已经产生，右击该文件，在弹出的快捷菜单中选择“Download”，把生成的 unet_best.om 文件下载到本地。

e. 图 3-29 所示为 2-1-1unet_sdk1 截图，图 3-30 所示为 2-1-2sh1 截图，图 3-31 所示为 2-1-3om1 截图和 2-1-3om2 截图，图 3-32 所示为 2-1-4om_out1 截图。

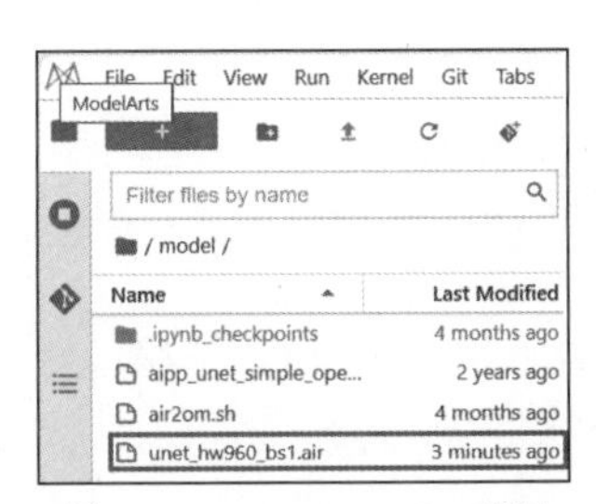

图 3-29 2-1-1unet_sdk1 截图

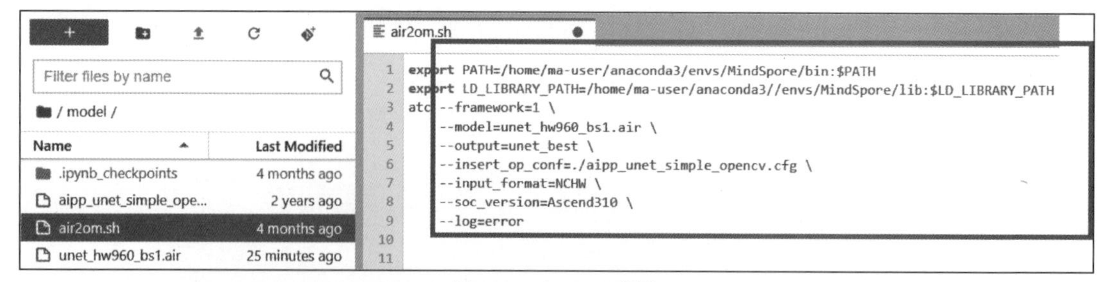

图 3-30　2-1-2sh1 截图

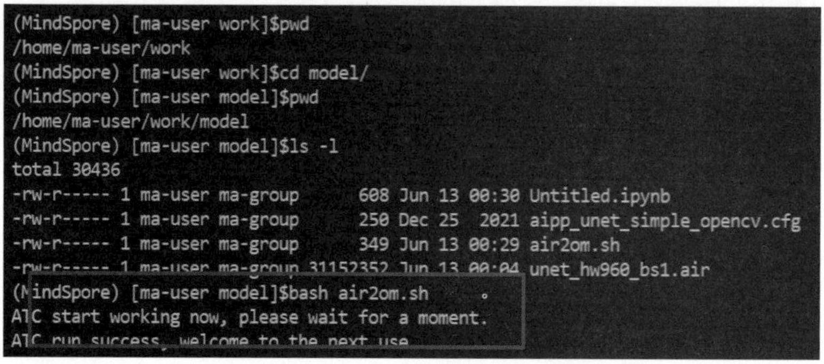

```
(MindSpore) [ma-user work]$pwd
/home/ma-user/work
(MindSpore) [ma-user work]$cd model/
(MindSpore) [ma-user model]$pwd
/home/ma-user/work/model
(MindSpore) [ma-user model]$ls -l
total 30436
-rw-r----- 1 ma-user ma-group      608 Jun 13 00:30 Untitled.ipynb
-rw-r----- 1 ma-user ma-group      250 Dec 25  2021 aipp_unet_simple_opencv.cfg
-rw-r----- 1 ma-user ma-group      349 Jun 13 00:29 air2om.sh
-rw-r----- 1 ma-user ma-group 31152352 Jun 13 00:04 unet_hw960_bs1.air
(MindSpore) [ma-user model]$bash air2om.sh
ATC start working now, please wait for a moment.
ATC run success, welcome to the next use.
```

图 3-31　2-1-3om1 截图 和 2-1-3om2 截图

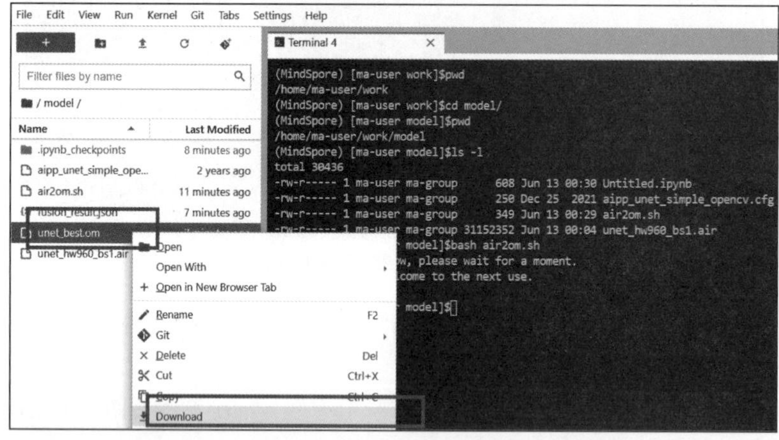

图 3-32　2-1-4om_out1 截图

任务 3：Atlas 200I DK A2 开发板调试（100 分）

环境：23.0.RC2_ubuntu22.04，CANN 6.2.RC2

考点 1：连接启动开发者套件，截图为准

要求：

a. 用 Type-C 或网线连接启动开发者套件，截图 PC 连接设置的界面。

b. 通过 SSH 连接开发板，使用 root 用户名和登录密码（默认为 Mind@123）登录开发者套件，将 SSH 设置和连接成功的界面截图。

结果保存，截图要求：

a. 截图 PC 连接设置的界面，如果使用网线连接，截图 PC 接口 IP 地址界面图。如果使用 Type-C 接口连接，截图 RNDIS 驱动正常显示界面和 PC 接口 IP 地址界面图，并将截图分别命名为 3-1-1IP-1 和 3-1-1IP-2。

b. 将使用 MobaXterm 通过 SSH 连接好的开发板编辑界面截图，显示昇腾开发板界面方可得分，并将截图命名为 3-1-2atlas_y1。

【解析】

a. 用户手册参见 https://www.hiascend.com/hardware/developer-kit-a2 。Atlas 200I DK A2 开发板的外观如图 3-33 所示。

b. 本例通过 Type-C 数据线连接开发板。请确保开发者套件的拨码开关 2、3、4（开关 1 为预留开关，当前无功能）的开关值设置如图 3-34 所示，否则将无法从 SD 读取镜像启动开发者套件。

图 3-33　Atlas 200I DK A2 开发板的外观

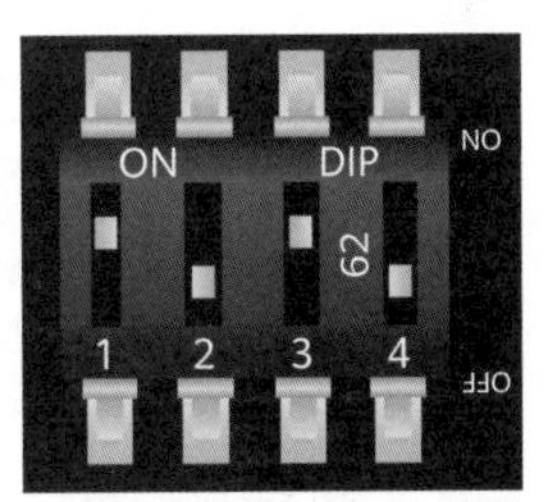

图 3-34　拨码开关 2、3、4 的开关值设置

c. 连接方式如图 3-35 所示。

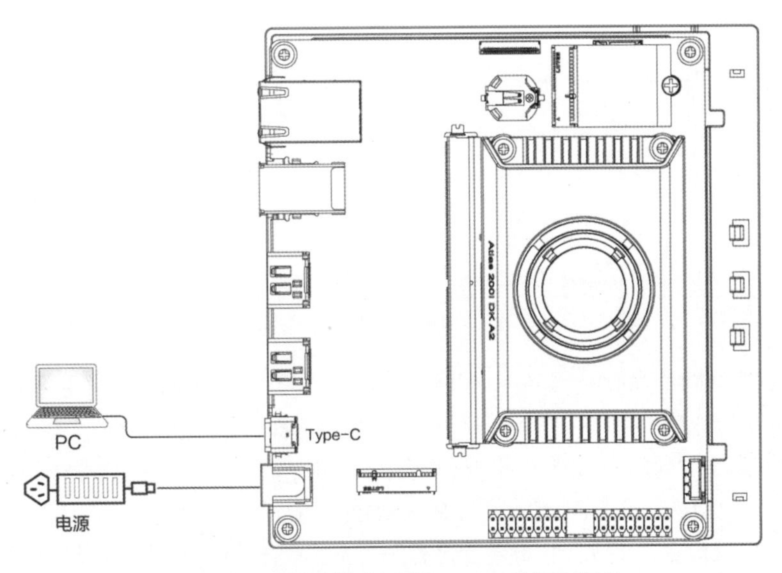

图 3-35　远程登录模式（通过 Type-C 数据线连接）

d. 本考题中，开发板已经有镜像，可以直接上电。开发板上电后，D3、LED1、LED3 指示灯会依次变为绿色常亮状态，表示开发者套件正常启动，如图 3-36 所示。等待约 1 分钟即可远程登录。

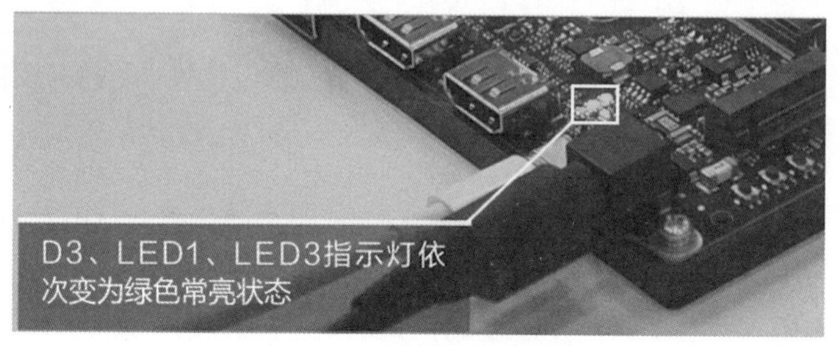

图 3-36　开发者套件正常启动

e. 在 PC 上右击“此电脑”，选择“更多”→“管理”，打开“计算机管理”窗口。在“计算机管理”窗口中选择“设备管理器→其他设备”，如图 3-37 所示，RNDIS 处于未识别状态。

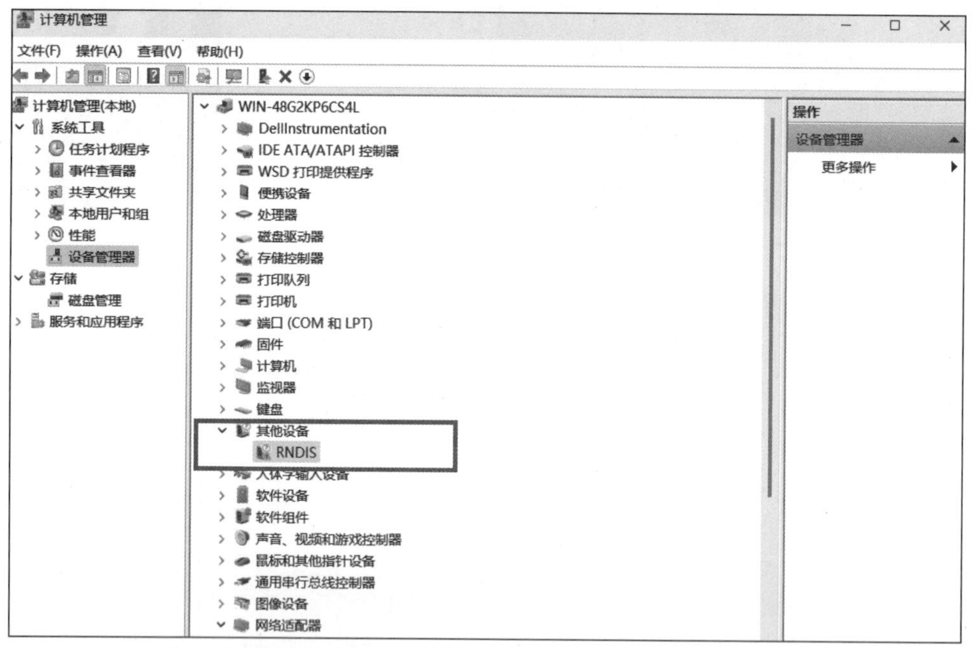

图 3-37　RNDIS 处于未识别状态（3-1-1IP-1 截图）

f. 右击“RNDIS”，在弹出的快捷菜单中选择“更新驱动程序”。在弹出的“更新驱动程序 - RNDIS”对话框中选择“浏览我的计算机以查找驱动程序软件”，然后选择“让我从计算机上的可用驱动程序列表中选取”。在“常见硬件类型”列表中选择“网络适配器”，单击“下一页”。在“选择要为此硬件安装的设备驱动程序”界面中选择“Microsoft”厂商的“USB RNDIS6 适配器”。单击“下一页”，在弹出的“更新驱动程序警告”对话框中选择“是”。返回到“设备管理器”→“网络适配器”，可看到已经正常显示 USB RNDIS6 适配器的驱动，如图 3-38 所示。

计算机管理(本地)
系统工具
任务计划程序
事件查看器
共享文件夹
本地用户和组
性能
设备管理器
存储
磁盘管理
服务和应用程序
监视器
键盘
人体学输入设备
软件设备
软件组件
声音、视频和游戏控制器
鼠标和其他指针设备
通用串行总线控制器
图像设备
网络适配器
Intel(R) Ethernet Connection (3) I219-LM
Intel(R) I210 Gigabit Network Connection
USB RNDIS6 适配器

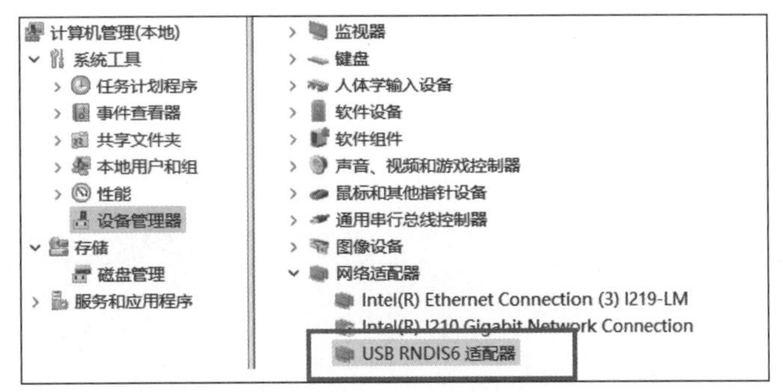

图 3-38 已经正常显示 USB RNDIS6 适配器的驱动

g. 配置 PC 接口 IP 地址。在“控制面板\网络和 Internet\网络连接”里找到 USB RNDIS6 适配器，配置 IP 地址为 192.168.0.100/255.255.255.0，如图 3-39 所示，并测试本地计算机和开发板 192.168.0.2 能否正常通信，结果如图 3-40 所示。

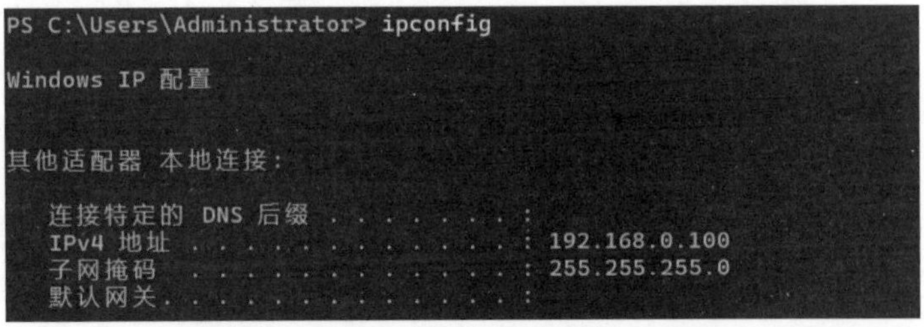

PS C:\Users\Administrator> ipconfig
Windows IP 配置
其他适配器 本地连接:
连接特定的 DNS 后缀 . . . . :
IPv4 地址 . . . . : 192.168.0.100
子网掩码 . . . . : 255.255.255.0
默认网关. . . . . :

图 3-39 配置 USB RNDIS6 适配器的 IP 地址

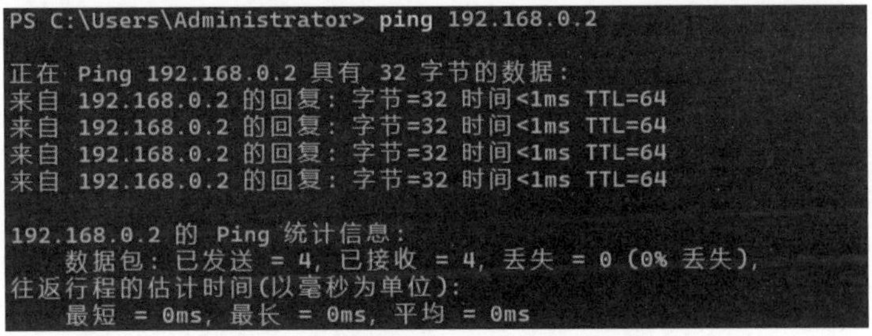

PS C:\Users\Administrator> ping 192.168.0.2
正在 Ping 192.168.0.2 具有 32 字节的数据:
来自 192.168.0.2 的回复: 字节=32 时间<1ms TTL=64
来自 192.168.0.2 的回复: 字节=32 时间<1ms TTL=64
来自 192.168.0.2 的回复: 字节=32 时间<1ms TTL=64
来自 192.168.0.2 的回复: 字节=32 时间<1ms TTL=64
192.168.0.2 的 Ping 统计信息:
数据包: 已发送 = 4, 已接收 = 4, 丢失 = 0 (0% 丢失),
往返行程的估计时间(以毫秒为单位):
最短 = 0ms, 最长 = 0ms, 平均 = 0ms

图 3-40 本地计算机和开发板能正常通信

h. 从 https://mobaxterm.mobatek.net/download.html 下载 MobaXterm，进行安装（全部采用默认选项）并启动。

i. 单击图 3-41 的“Session”进入界面。单击左上方的“SSH”进入 SSH 连接配置界面。填写开发者套件连接 PC 接口的实际 IP 地址（192.168.0.2），勾选“Specify username”选项，填写用户名（以 root 为例）。单击“OK”按钮。在首次连接开发者套件时，SSH 工具提示是否信任连接的设备，单击“Accept”。进入远程登录界面后，使用 root 用户名和登录密码（默认为 Mind@123）登录开发者套件，请不要修改默认密码。SSH 工具界面会出现保存密码提示，可以单击“Cancel”，不保存密码直接登录开发者套件。成功连接开发板，如图 3-41 所示。

j. 图 3-37 所示为 3-1-1IP-1 截图，图 3-42 所示为 3-1-1IP-2 截图，图 3-41 所示为 3-1-2atlas_y1 截图。

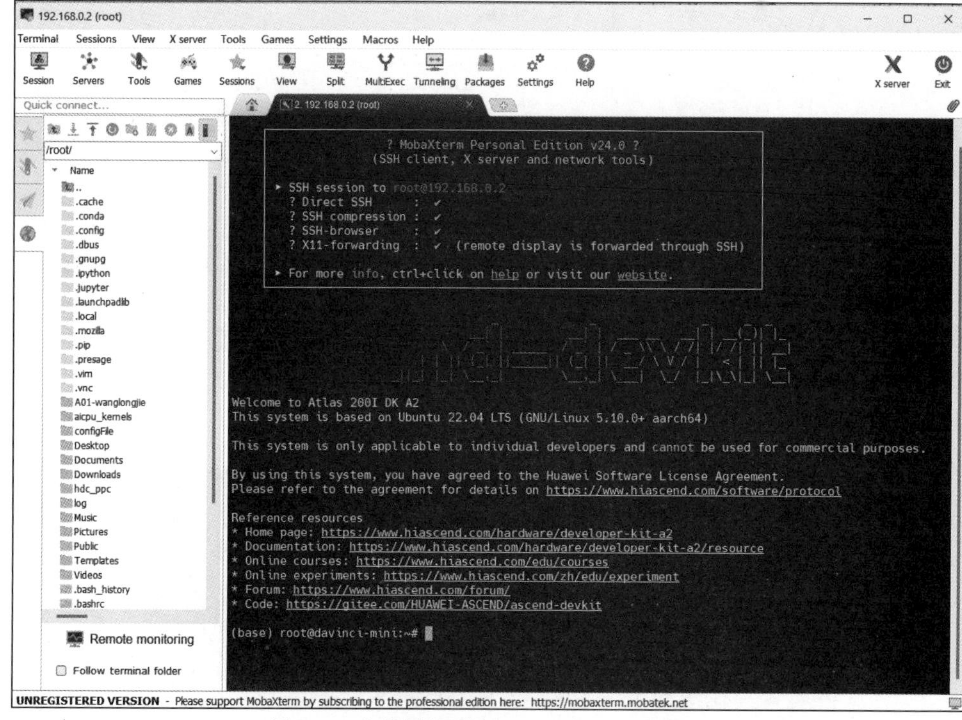

图 3-41　成功连接开发板（3-1-2atlas_y1 截图）

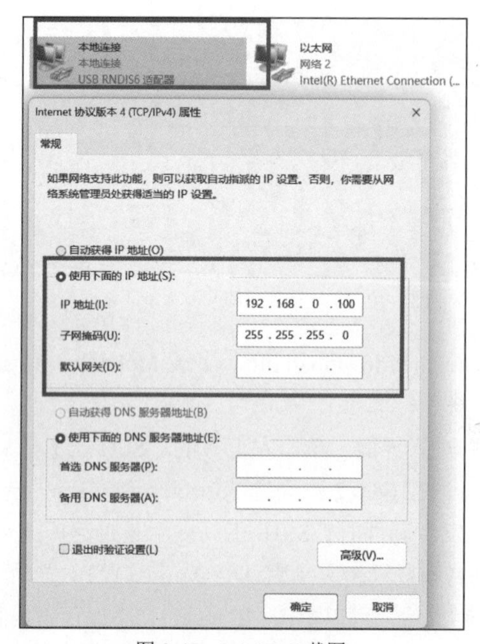

图 3-42　3-1-1IP-2 截图

考点 2：将开发板中内置的卡通图像生成跑通并截图（指定图片）

要求：

a. 打开 Atlas 中 Jupyter 的图形界面，文件位置在内置算法侧，截图。

b. 将开发板中内置的卡通图像生成跑通并截图（指定图片），截图。

结果保存，截图要求：

a. 截图整个 Jupyter 界面，否则不算分。将截图命名为 3-2-1atlas_cartoon1。

b. 修改输入图片，成功运行内置卡通图像生成代码并将结果截图，命名为 3-2-2atlas_cartoon2。

【解析】

a. 为方便新手开发者进行应用开发和程序运行，镜像中已包含 JupyterLab 软件（可视化代码演示、数据分析工具）可为用户提供一个图形化操作界面。以下以 ResNet50 为样例。

b. 使用“cd /home/HwHiAiUser/samples/notebooks”命令进入 notebooks 目录。修改 Jupyter Lab 启动脚本（start_notebook.sh）中 JupyterLab 的启动 IP 地址，本例的 IP 地址为 192.168.0.2。start_notebook.sh 内容如下：

```
export PYTHONPATH=/usr/local/Ascend/thirdpart/aarch64/acllite:$PYTHONPATH

if [ $# -eq 1 ];then
    jupyter lab --ip $1 --allow-root --no-browser
else
    jupyter lab --ip 192.168.0.2 --allow-root --no-browser
fi
```

c. 执行“./start_notebook.sh”命令启动 JupyterLab。系统回显类似以下信息，表示 JupyterLab 已正常运行，如下：

```
[I 2024-06-13 17:55:41.689 ServerApp] Package jupyterlab took 0.0001s to import
[I 2024-06-13 17:55:41.753 ServerApp] Package jupyter_lsp took 0.0620s to import
[W 2024-06-13 17:55:41.754 ServerApp] A '_jupyter_server_extension_points' function was not found in jupyter_lsp. Instead, a '_jupyter_server_extension_paths' function was found
and will be used for now. This function name will be deprecated in future releases of Jupyter Server.
......（省略）......
[I 2024-06-13 17:55:59.901 ServerApp] Serving notebooks from local directory: /home/HwHiAiUser/samples/notebooks
0 active kernels
Jupyter Server 2.5.0 is running at:
http://192.168.0.2:8888/lab?token=fc443a1b945caca7e884374b122c17c05487c26d521e5858
http://127.0.0.1:8888/lab?token=fc443a1b945caca7e884374b122c17c05487c26d521e5858
```

d. 在计算机上的浏览器的地址栏中输入链接“http://192.168.0.2:8888/lab?token=fc443a1b945caca7e884374b122c17c05487c26d521e5858”并按 Enter 键，成功启动 Jupyter，如图 3-43 所示。

e. 在 Jupyter 上查看原始图片（img.jpg），如图 3-44 所示。

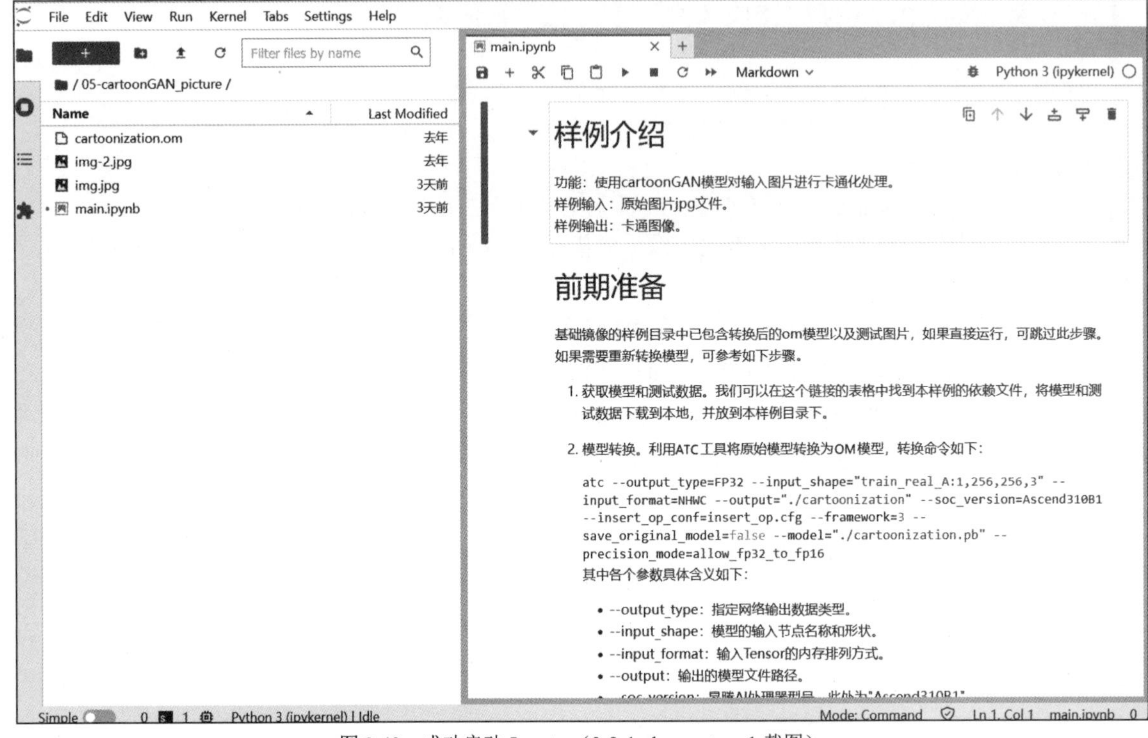

图 3-43　成功启动 Jupyter（3-2-1atlas_cartoon1 截图）

图 3-44　在 Jupyter 上查看原始图片

f. 在 JupyterLab 可视化界面左侧样例目录中双击“/05-cartoonGAN_picture/”。双击打开“main.ipynb”脚本，进入样例运行页面。单击⏩按钮运行样例，界面提示重启 JupyterLab 内核，单击“Restart”。样例运行结果如图 3-45 所示。

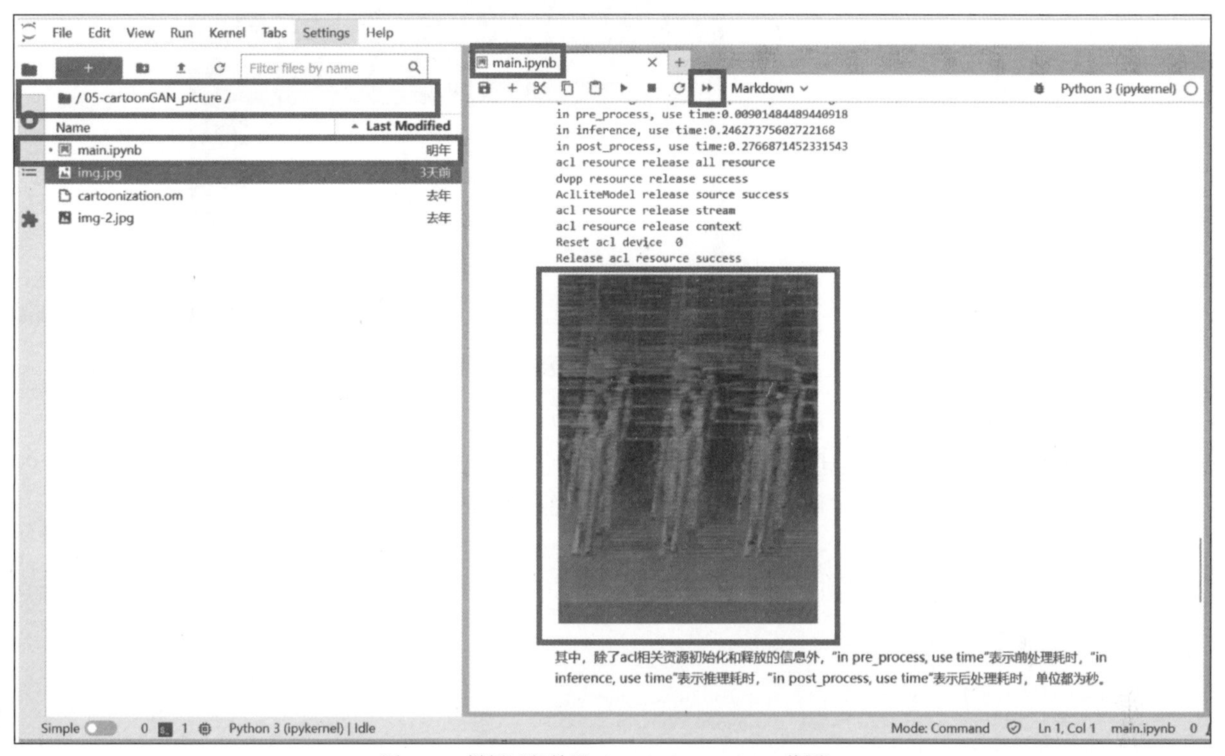

图 3-45 样例运行结果（3-2-2atlas_cartoon2 截图）

g. 图 3-43 所示为 3-2-1atlas_cartoon1 截图，图 3-45 所示为 3-2-2atlas_cartoon2 截图。

任务 4：模型推理（300 分）

考点 1：将云端训练好的权重复制至开发板中

要求：

a. 在开发板/root 路径下创建文件夹，命名为 A01。将本地压缩包 unet_cann.zip 上传至 A01 文件夹下并解压，上传 unet_best.om 文件到解压文件夹路径下。

结果保存，截图要求：

a. 截图 MobaXterm 软件整个界面，显示/root/A01/unet_cann/unet_best.om，否则不算分。将截图命名为 4-1-1atlas_om1。

【解析】

a. 如图 3-46 所示，在 MobaXterm 中，切换到/root 目录，创建文件夹 A01。创建后，单击图标刷新一下。

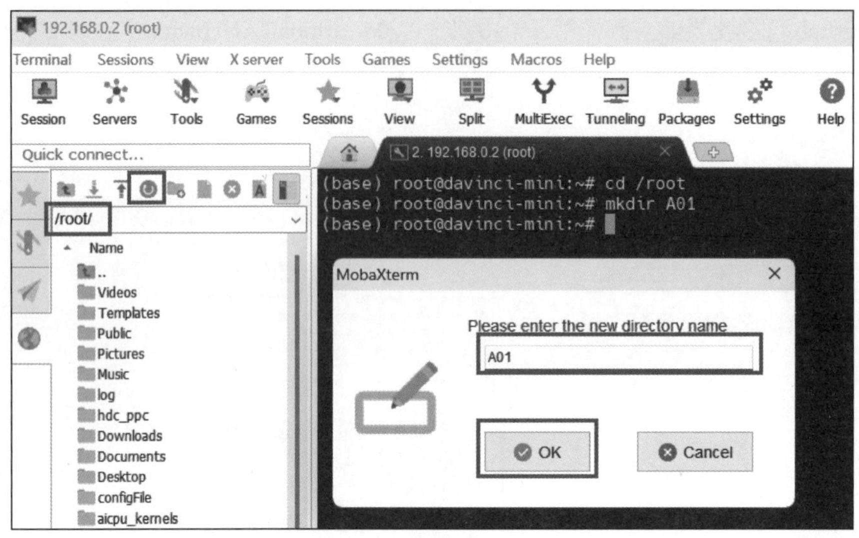

图 3-46　创建文件夹 A01

b. 在 MobaXterm 中将本地压缩包 unet_cann.zip 上传至 A01 文件夹下。使用如下命令将上传的 unet_cann.zip 中的文件解压到该文件夹路径下，结果如图 3-47 所示。

```
(base) root@davinci-mini:~# cd /root/A01
(base) root@davinci-mini:~/A01# pwd
/root/A01
(base) root@davinci-mini:~/A01# ls -l
total 14492
-rw-r--r-- 1 root root 14837632 Jun 13 20:11 unet_cann.zip
(base) root@davinci-mini:~/A01# unzip unet_cann.zip
Archive:  unet_cann.zip
creating: unet_cann/
inflating: unet_cann/image.png
inflating: unet_cann/main.py
inflating: unet_cann/mask.png
```

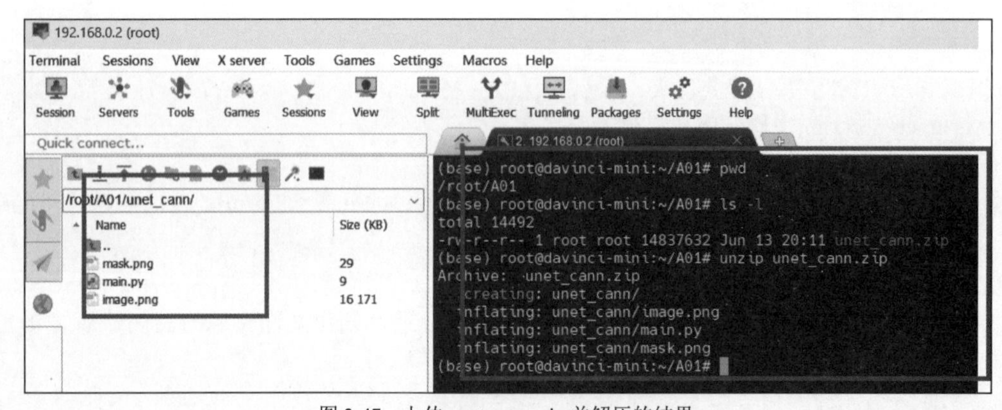

图 3-47　上传 unet_cann.zip 并解压的结果

c. 如图 3-48 所示，点击上传按钮上传 unet_best.om 文件到解压文件夹路径下。

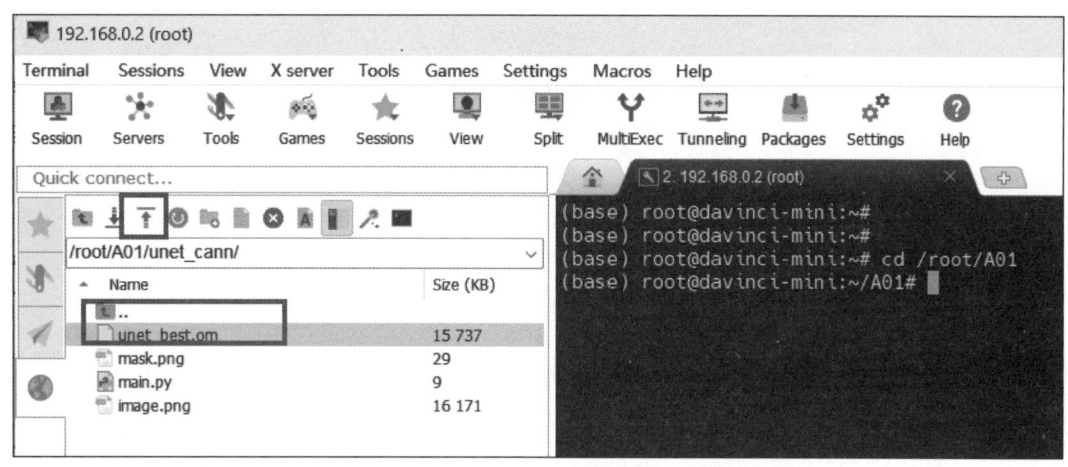

图 3-48　上传 unet_best.om 文件到解压文件夹路径下（4-1-1atlas_om1 截图）

d. 图 3-48 所示为 4-1-1atlas_om1 截图。

考点 2：基于 Python 语言调用 AscendCL 进行应用开发

要求：

a. 修改基于 CANN 的推理文件（main.py），将补全初始化代码部分截图。

b. 补全 AscendCL 初始化部分，指定运算设备，创建 Context、Stream，并截图。

c. 补全用 AscendCL 加载离线模型部分并截图。

d. 补全前处理部分并截图。

e. 补全用 AscendCL 创建输入数据部分并截图。

f. 使用 AscendCL，根据模型输出个数，计算输出内存大小，分配内存，创建 buffer，将 buffer 添加到输出数据中，并设计判断错误释放内存指令，补全代码后截图。

结果保存，截图要求：

a. 截图推理脚本 main.py 需要补全的区域第 1 部分，否则不算分。将截图命名为 4-2-1main。

b. 截图推理脚本 main.py 需要补全的区域第 2 部分，否则不算分。将截图命名为 4-2-2main。

c. 截图推理脚本 main.py 需要补全的区域第 3 部分，否则不算分。将截图命名为 4-2-3main。

d. 截图推理脚本 main.py 需要补全的区域第 4 部分，否则不算分。将截图命名为 4-2-4main。

e. 截图推理脚本 main.py 需要补全的区域第 5 部分，否则不算分。将截图命名为 4-2-5main。

f. 截图推理脚本 main.py 需要补全的区域第 6 部分，否则不算分。将截图命名为 4-2-6main。

【解析】

当将云端训练好的模型复制到开发板后，我们使用 AscendCL 在端侧实现模型推理。AscendCL 是一套用于在昇腾系列处理器上进行加速计算的 API，它同时提供了 C/C++和 Python 编程接口。本次实验我们采用 Python 接口实现模型推理。图 3-49 给出了 AscendCL Python 接口的模型推理整体流程。

从图 3-49 可知，模型推理整体流程分为以下步骤。

- AscendCL 初始化：初始化整个 AscendCL 运行时环境，使用 acl.init 函数。

图 3-49　AscendCL Python 接口的模型推理整体流程

- 运行管理资源申请：根据运算需求，依照 Device、Context、Stream 的顺序申请运行管理资源。其中，Device 用于设定模型推理所使用的设备，Context 用于管理 Device 设定的设备上申请的各类运行资源，Stream 则用于确保 Device 上异步操作的执行顺序。三者的具体功能如表 3-4 所示，彼此之间的关系如图 3-50 所示。
- 模型加载：加载已经学习好的深度学习模型，使用 acl.mdl.load_from_file 函数。
- 模型推理：给定输入数据，运用深度学习模型完成数据推理，使用 acl.mdl.execute 函数。需要注意的是，在模型推理之前，需要对输入数据进行预处理，并为模型的输入输出分配显存空间。
- 模型卸载：卸载模型占用的显存/内存资源。
- 运行管理资源释放：与“运行管理资源申请”步骤相反，释放相关资源。
- AscendCL 去初始化：对整个运行时环境去初始化，使用 acl.finalize 函数。

表 3-4　Device、Context 和 Stream 的具体功能

概念	描述
Device	用户指定计算设备，生命周期始于首次调用 acl.rt.set_device 接口。 每次调用 acl.rt.set_device 接口，系统会进行引用计数加 1；调用 acl.rt.reset_device 接口，系统会进行引用计数减 1。当引用计数减为 0 时，在本进程中 Device 上的资源不可用
Context	Context 在 Device 下，一个 Context 一定属于一个唯一的 Device。 Context 分为隐式创建和显式创建。 Context 与用户线程绑定，一个用户线程对应一个 Context，可调用 acl.t.set_context 接口绑定。隐式创建的 Context 不需要调用 acl.rt.set_context 接口绑定。 进程内的 Context 是共享的，可以通过 acl.rt.set_context 进行切换
Stream	Device 上的执行流，在同一个 Stream 中的操作执行严格保序；Stream 分隐式为创建和显式创建；每个 Context 都会包含一个默认 Stream，这属于隐式创建，隐式创建的 Stream 生命周期同归属的 Context。 用户可以显式创建 Stream，显式创建的 Stream 生命周期始于调用 acl.rt.create_stream 接口，终结于调用 acl.rt.destroy_stream 接口。显式创建的 Stream 归属的 Context 被销毁或生命周期结束后，会影响该 Stream 的使用，虽然此时 Stream 没有被销毁，但不可再用

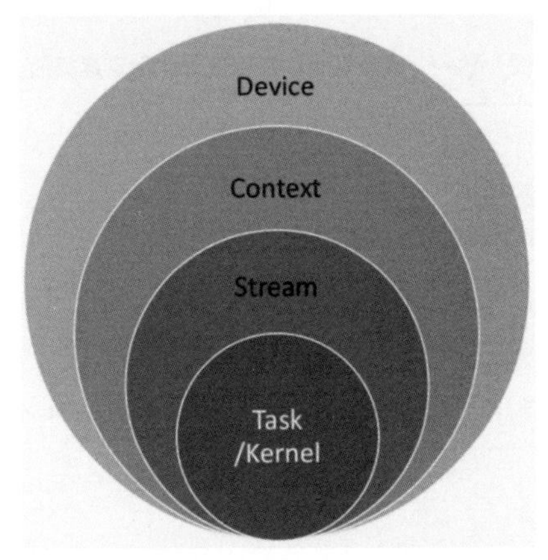

图 3-50 Device、Context 和 Stream 的关系

a. 考题提供的 main.py 源文件如下：

```
#!/usr/bin/python
# -*- coding: utf-8 -*-

import cv2  # 图片处理第三方库，用于对图片进行前后处理
import numpy as np  # 用于对多维数组进行计算
from albumentations.augmentations import transforms  # 数据增强库，用于对图片进行变换

import acl  # 推理文件库


def sigmoid(x):
    y = 1.0 / (1 + np.exp(-x))  # 对矩阵的每个元素执行 1/(1+e^(-x))
    return y

def plot_mask(img, msk):
    """ 将推理得到的 mask 覆盖到原图上 """
    msk = msk + 0.5  # 将像素值范围变换到 0.5～1.5, 有利于下面的转换为二值图的操作
    msk = cv2.resize(msk, (img.shape[1], img.shape[0]))  # 将 mask 缩放到原图大小
    msk = np.array(msk, np.uint8)  # 转换为二值图, 只包含 0 和 1

    # 从 mask 中找到轮廓线，其中，第二个参数为轮廓检测的模式，第三个参数为轮廓的近似方法
    # cv2.RETR_EXTERNAL 表示只检测外轮廓，cv2.CHAIN_APPROX_SIMPLE 表示压缩水平方向、
    # 垂直方向、对角线方向的元素，只保留该方向的终点坐标， 例如一个矩形轮廓只需要 4 个点来保存轮廓信息
    # contours 为返回的轮廓（列表）
    contours, _ = cv2.findContours(msk, cv2.RETR_EXTERNAL, cv2.CHAIN_APPROX_SIMPLE)

    # 在原图上画出轮廓，其中，img 为原图，contours 为检测到的轮廓列表
    # 第三个参数表示绘制 contours 中的哪条轮廓，-1 表示绘制所有轮廓
    # 第四个参数表示颜色，（0, 0, 255）表示红色；第五个参数表示轮廓线的宽度
    cv2.drawContours(img, contours, -1, (0, 0, 255), 1)

    # 将轮廓线以内（即分割区域）覆盖上一层红色
    img[..., 2] = np.where(msk == 1, 255, img[..., 2])

    return img
```

```
###1. 补全该处代码，初始化变量，包括图片输入、模型路径、类别数量、指定运算的 Device
#--------------------****************--------------------
# 初始化变量
pic_input = '      '  # 单张图片
model_path = "      "  # 模型路径
num_class =      # 类别数量, 需要根据模型结构、任务类别进行改变
device_id =      # 指定运算的 Device
#--------------------****************--------------------

print("init resource stage:")
###2. 补全该处代码，AscendCL 初始化部分，指定运算的 Device，创建 Context、Stream
#--------------------****************--------------------
# AscendCL 初始化
ret =
ret =        # 指定运算的 Device
context, ret =          # 显式创建一个 Context，用于管理 Stream 对象
stream, ret =         # 显式创建一个 Stream，用于维护一些异步操作的执行顺序，确保按照应用程序中的代码调用顺序执行任务
#--------------------****************--------------------

print("Init resource success")
###3. 补全该处代码，用 AscendCL 加载离线模型，初始化模型信息，获取模型的描述信息
#--------------------****************--------------------
# 加载模型
model_id, ret =          # 加载离线模型，返回标识模型的 ID
model_desc =         # 初始化模型信息，包括模型输入个数、输入维度、输出个数、输出维度等信息
ret =           # 根据加载成功的模型的 ID，获取该模型的描述信息
#--------------------****************--------------------

print("Init model resource success")
###4. 补全该处代码，前处理部分，用 OpenCV 读取图片，进行图像缩放、标准化、通道转换
#--------------------****************--------------------
img_bgr = cv2.imread()  # 读取图片
img =            # 将原图缩放到 576×576 大小
img =          # 将像素值标准化（减去均值除以方差）
img = img.xxx('float32') / 255  # 将像素值缩放到 0～1 范围内
img = img.xxx(2, 0, 1)  # 将形状转换为 channel first (3, 96, 96)
#--------------------****************--------------------


# 准备输入数据集
input_list = [img, ]  # 初始化输入数据列表
input_num = acl.mdl.get_num_inputs(model_desc)  # 得到模型输入个数

###5. 补全该处代码，创建输入数据
#--------------------****************--------------------
input_dataset =       # 创建输入数据
#--------------------****************--------------------

for i in range(input_num):
    input_data = input_list[i]  # 得到每个输入数据

    # 得到每个输入数据流的指针(input_ptr)和所占字节数(size)
    size = input_data.size * input_data.itemsize  # 得到所占字节数
    bytes_data=input_data.tobytes()  # 将每个输入数据转换为字节流
    input_ptr=acl.util.bytes_to_ptr(bytes_data)  # 得到输入数据流的指针
```

```
    model_size = acl.mdl.get_input_size_by_index(model_desc, i)  # 从模型信息中得到输入所占字节数
    # if size != model_size:  # 判断所分配的内存是否和模型的输入大小相符
    #    print(" Input[%d] size: %d not equal om size: %d" % (i, size, model_size) + ", may cause inference
             result error, please check model input")

    dataset_buffer = acl.create_data_buffer(input_ptr, size)  # 为每个输入创建 buffer
    _, ret = acl.mdl.add_dataset_buffer(input_dataset, dataset_buffer)  # 将每个 buffer 添加到输入数据中
print("Create model input dataset success")


# 准备输出数据集
output_size = acl.mdl.get_num_outputs(model_desc)  # 得到模型输出个数
output_dataset = acl.mdl.create_dataset()  # 创建输出数据
```

###6. 补全该处代码，根据模型输出个数计算输出内存大小、分配内存、创建 buffer、将 buffer 添加到输出数据中，并设计判断错误
 # 释放内存指令

```
#--------------------*****************--------------------
for i in range(output_size):
    size = acl.mdl.xxxxx(model_desc, i)  # 得到每个输出所占内存大小
    buf, ret = acl.rt.xxx(size, 2)  # 在 Host 端为输出分配内存
    dataset_buffer = acl.xxx(buf, size)  # 为每个输出创建 buffer
    _, ret = acl.mdl.xxx(output_dataset, dataset_buffer)  # 将每个 buffer 添加到输出数据中

    if ret:  # 若分配出现错误，则释放内存
          acl.rt.free(buf)
          acl.destroy_data_buffer(dataset_buffer)
#--------------------*****************--------------------
print("Create model output dataset success")
```

###7. 补全该处代码，使用 acl 命令推理得到输出，并将结果写入 output_dataset 中

```
#--------------------*****************--------------------
# 模型推理，得到的输出将写入 output_dataset 中
ret = acl.xxx(model_id, input_dataset, output_dataset)

#--------------------*****************--------------------


# 解析 output_dataset，得到模型输出列表
model_output = [] # 模型输出列表
for i in range(output_size):
    buf = acl.mdl.get_dataset_buffer(output_dataset, i)  # 获取每个输出 buffer
    data_addr = acl.get_data_buffer_addr(buf)  # 获取输出 buffer 的地址
    size = int(acl.get_data_buffer_size(buf))  # 获取输出 buffer 的字节数
    byte_data = acl.util.ptr_to_bytes(data_addr, size)  # 将指针转为字节流数据
    dims = tuple(acl.mdl.get_output_dims(model_desc, i)[0]["dims"])  # 从模型信息中得到每个输出的维度信息
    # 将 output_data 以流的形式读入转化成 ndarray 对象
    output_data = np.frombuffer(byte_data, dtype=np.float32).reshape(dims)
    model_output.append(output_data) # 添加到模型输出列表


x0 = 2200  # w:2200~4000; h:1000~2800
y0 = 1000
x1 = 4000
y1 = 2800
```

```
ori_w = x1 - x0
ori_h = y1 - y0


###8. 补全该处代码，定义_process_mask 函数，通过传入 mask_path，使用 OpenCV 读取 mask 图片
#--------------------***************---------------------
def _process_mask(mask_path):
    # 手动裁剪
    mask = cv2.imread(  ,  )
    # [y0:y1, x0:x1]
    return mask[y0:y1, x0:x1]

#--------------------***************---------------------
###9. 补全该处代码，取出模型推理结果，推理形状为 (batchsize, num_class, height, width)，读取 mask 数据，将处理后的输出画在原图上
#--------------------***************---------------------
# 后处理
model_out_msk = model_output[x]  # 取出模型推理结果，推理形状为 (1, 1, 96, 96)，即 (batchsize, num_class, height, width)
model_out_msk =  _process_mask()  # 抠图后的 shape、hw
# model_out_msk = sigmoid(model_out_msk[0][0])  # 将模型输出变换到 0～1 范围内
img_to_save = plot_mask()  # 将处理后的输出画在原图上，并返回
#--------------------***************---------------------

# 保存图片到文件
cv2.imwrite('result.png', img_to_save)

###10. 补全该处代码，释放输出资源，包括数据结构和内存，获取输出个数，获取每个输出 buffer，获取每个 buffer 的地址，手动
# 释放 acl.rt.malloc 所分配的内存，销毁每个输出 buffer，销毁输出数据
#--------------------***************---------------------
# 释放输出资源，包括数据结构和内存
num = acl.xxxx(output_dataset)  # 获取输出个数
for i in range(num):
    data_buf = acl.xxx(output_dataset, i)   # 获取每个输出 buffer
    if  data_buf:
      data_addr =        # 获取 buffer 的地址
      acl.xxx(data_addr)  # 手动释放 acl.rt.malloc 所分配的内存
      ret = acl.xxx(data_buf)  # 销毁每个输出 buffer（销毁 aclDataBuffer 类型的数据）
ret = acl.xxx()  # 销毁输出数据（销毁 aclmdlDataset 类型的数据）
#--------------------***************---------------------

# 卸载模型
if model_id:
    ret = acl.mdl.unload(model_id)

# 释放模型描述信息
if model_desc:
    ret = acl.mdl.destroy_desc(model_desc)

# 释放 Stream
if stream:
    ret = acl.rt.destroy_stream(stream)

# 释放 Context
if context:
    ret = acl.rt.destroy_context(context)

# 释放 Device
```

```
acl.rt.reset_device(device_id)
acl.finalize()
print("Release acl resource success")
```

b. 补全后的 main.py 文件如下：

```
......（省略）......

###1. 补全该处代码，初始化变量，包括图片输入、模型路径、类别数量、指定运算的 Device
#--------------------****************---------------------
# 初始化变量
pic_input = 'image.png'  # 待预测的图像名称
model_path = "unet_best.om"  # 模型路径
num_class = 1  # 类别数量
device_id = 0  # 指定运算的 Device
#--------------------****************---------------------

print("init resource stage:")

###2. 补全该处代码，AscendCL 初始化部分，指定运算的 Device，创建 Context、Stream
#--------------------****************---------------------
# AscendCL 初始化
ret = acl.init()
ret = acl.rt.set_device(device_id)        # 指定运算的 Device
context, ret =  acl.rt.create_context(device_id)       # 显式创建一个 Context，用于管理 Stream 对象
# 显式创建一个 Stream，用于维护一些异步操作的执行顺序，确保按照应用程序中的代码调用顺序执行任务
stream, ret =  acl.rt.create_stream()
#--------------------****************---------------------
print("Init resource success")

###3. 补全该处代码，用 AscendCL 加载离线模型，初始化模型信息，获取模型的描述信息
#--------------------****************---------------------
# 加载模型
model_id, ret = acl.mdl.load_from_file(model_path)        # 加载离线模型，返回标识模型的 ID
model_desc =  acl.mdl.create_desc()     # 初始化模型信息，包括模型输入个数、输入维度、输出个数、输出维度等信息
ret = acl.mdl.get_desc(model_desc, model_id)        # 根据加载成功的模型的 ID，获取该模型的描述信息
#--------------------****************---------------------
print("Init model resource success")

###4. 补全该处代码，前处理部分，用 OpenCV 读取图片，进行图像缩放、标准化、通道转换
#--------------------****************---------------------
img_bgr = cv2.imread(pic_input)  # 读取图片
img = cv2.resize(img_bgr, (576, 576))          # 将原图缩放到 576×576 大小
img = transforms.Normalize().apply(img)         # 将像素值标准化（减去均值除以方差）
img = img.astype('float32') / 255  # 将像素值缩放到 0~1 范围内
img = img.transpose(2, 0, 1)  # 将形状转换为 channel first (3, 96, 96)
#--------------------****************---------------------


#准备输入数据集
input_list = [img, ]  # 初始化输入数据列表
input_num = acl.mdl.get_num_inputs(model_desc)  # 得到模型输入个数

###5. 补全该处代码，创建输入数据
#--------------------****************---------------------
input_dataset = acl.mdl.create_dataset()      # 创建输入数据
```

```
#--------------------*****************--------------------

......（省略）......


# 准备输出数据集
output_size = acl.mdl.get_num_outputs(model_desc)  # 得到模型输出个数
output_dataset = acl.mdl.create_dataset()  # 创建输出数据

###6. 补全该处代码，根据模型输出个数计算输出内存大小、分配内存、创建 buffer、将 buffer 添加到输出数据中，并设计判断错误
# 释放内存指令
#--------------------*****************--------------------
for i in range(output_size):
    size = acl.mdl.get_output_size_by_index(model_desc, i)  # 得到每个输出所占内存大小
    buf, ret = acl.rt.malloc(size, 2)  # 在 Host 端为输出分配内存
    dataset_buffer = acl.create_data_buffer(buf, size)  # 为每个输出创建 buffer
    _, ret = acl.mdl.add_dataset_buffer(output_dataset, dataset_buffer)  # 将每个 buffer 添加到输出数据中
    if ret:  # 若分配出现错误, 则释放内存
        acl.rt.free(buf)
        acl.destroy_data_buffer(dataset_buffer)
#--------------------*****************--------------------
print("Create model output dataset success")


###7. 补全该处代码，使用 acl 命令推理得到输出，并将结果写入 output_dataset 中
#--------------------*****************--------------------
# 模型推理, 得到的输出将写入 output_dataset 中
ret = acl.mdl.execute(model_id, input_dataset, output_dataset)
#--------------------*****************--------------------


......（省略）......


###8. 补全该处代码，定义_process_mask 函数，通过传入 mask_path，使用 OpenCV 读取 mask 图片
#--------------------*****************--------------------
def _process_mask(mask_path):
    # 手动裁剪
    mask = cv2.imread(mask_path, cv2.IMREAD_GRAYSCALE)
    # [y0:y1, x0:x1]
    return mask[y0:y1, x0:x1]
#--------------------*****************--------------------


###9. 补全该处代码，取出模型推理结果，推理形状为 (batchsize, num_class, height, width)，读取 mask 数据，将处理后的输出画在原图上
#--------------------*****************--------------------
# 后处理
model_out_msk = model_output[0]  # 取出模型推理结果，推理形状为 (1, 1, 96, 96)，即 (batch_size, num_class, height, width)
model_out_msk = sigmoid(model_out_msk[0][0])  # 将模型输出变换到 0~1 范围内
img_to_save = plot_mask(img_bgr, model_out_msk)  # 将处理后的输出画在原图上，并返回
#--------------------*****************--------------------


# 保存图片到文件
cv2.imwrite('result.png', img_to_save)
```

```
###10. 补全该处代码，释放输出资源，包括数据结构和内存，获取输出个数，获取每个输出 buffer，获取每个 buffer 的地址，手动
# 释放 acl.rt.malloc 所分配的内存，销毁每个输出 buffer，销毁输出数据
#---------------------****************-----------------------
# 释放输出资源，包括数据结构和内存
num = acl.mdl.get_dataset_num_buffers(output_dataset)   # 获取输出个数
for i in range(num):
      data_buf = acl.mdl.get_dataset_buffer(output_dataset, i)    # 获取每个输出 buffer
      if data_buf:
            data_addr = acl.get_data_buffer_addr(data_buf)      # 获取 buffer 的地址
            acl.rt.free(data_addr)   # 手动释放 acl.rt.malloc 所分配的内存
            ret = acl.destroy_data_buffer(data_buf)   # 销毁每个输出 buffer（销毁 aclDataBuffer 类型的数据）
ret = acl.mdl.destroy_dataset(output_dataset)   # 销毁输出数据（销毁 aclmdlDataset 类型的数据）
#---------------------****************-----------------------
```

......（省略）......

考点 3：借助 CANN 运行模型，推理成功

要求：

a. 补全第 7 处空缺代码，使用 AscendCL 命令推理得到输出，并将结果写入 output_dataset 中。

b. 补全第 8 处空缺代码，定义_process_mask 函数，通过传入 mask_path，使用 OpenCV 读取 mask 图片。

c. 补全第 9 处空缺代码，取出模型推理结果，推理形状为(batchsize, num_class, height, width)，读取 mask 数据，将处理后的输出画在原图上。

d. 补全第 10 处空缺代码，释放输出资源，包括数据结构和内存，获取输出个数，获取每个输出 buffer，销毁每个输出 buffer，销毁输出数据。

e. 使用 Python 运行推理文件 main.py，将推理结果截图。

f. 打开生成的结果图片，截图。

结果保存，截图要求：

a. 截图推理脚本 main.py 需要补全的区域第 7 部分，否则不算分。将截图命名为 4-3-1main。

b. 截图推理脚本 main.py 需要补全的区域第 8 部分，否则不算分。将截图命名为 4-3-2main。

c. 截图推理脚本 main.py 需要补全的区域第 9 部分，否则不算分。将截图命名为 4-3-3main。

d. 截图推理脚本 main.py 需要补全的区域第 10 部分，否则不算分。将截图命名为 4-3-4main。

e. 截图运行推理成功的 main.py 文件。将截图命名为 4-3-5run_main。

f. 打开生成的结果图片并截图，否则不算分。将截图命名为 4-3-6run_output。

截图示例如图 3-51、图 3-52 和图 3-53 所示。

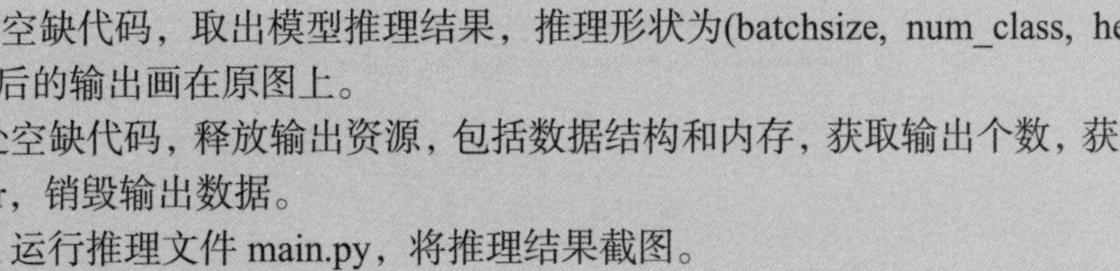

```
(base) root@davinci-mini:~/A01/unet_cann# python main.py
init resource stage:
Init resource success
Init model resource success
Create model input dataset success
Create model output dataset success
Release acl resource success
(base) root@davinci-mini:~/A01/unet_cann#
```

图 3-51　截图示例 1

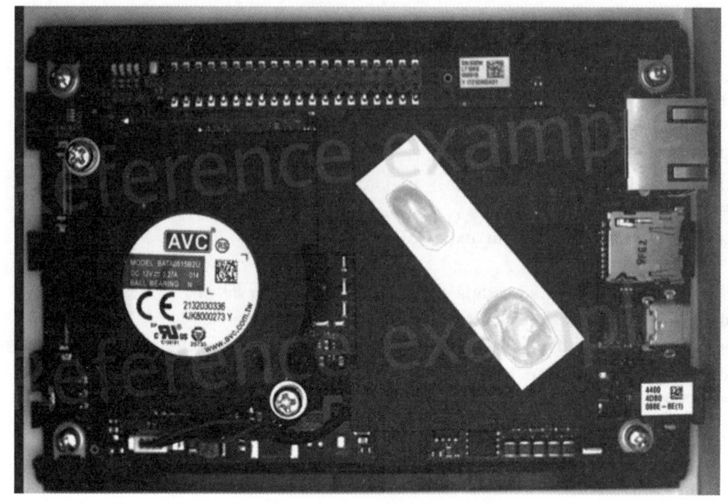

图 3-52　截图示例 2

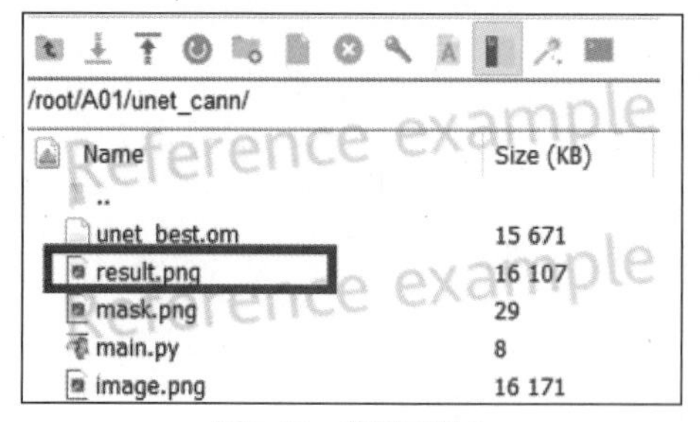

图 3-53　截图示例 3

【解析】

a. 按照任务 4 考点 2 的解析把 main.py 中需要补全的区域第 7～10 部分补全。

b. 在 MobaXterm 中，运行推理文件 main.py，如下所示，可以看到推理成功。

```
(base) root@davinci-mini:~/A01/unet_cann# pwd
/root/A01/unet_cann
(base) root@davinci-mini:~/A01/unet_cann# ls -l
total 31956
-rw-r--r-- 1 root root 16559158 Dec 13  2021 image.png
-rw-r--r-- 1 root root    10425 Jun 13 20:34 main.py
-rw-r--r-- 1 root root    30185 Nov 30  2021 mask.png
-rw-r--r-- 1 root root 16114835 Jun 13 20:20 unet_best.om
(base) root@davinci-mini:~/A01/unet_cann# python main.py
init resource stage:
Init resource success
Init model resource success
Create model input dataset success
Create model output dataset success
Release acl resource success
(base) root@davinci-mini:~/A01/unet_cann#
```

c. 单击刷新按钮，可以看到推理产生的文件 result.png，如图 3-54 所示。双击打开该文件，如图 3-55 所示，可以看到，已经正确进行标注。

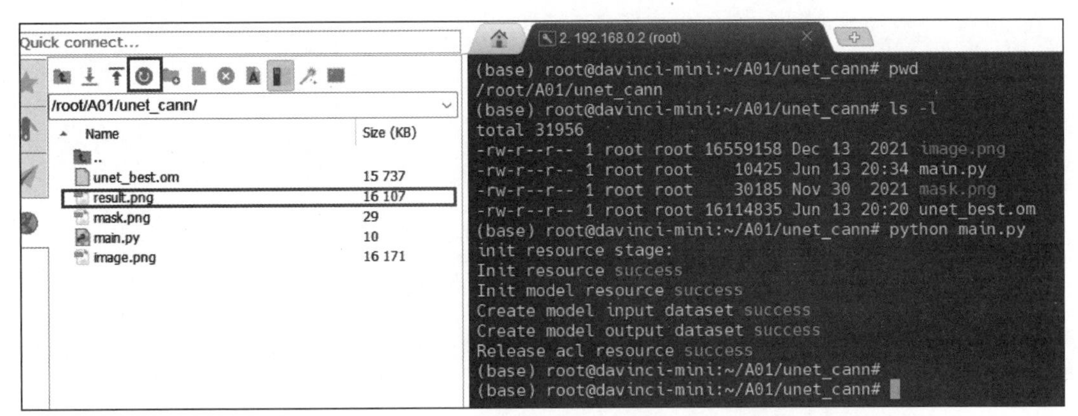

图 3-54　推理产生的文件 result.png（4-3-5run_main 截图）

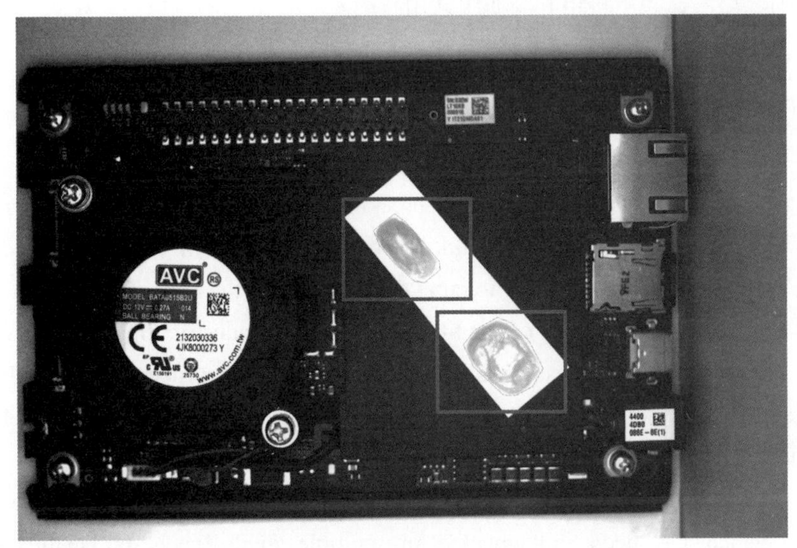

图 3-55　result.png 文件内容（4-3-6run_output 截图）

d. 图 3-54 所示为 4-3-5run_main 截图，图 3-55 所示为 4-3-6run_output 截图。

第 4 章

2023—2024 全球总决赛真题解析

全球总决赛只有实验考试，本科组和高职组共用考题。

4.1 Background of Task Design

AI is rapidly growing thanks to new algorithm breakthroughs and long-term improvements in computing power. Converging technologies and industries mark the dawn of the intelligent era. Huawei collaborates with partners to speed up AI implementation, leading to rapid development of the Ascend ecosystem.

Huawei Ascend provides full-stack AI computing infrastructure, industry applications, and services built on Huawei Ascend processor series and base software (including Ascend processor series, hardware, Compute Architecture for Neural Networks (CANN), AI computing framework, application enablement, development toolchain, management and O&M tools, and industry applications and services).

AI unlocks the true potential of thousands of industries. A prime example of this is the Ascend computing industry ecosystem, which has been implemented in multiple fields, such as healthcare, carrier, energy, transportation, Internet, government, and manufacturing. Moving forward, AI is poised to become even more deeply integrated into production, scientific research, and everyday life. This will not only promote industry convergence, from "auxiliary intelligence" to "native intelligence", but also accelerate scientific research and innovation, from partial application to comprehensive acceleration, as well as fundamentally change our daily habits and routines.

This contest highlights the importance of waste classification in our daily lives, showcasing the vast potential and practicality of AI technologies in this crucial area. AI technologies can provide powerful support for waste classification and are valuable for promoting waste resourceization and reduction. But there is a long way to go to improve and optimize AI technologies in the waste classification field, which will bring about radical change.

4.2 Exam Description

4.2.1 Weighting

This exam covers four technical directions: AI algorithms and applications, MindSpore development framework practices, Ascend full-stack AI platform, and Ascend AI application practices, totaling 1000 points.

4.2.2 Exam Requirements

(1) Read the Exam Guide and exam tasks carefully before taking the exam.

(2) If multiple solutions are available for a task, select the best one.

(3) You can set passwords for resources to use in the exam. Make sure you remember the passwords otherwise you might have trouble logging in to complete the exam.

Note: If you do not follow these requirements, you may lose points.

4.2.3 Exam Platform

This exam consists of two phases: training and inference.

In the training phase, use https://www.huaweicloud.com/, ecommended regions: Select the CN North-Beijing4 region.

(1) Read the Exam Guide carefully before taking the exam.

(2) The coupon covers all cloud resources used in the exam. When purchasing resources, select pay-per-use billing according to the exam question. If you purchase a yearly/monthly resource and the coupon only covers part of the fee, you must pay the remainder.

(3) If resources of a required flavor are sold out, purchase resources of a similar flavor.

In the inference phase, use Atlas 200I DK A2. Access the device by yourself.

4.2.4 Task Saving

All answers and **all supplemented code** must be recorded as **screenshots** as instructed. Read the **Exam Guide** for details about task submission.

4.3 Exam Tasks

4.3.1 Scenario

In this experiment, public waste datasets are used. The MindSpore deep learning framework is used to build an image classification network, while the Huawei Cloud platform provides the Ascend AI computing power to complete model training. This way, the waste classification application is developed on the Atlas 200I DK A2 developer board.

4.3.2 Exam Resources

（1）Lab Environment

Set up the lab environment beforehand.For accounts in China, you are advised to use Huawei Cloud resources in the **CN North-Beijing4** region. (Purchase cloud resources in the same region for tasks of the same domain. Resources in different regions may not be able to access each other.)

（2）Lab Environment Resources

① Cloud Resources

In the training phase, complete model training on Huawei Cloud. Purchase resources according to the following table (Table 4-1).

Table 4-1（表 4-1）　Cloud Resources

Resource Name	Flavor	Description
ModelArts-Notebook	mindspore_1.10.0-cann_6.0.1-py_3.7-euler_2.8.3. Ascend: 1 * Ascend 910|ARM: 24 cores and 96 GB	Training environment. CN North-Beijing4 is recommended

② Atlas 200I DK A2

In the inference phase, use the Atlas 200I DK A2 to complete model inference. Check whether the equipment is complete according to the following table (Table 4-2).

Table 4-2（表 4-2）　Equipments

Hardware Name	Prepared by Yourself	Description
Developer kit	Yes	The unpacked developer kit includes the kit mainboard and power supply (including the power cable and power adapter)
Micro SD card	No	The SD card, provided on site, is used to load the image and run the developer kit. The 23.0.RC2_ubuntu22.04 (CANN: 6.2.RC2) image has been burnt to the SD card
PC	No	Used to remotely connect to the developer kit
Type-C data cable/RJ45 network cable	Yes	Used to connect to the PC and log in to the developer kit

③ Recommended Tools

In this contest, you are advised to use the following tool (Table 4-3) to remotely log in to the Atlas 200I DK A2 from a PC.

Table 4-3 (表 4-3) Recommended Tools

Software Package	Description
MobaXterm	A remote login tool

4.3.3 Network Topology

This contest is mainly divided into two phases: training and inference.

In the training phase, use Huawei Cloud ModelArts-Notebook.

In the inference phase, use a Type-C or RJ45 cable to connect the developer kit to the PC, as Figure 4-1 . After the developer kit is started, remotely log in to the developer kit using the SSH tool on the PC, as shown in the preceding figure.

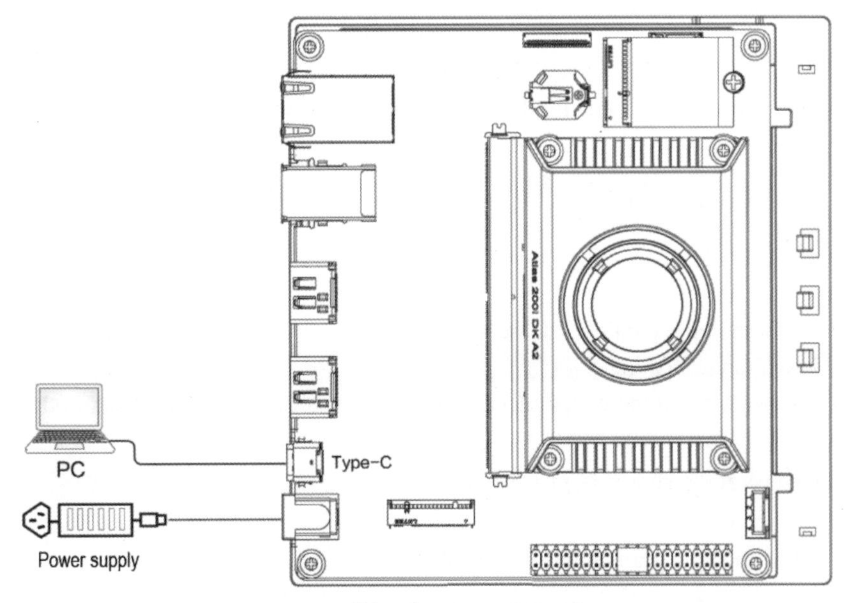

Figure 4-1（图 4-1） Network Topology

4.3.4 Experiment Data

The following files (Table 4-4) are provided for this contest. Supplement the code based on the task requirements. Note: Submit the supplemented files together with the screenshots.

Table 4-4（表 4-4）　Experiment Data

File Name	Included File (Folder)	Description
mobilenetv2_train.zip	data_en	Training dataset
	mobilenetV2.ipynb	**Supplement the code in the file**
	mobilenetV2.py	**Supplement the code in the file**
	mobilenetV2-200_1067.ckpt	Weight file
mobilenetv2_infer.zip	data	Inference data
	model	Files related to model conversion. **Supplement the code of the files in this folder**
	garbage-labels.json	Label file
	font.ttf	Font file
	mobilenetv2-acl.ipynb	**Supplement the code in the file**
	mobilenetv2-mindx.ipynb	**Supplement the code in the file**
ViT.ipynb	—	**Supplement the code in the file**

For training part, you need to upload the mobilenetv2_train.zip to the notebook first and use “unzip mobilenetv2_train.zip” to uncompress it.

4.3.5 Exam Tasks

Each step in a task is scored separately. Please plan your time.

Task 1: Data Preparation (175 points)

For Task 1, if you want to run the codes successfully, you need to finish Task 2 first, otherwise, you can fill the codes in Task 1.

Subtask 1: Set the operating environment.

Procedure:

a. Set the execution mode to graph mode and the device to Ascend chip.

Screenshot requirements:

a. Take a screenshot of the preceding code, and save it as **1-1-1cont**.

【解析】

a. 登录华为云控制台，进入ModelArts服务，创建开发环境Notebook，镜像名称为mindspore_1.10.0-cann_6.0.1-py_3.7-euler_2.8.3，类型为Ascend，规格为1*Ascend 910|ARM: 24核 96GB。磁盘空间建议大于120GB。

b. 把考题提供的mobilenetv2_train.zip文件上传并解压到/global目录下，如图4-2所示。

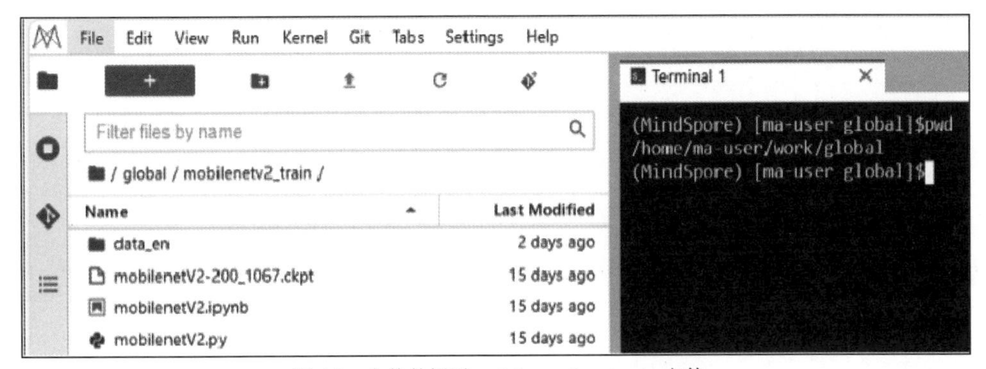

图 4-2 上传并解压 mobilenetv2_train.zip 文件

c. 待补全的代码（mobilenetV2.ipynb 文件）如下。

```
# 导入依赖
import math
import numpy as np
import os
import random
import shutil
import time
from matplotlib import pyplot as plt
from easydict import EasyDict
from PIL import Image

import mindspore as ms
from mindspore import context
from mindspore import nn
from mindspore import Tensor
from mindspore.train.model import Model
from mindspore.train.serialization import load_checkpoint, save_checkpoint, export
from mindspore.train.callback import Callback, LossMonitor, ModelCheckpoint, CheckpointConfig
from mindspore.train.loss_scale_manager import FixedLossScaleManager
from mobilenetV2 import MobileNetV2Backbone, MobileNetV2Head, mobilenet_v2 # 模型定义脚本

'''
任务 1：考点 1
'''
# 设置采用图模式执行，设备为昇腾
                                                    # 任务 1：考点 1 a)

# 垃圾分类数据集标签，以及用于标签映射的字典
garbage_classes = {
                   '可回收物': ['塑料瓶','帽子','报纸', '易拉罐', '玻璃制品', '玻璃瓶', '硬纸板','篮球',
                   '纸张', '金属制品'],'干垃圾': ['一次性筷子', '打火机', '扫把', '旧镜子', '牙刷', '脏污衣
                   服','贝壳', '陶瓷碗'],'有害垃圾': ['油漆桶','电池', '荧光灯','药片胶囊'],'湿垃圾': ['橙
                   皮','菜叶', '蛋壳', '香蕉皮']
}
class_cn = ['塑料瓶','帽子','报纸', '易拉罐', '玻璃制品', '玻璃瓶', '硬纸板','篮球', '纸张', '金属制品',
           '一次性筷子', '打火机', '扫把', '旧镜子', '牙刷', '脏污衣服','贝壳', '陶瓷碗',
           '油漆桶','电池', '荧光灯','药片胶囊'
           '橙皮','菜叶', '蛋壳', '香蕉皮']
```

```
class_en = ['Plastic Bottle', 'Hats', 'Newspaper', 'Cans', 'Glassware', 'Glass Bottle', 'Cardboard',
            'Basketball', 'Paper', 'Metalware', 'Disposable Chopsticks', 'Lighter', 'Broom', 'Old
            Mirror', 'Toothbrush', 'Dirty Cloth', 'Seashell', 'Ceramic Bowl', 'Paint bucket','Battery',
            'Fluorescent lamp', 'Tablet capsules', 'Orange Peel', 'Vegetable Leaf', 'Eggshell',
            'Banana Peel'
]
index_en = {'Plastic Bottle':0, 'Hats':1, 'Newspaper':2, 'Cans':3, 'Glassware':4, 'Glass Bottle':5,
            'Cardboard':6, 'Basketball':7, 'Paper':8, 'Metalware':9, 'Disposable Chopsticks':10,
            'Lighter':11, 'Broom':12, 'Old Mirror':13, 'Toothbrush':14, 'Dirty Cloth':15,
            'Seashell':16, 'Ceramic Bowl':17, 'Paint bucket':18,'Battery':19, 'Fluorescent lamp':20,
            'Tablet capsules':21, 'Orange Peel':22, 'Vegetable Leaf':23, 'Eggshell':24, 'Banana Peel':25
}

# 训练超参数设置
config = EasyDict({
    "num_classes": 26,
    "image_height": 224,
    "image_width": 224,
    #"data_split": [0.9, 0.1],
    "backbone_out_channels":1280,
    "batch_size": 64,
    "eval_batch_size": 8,
    "epochs": 30, # 训练轮数
    "lr_max": 0.05,
    "momentum": 0.9,
    "weight_decay": 1e-4,
    "save_ckpt_epochs": 1,
    "save_ckpt_path": "./ckpt",
    "dataset_path": "./data_en",
    "class_index": index_en,
    "pretrained_ckpt": "./mobilenetV2-200_1067.ckpt" # mobilenetv2 ascend ckpt
})
```

d. 补全后的代码如下。

```
...
# 设置采用图模式执行，设备为昇腾
# 任务 1：考点 1 a)
context.set_context(
    mode=context.GRAPH_MODE,
    device_target="Ascend")
...
```

Subtask 2: Read data.

Procedure:

a. Set the data path and build the source dataset.

a) Set the training dataset and test dataset paths based on the actual parameter training.

b) Read images from the data file directory to build the source dataset and specify the mapping between the folder name and **config.class_index**.

Screenshot requirements:

a. Take a screenshot of the preceding data path settings and source dataset building code, and save it as **1-2-1ds**.

Subtask 3: Augment data.

Procedure:

a. Define normalization and shape conversion operations.

a) Normalization: Normalize the input image based on the mean value [0.485*255, 0.456*255, 0.406*255] and standard deviation [0.229*255, 0.224*255, 0.225*255].

b) Shape conversion: Convert the input image shape from **<H, W, C>** to **<C, H, W>**.

Augment training dataset and test dataset separately.

b. Training dataset.

a) Define **RandomCropDecodeResize**, which combines cropping, decoding, and resizing operations. The image size has been defined in the existing code. Retain the default values for other parameters.

b) Define **RandomHorizontalFlip**, the horizontal random flipping operation. The probability of image flipping is set to 0.5.

c) Define **RandomColorAdjust**, the random adjustment for the brightness, contrast, saturation, and hue of an image. Set the brightness, contrast, and saturation adjustment factors to 0.4.

d) Apply the augmentation defined by **train_trans** to images.

e) Apply the data type conversion defined by **type_cast_op** to the image labels.

f) Shuffle the dataset sequence. **buffer_size** has been defined in the existing code.

g) Pack the dataset into a batch. The batch size has been defined in the existing code, and **drop_remainder** is set to **True**.

c. Test dataset.

a) Define **Decode**, the image decoding operation to decode images into the RGB format.

b) Define **Resize**, the image size adjustment operation. The width is **resize_height/0.875**, and the height is **resize_width/0.875**, both of which need to be rounded up. Retain the default value for **interpolation**.

c) Define **CenterCrop**, the cropping operation of the central region. The size can be inferred by yourself.

d) Apply the augmentation defined by **eval_trans** to images.

e) Apply the data type conversion defined by **type_cast_op** to the image labels.

f) Pack the dataset into a batch. The batch size has been defined in the existing code, and **drop_remainder** is set to **True**.

Screenshot requirements:

a. Take a screenshot of the code related to normalization and shape conversion, and save it as **1-3-1com_op**.

b. Take a screenshot of the code related to operations on the training dataset, and save it as **1-3-2train_op**.

c. Take a screenshot of the code related to operations on the test dataset, and save it as **1-3-3test_op**.

【解析】

a. 待补全的代码（mobilenetV2.ipynb 文件）如下。

```
import os
import mindspore.common.dtype as mstype
```

```
import mindspore.dataset.engine as de
from mindspore.dataset import vision
from mindspore.dataset import transforms

def create_dataset(dataset_path, config, training=True, buffer_size=1000):
    """
    create a train or eval dataset

    Args:
        dataset_path(string): the path of dataset.
        config(struct): the config of train and eval in different platform.

    Returns:
        train_dataset, val_dataset
    """
    data_path =                                    # 任务 1：考点 2 a-a)
    ds =                                           # 任务 1：考点 2 a-b)
    resize_height = config.image_height
    resize_width = config.image_width

    # 定义归一化、通道转换、数据类型转换操作
    normalize_op =                                 # 任务 1：考点 3 a-a)
    change_swap_op =                               # 任务 1：考点 3 a-b)
    type_cast_op = transforms.TypeCast(mstype.int32)

    if training:
        # operations for training
        crop_decode_resize =                       # 任务 1：考点 3 b-a)
        horizontal_flip_op =                       # 任务 1：考点 3 b-b)
        color_adjust =                             # 任务 1：考点 3 b-c)

        train_trans = [crop_decode_resize, horizontal_flip_op, color_adjust, normalize_op,
                       change_swap_op]
        train_ds =                                 # 任务 1：考点 3 b-d)
        train_ds =                                 # 任务 1：考点 3 b-e)

        # apply shuffle operations
        train_ds =                                 # 任务 1：考点 3 b-f)
        # apply batch operations
        ds =                                       # 任务 1：考点 3 b-g)
    else:
        # operations for inference
        decode_op =                                # 任务 1：考点 3 c-a)
        resize_op =                                # 任务 1：考点 3 c-b)
        center_crop =                              # 任务 1：考点 3 c-c)

        eval_trans = [decode_op, resize_op, center_crop, normalize_op, change_swap_op]
        eval_ds =                                  # 任务 1：考点 3 c-d)
        eval_ds =                                  # 任务 1：考点 3 c-e)
        ds =                                       # 任务 1：考点 3 c-f)

    return ds
```

b. 补全后的代码如下。

```
def create_dataset(dataset_path, config, training=True, buffer_size=1000):
# 任务 1：考点 2，数据读取，设置数据路径并构建源数据集
```

```
# 任务 1：考点 2 a-a)，设置数据路径，即根据实参 training 的情况来自适应设置训练集路径和测试集路径
data_path = os.path.join(dataset_path, 'train' if training else 'test')

# 任务 1：考点 2 a-b)，从数据文件目录中读取图片构建源数据集，并指定文件夹名称到 class_index 索引的映射
ds = de.ImageFolderDataset(data_path, num_parallel_workers=4, class_indexing=config.class_index)


resize_height = config.image_height
resize_width = config.image_width

# 任务 1：考点 3，数据增强
# 定义归一化、通道转换、数据类型转换操作
# 任务 1：考点 3 a-a)，定义归一化操作，即根据均值[0.485*255, 0.456*255, 0.406*255]和
# 标准差[0.229*255, 0.224*255, 0.225*255]对输入图像进行归一化
normalize_op = vision.Normalize(mean=[0.485*255, 0.456*255, 0.406*255], std=[0.229*255, 0.224*255, 0.225*255])

# 任务 1：考点 3 a-b)，定义通道转换操作：将输入图像的 shape 从 <H, W, C> 转换为 <C, H, W>
change_swap_op = vision.HWC2CHW()

type_cast_op = transforms.TypeCast(mstype.int32)

# 对于训练集的操作
if training:
# operations for training
# 任务 1：考点 3 b-a)，定义“裁剪”“解码”“调整尺寸大小”的组合操作 RandomCropDecodeResize，
# 图像尺寸在已有代码中已定义，其他参数保持默认
crop_decode_resize =  vision.RandomCropDecodeResize(resize_height, scale=(0.08, 1.0), ratio=(0.75, 1.333))

# 任务 1：考点 3 b-b)，定义水平随机翻转操作 RandomHorizontalFlip，将图像被翻转的概率设置为 0.5
horizontal_flip_op =  vision.RandomHorizontalFlip(prob=0.5)

# 任务 1：考点 3 b-c)，定义图像的亮度、对比度、饱和度和色调的随机调整操作 RandomColorAdjust，将亮度调整因子设置为 0.4，
# 对比度调整因子设置为 0.4，饱和度调整因子设置为 0.4
color_adjust =  vision.RandomColorAdjust(brightness=0.4, contrast=0.4, saturation=0.4)

train_trans = [crop_decode_resize, horizontal_flip_op, color_adjust, normalize_op, change_swap_op]

# 任务 1：考点 3 b-d)，将 train_trans 定义的增强操作应用到图像上
train_ds =  ds.map(input_columns="image", operations=train_trans, num_parallel_workers=8)

# 任务 1：考点 3 b-e)，将 type_cast_op 定义的数据类型转换操作应用到图像标签上
train_ds = train_ds.map(input_columns="label", operations=type_cast_op, num_parallel_workers=8)

# apply shuffle operations
# 任务 1：考点 3 b-f)，将数据集打乱，buffer_size 在已有代码中已定义
train_ds = train_ds.shuffle(buffer_size=buffer_size)

# apply batch operations
# 任务 1：考点 3 b-g)，将数据集打包为一个 batch，batch size 在已有代码中已定义，将 drop_remainder 设置为 True
ds = train_ds.batch(config.batch_size, drop_remainder=True)

# 对于测试集的操作
else:
# operations for inference
```

```
# 任务 1：考点 3 c-a)，定义图像解码操作 Decode，将图像解码为 RGB 格式
decode_op = vision.Decode()

# 任务 1：考点 3 c-b)，定义图像尺寸调整操作 Resize，将宽度设置为 resize_height/0.875，高度设置为 resize_width/0.875，
# 注意宽度和高度均需要取整
resize_op = vision.Resize((int(resize_width/0.875), int(resize_width/0.875)))

# 任务 1：考点 3 c-c)，定义中心区域裁剪操作 CenterCrop，尺寸大小自行推理
center_crop = vision.CenterCrop(resize_width)

eval_trans = [decode_op, resize_op, center_crop, normalize_op, change_swap_op]

# 任务 1：考点 3 c-d)，将 eval_trans 定义的增强操作应用到图像上
eval_ds = ds.map(input_columns="image", operations=eval_trans, num_parallel_workers=8)

# 任务 1：考点 3 c-e)，将 type_cast_op 定义的数据类型转换操作应用到图像标签上
eval_ds = eval_ds.map(input_columns="label", operations=type_cast_op, num_parallel_workers=8)

# 任务 1：考点 3 c-f)，将数据集打包为一个 batch,eval_batch size 在已有代码中已定义，将 drop_remainder 设置为 True
ds = eval_ds.batch(config.eval_batch_size, drop_remainder=True)

return ds
```

c. 整体来看，create_dataset 函数的逻辑如下。

a）设置数据路径：根据 training 参数决定加载训练集还是测试集的路径。

b）创建原始数据集：使用 ImageFolderDataset 从指定路径加载图像数据，并设置并行工作进程数及类别索引映射。

c）定义图像预处理操作。

- 归一化：使用 vision.Normalize 对图像像素值进行归一化处理，参数设置基于 ImageNet 的统计信息。
- HWC 转 CHW：使用 vision.HWC2CHW 将图像从高宽通道（Height-Width-Channel）顺序转换为通道高宽（Channel-Height-Width）顺序。
- 类型转换：用 transforms.TypeCast 将标签数据的类型转换为整型。

d）训练集处理。

- 应用一系列随机变换以增加图像多样性，包括随机裁剪、缩放、水平翻转、颜色调整，以及标准化和形状转换操作。
- 使用 map 函数将这些变换应用于数据集中的每个图像。
- 打乱数据集顺序以增加训练时的随机性。
- 将数据集分批，设置批次大小，并丢弃不足一个批次的剩余数据。

e）测试集处理。

- 测试集的处理较为简单，包括解码、按比例调整大小、中心裁剪、标准化和形状转换操作。
- 同样使用 map 应用变换，转换标签数据类型，并分批处理数据集，但测试集的批次大小通常与训练集的不同，且可能不丢弃剩余数。

f）返回处理后的数据集：根据训练或测试模式，最后返回相应的数据集实例。

create_dataset 进行了深度学习图像分类任务中数据预处理的典型操作，通过丰富的数据增强技术提高模型的泛化能力，并确保数据以正确的格式和结构供后续模型训练或评估使用。

Subtask 4: Visualize data.

Procedure:

a. Obtain images and implement image visualization.

a）Create an iterator based on dataset objects and obtain images one by one.

b）Visualize four images, taking note of shape conversion here.

Screenshot requirements:

Take screenshots of the code for obtaining and visualizing images along with corresponding output results, and save them as **1-4-1ds** and **1-4-2vis**.

【解析】

a. 待补全的代码（mobilenetV2.ipynb 文件）如下。

```
ds = create_dataset(dataset_path=config.dataset_path, config=config, training=False)
print(ds.get_dataset_size())

data =                                                    # 任务 1：考点 4 a-a)
images = data['image']
labels = data['label']

for i in range(1, 5):
plt.subplot(2, 2, i)
    plt.                                                  # 任务 1：考点 4 a-b)
    plt.title('label: %s' % class_en[labels[i]])
    plt.xticks([])
plt.show()
def cosine_decay(total_steps, lr_init=0.0, lr_end=0.0, lr_max=0.1, warmup_steps=0):
    """
    Applies cosine decay to generate learning rate array.

    Args:
        total_steps(int): all steps in training.
        lr_init(float): init learning rate.
        lr_end(float): end learning rate
        lr_max(float): max learning rate.
        warmup_steps(int): all steps in warmup epochs.

    Returns:
        list, learning rate array.
    """
    lr_init, lr_end, lr_max = float(lr_init), float(lr_end), float(lr_max)
    decay_steps = total_steps - warmup_steps
    lr_all_steps = []
    inc_per_step = (lr_max - lr_init) / warmup_steps if warmup_steps else 0
    for i in range(total_steps):
        if i < warmup_steps:
            lr = lr_init + inc_per_step * (i + 1)
        else:
            cosine_decay = 0.5 * (1 + math.cos(math.pi * (i - warmup_steps) / decay_steps))
```

```
            lr = (lr_max - lr_end) * cosine_decay + lr_end
        lr_all_steps.append(lr)

    return lr_all_steps
...
```

b. 补全后的代码如下。

```
# 任务 1：考点 4 a-a)，基于数据集对象创建迭代器并依次获取图像
data = ds.create_dict_iterator(output_numpy=True)._get_next()
images = data['image']
labels = data['label']

for i in range(1, 5):
    plt.subplot(2, 2, i)

    # 任务 1：考点 4 a-b)，将图像可视化（可视化 4 张），此处注意通道上的转换
        plt.imshow(np.transpose(images[i], (1,2,0)))


    plt.title('label: %s' % class_en[labels[i]])
    plt.xticks([])
plt.show()
```

c. 执行结果如图 4-3 所示。

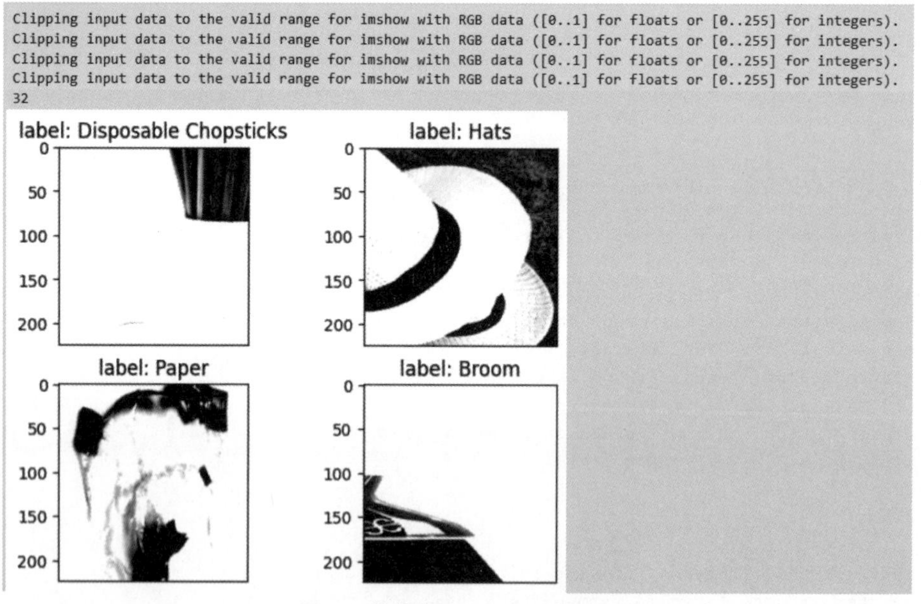

图 4-3　执行结果（1-4-2vis 截图）

Task 2: Model Building and Training (220 Points)

Figure 4-4 illustrates the overall structure of MobileNetV2. The bottleneck part is shown in Figure 4-5. In this table, ***n*** indicates the number of times that the bottleneck is stacked.

Input	Operator	t	c	n	s
$224^2 \times 3$	conv2d	-	32	1	2
$112^2 \times 32$	bottleneck	1	16	1	1
$112^2 \times 16$	bottleneck	6	24	2	2
$56^2 \times 24$	bottleneck	6	32	3	2
$28^2 \times 32$	bottleneck	6	64	4	2
$14^2 \times 64$	bottleneck	6	96	3	1
$14^2 \times 96$	bottleneck	6	160	3	2
$7^2 \times 160$	bottleneck	6	320	1	1
$7^2 \times 320$	conv2d 1×1	-	1280	1	1
$7^2 \times 1280$	avgpool 7×7	-	-	1	-
$1 \times 1 \times 1280$	conv2d 1×1	-	k	-	

Figure 4-4（图 4-4） MobileNetV2 structure

Input	Operator	Output
$h \times w \times k$	1×1 conv2d, ReLU6	$h \times w \times (tk)$
$h \times w \times tk$	3×3 dwise s=s, ReLU6	$\frac{h}{s} \times \frac{w}{s} \times (tk)$
$\frac{h}{s} \times \frac{w}{s} \times tk$	linear 1×1 conv2d	$\frac{h}{s} \times \frac{w}{s} \times k'$

Figure 4-5（图 4-5） Bottleneck

Subtask 1: Define the model structure.

This subtask focuses on completing the mobilenetV2.py file.

Procedure:

a. **Construct a structure comprising the convolutional layer, batch normalization (BN) layer, and activation function. Find the ConvBNReLU class, in which the groups** parameter is used to control the form of convolution.

a) When **groups** equals **1**, implement a standard convolution with **pad_mode** set to **pad**, **padding** set to **(kernel_size - 1) // 2** (as defined in the previous code), and all other parameters set according to the actual arguments.

b) When **groups** is not **1**, set the output channel number to be equal to the input channel number to implement a depthwise separable convolution with **pad_mode** set to **pad**, **padding** set to **(kernel_size - 1) // 2** (as defined in the previous code), and all other parameters set according to the actual arguments.

b. Construct an inverted residual structure. Find the InvertedResidual class, in which the **use_res_connect** parameter is used to determine whether or not to establish a residual connection.

a) Establish the residual connection only when the input channel number and output channel number are equal and the **stride** is **1**.

b) Return the output after the residual connection.

c. Construct MobileNetV2 Backbone, which mainly includes the parts in the red box in Figure 1. Find the MobileNetV2Backbone class.

a）Use the **for** loop to continuously stack the bottleneck, which is **InvertedResidual** in the code.

b）Add another structure comprising the convolutional layer (with a kernel size of 1×1), BN layer, and activation function (that is, **InvertedResidual**).

d. Construct the MobileNetV2 Head structure, which comprises a global average pooling layer and a standard convolutional layer (implemented through full connection in the code). Find the MobileNetV2Head class and complete the **global average pooling** operation.

Screenshot requirements:

a. Complete the code, take a screenshot of the structure comprising the convolutional layer, BN layer, and activation function, and save it as **2-1-1conv**.

b. Complete the code, take a screenshot of the inverted residual structure, and save it as **2-1-2inverted**.

c. Complete the code, take a screenshot of the MobileNetV2 Backbone structure, and save it as **2-1-3backbone**.

d. Complete the code, take a screenshot of the MobileNetV2 Head structure, and save it as **2-1-4head**.

【解析】

a. 待补全的代码（mobilenetV2.py）如下。

```
# Copyright 2020 Huawei Technologies Co., Ltd
#
# Licensed under the Apache License, Version 2.0 (the "License");
# you may not use this file except in compliance with the License.
# You may obtain a copy of the License at
#
# http://www.apache.org/licenses/LICENSE-2.0
#
# Unless required by applicable law or agreed to in writing, software
# distributed under the License is distributed on an "AS IS" BASIS,
# WITHOUT WARRANTIES OR CONDITIONS OF ANY KIND, either express or implied.
# See the License for the specific language governing permissions and
# limitations under the License.
# ============================================================================
"""MobileNetV2 model define"""
import numpy as np
import mindspore.nn as nn
from mindspore.ops import operations as P
from mindspore.ops.operations import Add
from mindspore import Tensor

__all__ = ['MobileNetV2', 'MobileNetV2Backbone', 'MobileNetV2Head', 'mobilenet_v2']

def _make_divisible(v, divisor, min_value=None):
    if min_value is None:
        min_value = divisor
    new_v = max(min_value, int(v + divisor / 2) // divisor * divisor)
    # Make sure that round down does not go down by more than 10%.
    if new_v < 0.9 * v:
        new_v += divisor
    return new_v
```

```
class GlobalAvgPooling(nn.Cell):
    """
    Global avg pooling definition.

    Args:

    Returns:
        Tensor, output tensor.

    Examples:
        >>> GlobalAvgPooling()
    """

    def __init__(self):
        super(GlobalAvgPooling, self).__init__()
        self.mean = P.ReduceMean(keep_dims=False)

    def construct(self, x):
        x = self.mean(x, (2, 3))
        return x

class ConvBNReLU(nn.Cell):
    """
    Convolution/Depthwise fused with Batchnorm and ReLU block definition.

    Args:
        in_planes (int): Input channel.
        out_planes (int): Output channel.
        kernel_size (int): Input kernel size.
        stride (int): Stride size for the first convolutional layer. Default: 1.
        groups (int): channel group. Convolution is 1 while Depthwise is input channel. Default: 1.

    Returns:
        Tensor, output tensor.

    Examples:
        >>> ConvBNReLU(16, 256, kernel_size=1, stride=1, groups=1)
    """

    def __init__(self, in_planes, out_planes, kernel_size=3, stride=1, groups=1):
        super(ConvBNReLU, self).__init__()
        padding = (kernel_size - 1) // 2
        in_channels = in_planes
        out_channels = out_planes
        if groups == 1:
            conv =              # 任务 2：考点 1 a-a)
        else:
            out_channels =      # 任务 2：考点 1 a-b)
            conv =              # 任务 2：考点 1 a-b)

        layers = [conv, nn.BatchNorm2d(out_planes), nn.ReLU6()]
        self.features = nn.SequentialCell(layers)
```

```
    def construct(self, x):
        output = self.features(x)
        return output


class InvertedResidual(nn.Cell):
    """
    Mobilenetv2 residual block definition.

    Args:
        inp (int): Input channel.
        oup (int): Output channel.
        stride (int): Stride size for the first convolutional layer. Default: 1.
        expand_ratio (int): expand ration of input channel

    Returns:
        Tensor, output tensor.

    Examples:
        >>> ResidualBlock(3, 256, 1, 1)
    """

    def __init__(self, inp, oup, stride, expand_ratio):
        super(InvertedResidual, self).__init__()
        assert stride in [1, 2]

        hidden_dim = int(round(inp * expand_ratio))
        self.use_res_connect =    # 任务 2：考点 1 b-a)

        layers = []
        if expand_ratio != 1:
            layers.append(ConvBNReLU(inp, hidden_dim, kernel_size=1))
        layers.extend([
            # dw
            ConvBNReLU(hidden_dim, hidden_dim,
                    stride=stride, groups=hidden_dim),
            # pw-linear
            nn.Conv2d(hidden_dim, oup, kernel_size=1,
                    stride=1, has_bias=False),
            nn.BatchNorm2d(oup),
        ])
        self.conv = nn.SequentialCell(layers)
        self.add = Add()
        self.cast = P.Cast()

    def construct(self, x):
        identity = x
        x = self.conv(x)
        if self.use_res_connect:
            return                    # 任务 2：考点 1 b-b)
        return x


class MobileNetV2Backbone(nn.Cell):
    """
```

```
MobileNetV2 architecture.

Args:
    class_num (int): number of classes.
    width_mult (int): Channels multiplier for round to 8/16 and others. Default is 1.
    has_dropout (bool): Is dropout used. Default is false
    inverted_residual_setting (list): Inverted residual settings. Default is None
    round_nearest (list): Channel round to . Default is 8
Returns:
    Tensor, output tensor.

Examples:
    >>> MobileNetV2(num_classes=1000)
"""

def __init__(self,width_mult=1.,inverted_residual_setting=None,round_nearest=8,input_channel=32,
             last_channel=1280):
    super(MobileNetV2Backbone, self).__init__()
    block = InvertedResidual
    # setting of inverted residual blocks
    self.cfgs = inverted_residual_setting
    if inverted_residual_setting is None:
        self.cfgs = [
            # t, c, n, s
            [1, 16, 1, 1],
            [6, 24, 2, 2],
            [6, 32, 3, 2],
            [6, 64, 4, 2],
            [6, 96, 3, 1],
            [6, 160, 3, 2],
            [6, 320, 1, 1],
        ]

    # building first layer
    input_channel = _make_divisible(input_channel * width_mult, round_nearest)
    self.out_channels = _make_divisible(last_channel * max(1.0, width_mult), round_nearest)
    features = [ConvBNReLU(3, input_channel, stride=2)]
    # building inverted residual blocks
    for t, c, n, s in self.cfgs:
        output_channel = _make_divisible(c * width_mult, round_nearest)
        for i in range(n):
            stride = s if i == 0 else 1
            features.                        # 任务 2：考点 1 c-a)
            input_channel = output_channel
    # building last several layers
    features.              # 任务 2：考点 1 c-b)
    # make it nn.CellList
    self.features = nn.SequentialCell(features)
    self._initialize_weights()

def construct(self, x):
        x = self.features(x)
        return x

def _initialize_weights(self):
```

```
        """
        Initialize weights.

        Args:

        Returns:
            None.

        Examples:
            >>> _initialize_weights()
        """
        self.init_parameters_data()
        for _, m in self.cells_and_names():
            if isinstance(m, nn.Conv2d):
                n = m.kernel_size[0] * m.kernel_size[1] * m.out_channels
                m.weight.set_data(
                    Tensor(np.random.normal(0, np.sqrt(2. / n),
                           m.weight.data.shape
                           ).astype("float32")))
                if m.bias is not None:
                    m.bias.set_data(
                        Tensor(np.zeros(m.bias.data.shape, dtype="float32")))
            elif isinstance(m, nn.BatchNorm2d):
                m.gamma.set_data(
                    Tensor(np.ones(m.gamma.data.shape, dtype="float32")))
                m.beta.set_data(
                    Tensor(np.zeros(m.beta.data.shape, dtype="float32")))

    @property
    def get_features(self):
        return self.features


class MobileNetV2Head(nn.Cell):
    """
    MobileNetV2 architecture.

    Args:
        class_num (int): Number of classes. Default is 1000.
        has_dropout (bool): Is dropout used. Default is false
    Returns:
        Tensor, output tensor.

    Examples:
        >>> MobileNetV2(num_classes=1000)
    """

    def __init__(self, input_channel=1280, num_classes=1000, has_dropout=False, activation="None"):
        super(MobileNetV2Head, self).__init__()
        # mobilenet head
        head = ([# 任务 2：考点 1 d), nn.Dense(input_channel, num_classes, has_bias=True)] if not has_dropout else
                [# 任务 2：考点 1 d), nn.Dropout(0.2), nn.Dense(input_channel, num_classes, has_bias=True)])
```

```
        self.head = nn.SequentialCell(head)
        self.need_activation = True
        if activation == "Sigmoid":
            self.activation = P.Sigmoid()
        elif activation == "Softmax":
            self.activation = P.Softmax()
        else:
            self.need_activation = False
        self._initialize_weights()

    def construct(self, x):
        x = self.head(x)
        if self.need_activation:
            x = self.activation(x)
        return x

    def _initialize_weights(self):
        """
        Initialize weights.

        Args:

        Returns:
            None.

        Examples:
            >>> _initialize_weights()
        """
        self.init_parameters_data()
        for _, m in self.cells_and_names():
            if isinstance(m, nn.Dense):
                m.weight.set_data(Tensor(np.random.normal(
                    0, 0.01, m.weight.data.shape).astype("float32")))
                if m.bias is not None:
                    m.bias.set_data(
                        Tensor(np.zeros(m.bias.data.shape, dtype="float32")))
    @property
    def get_head(self):
        return self.head


class MobileNetV2(nn.Cell):
    """
    MobileNetV2 architecture.

    Args:
        class_num (int): number of classes.
        width_mult (int): Channels multiplier for round to 8/16 and others. Default is 1.
        has_dropout (bool): Is dropout used. Default is false
        inverted_residual_setting (list): Inverted residual settings. Default is None
        round_nearest (list): Channel round to . Default is 8
    Returns:
```

```
            Tensor, output tensor.

        Examples:
            >>> MobileNetV2(backbone, head)
        """

        def __init__(self,num_classes=1000,width_mult=1.,has_dropout=False,inverted_residual_setting=None,
                     round_nearest=8,input_channel=32,last_channel=1280):
            super(MobileNetV2, self).__init__()
            self.backbone = MobileNetV2Backbone(
                width_mult=width_mult,
                inverted_residual_setting=inverted_residual_setting,
                round_nearest=round_nearest,
                input_channel=input_channel,
                last_channel=last_channel
            ).get_features
            self.head = MobileNetV2Head(
                input_channel=self.backbone.out_channel,
                num_classes=num_classes,
                has_dropout=has_dropout
            ).get_head

        def construct(self, x):
            x = self.backbone(x)
            x = self.head(x)
            return x


    class MobileNetV2Combine(nn.Cell):
        """
        MobileNetV2Combine architecture.

        Args:
            backbone (Cell): the features extract layers.
            head (Cell):  the fully connected layers.
        Returns:
            Tensor, output tensor.

        Examples:
            >>> MobileNetV2(num_classes=1000)
        """

        def __init__(self, backbone, head):
            super(MobileNetV2Combine, self).__init__(auto_prefix=False)
            self.backbone = backbone
            self.head = head

        def construct(self, x):
            x = self.backbone(x)
            x = self.head(x)
            return x
```

```
def mobilenet_v2(backbone, head):
    return MobileNetV2Combine(backbone, head)
```

b. 补全后的代码如下。

```
class ConvBNReLU(nn.Cell):
    def __init__(self, ...):

        ......（省略）......

        if groups == 1:
            # 任务 2：考点 1 a-a)，group == 1 时，使用标准卷积
            conv = nn.Conv2d(
                in_channels,
                out_channels,
                kernel_size,
                stride,
                pad_mode='pad',
                padding=padding)
        else:
            # 任务 2：考点 1 a-b)，group != 1
            out_channels = in_planes   # out_channels 变量代表输出通道数
            conv = nn.Conv2d(
                in_channels,
                out_channels,
                kernel_size,
                stride,
                pad_mode='pad',
                padding=padding,
                groups=in_channels)    # groups 等于 in_channels 或 in_planes，代表输入通道数
        layers = [conv, nn.BatchNorm2d(out_planes), nn.ReLU6()]
        self.features = nn.SequentialCell(layers)


class InvertedResidual(nn.Cell):
    def __init__(self, inp, oup, stride, expand_ratio):

        ......（省略）......

        # 任务 2：考点 1 b-a)，当且仅当输入通道数和输出通道数相等以及 stride 为 1 同时满足时，
        # 才可以进行残差连接
        self.use_res_connect = stride == 1 and inp == oup

        ......（省略）......

    def construct(self, x):
        identity = x
        x = self.conv(x)
        if self.use_res_connect:   # 判断是否进行残差连接
            # 任务 2：考点 1 b-b)，返回残差连接后的输出
            return self.add(identity, x)
        return x


class MobileNetV2Backbone(nn.Cell):
```

```
    def __init__(self, width_mult=1., inverted_residual_setting=None, round_nearest=8,
                 input_channel=32, last_channel=1280):

        ......（省略）......

        features = [ConvBNReLU(3, input_channel, stride=2)]
        for t, c, n, s in self.cfgs:
            output_channel = _make_divisible(c * width_mult, round_nearest)
            for i in range(n):
                stride = s if i == 0 else 1
                # 任务 2：考点 1 c-a)，通过 for 循环来不断堆叠 bottleneck，也就是代码中的 InvertedResidual
                features.append(
                    block(input_channel, output_channel, stride, expand_ratio=t))
                input_channel = output_channel
        # 任务 2：考点 1 c-b)，最后添加一个卷积层（卷积核大小为 1×1）+BN 层+激活结构（即 ConvBNReLU）
        features.append(
            ConvBNReLU(input_channel, self.out_channels, kernel_size=1)
        )


class MobileNetV2Head(nn.Cell):
    def __init__(self, ...):
        super(MobileNetV2Head, self).__init__()
        # 任务 2：考点 1 d)
        head = (
            [GlobalAvgPooling(),
            nn.Dense(input_channel, num_classes, has_bias=True)] if not has_dropout else
            [GlobalAvgPooling(),
            nn.Dropout(0.2),  # 有 Dropout 层
            nn.Dense(input_channel, num_classes, has_bias=True)]
        )

        ......（省略）......
```

c. MobileNetV2 是一种高效、轻量级的 CNN 架构，特别设计用于移动设备和嵌入式系统等资源受限的环境。它是谷歌在 2018 年提出的，作为 MobileNetV1 的升级版本，旨在进一步减少模型的计算量和参数量，同时保持较好的识别精度。MobileNetV2 的主要创新在于引入了 Inverted Residual Blocks（倒残差块）和线性瓶颈层，这些设计使得模型更加高效。

a）ConvBNReLU

ConvBNReLU 是深度学习领域中常用的神经网络层组合，尤其是在 CNN 中非常常见。这个组合代表了 3 个连续的操作：卷积（Convolution）、批量归一化（Batch Normalization）和 ReLU（Rectified Linear Unit，线性修正单元）激活函数。

- **卷积**：卷积层是 CNN 的核心组成部分，它通过使用一组可学习的滤波器（也叫作卷积核）对输入图像进行卷积运算，从而提取图像的局部特征。这一操作可以理解为在不同位置寻找特定的特征模式。卷积层还可以引入步长（Stride）和填充（Padding）来控制输出特征图的尺寸。
- **批量归一化**：批量归一化操作紧随卷积层之后，其作用是加速网络训练过程并提高模型性能。它通过计算每个批次数据的均值和标准差，然后使用这些统计量对输入数据进行规范化处理，确保每一层网络的输入具有稳定的分布。这有助于减少内部协变量偏移问题，使得网络更易于学习。此外，

批量归一化还引入了两个可学习的参数（比例 γ 和偏移 β），以便在归一化后对数据进行重新缩放和偏移。

- **ReLU 激活函数**：ReLU 是目前最常用的激活函数之一，其作用是为网络引入非线性。ReLU 激活通常放在批量归一化之后，作为进入下一层之前的最后一步处理。

ConvBNReLU 将这 3 个操作串联起来形成一个高效模块，不仅能够有效地提取特征，还能够加速训练过程并增强网络的表达能力。这种设计已经成为当前 CNN 架构中的标准实践之一。

b）InvertedResidual

Inverted Residual Blocks（倒置残差块）是 MobileNetV2 网络结构中的核心组件，由谷歌在 2018 年提出，特别适用于移动设备和资源受限环境。InvertedResidual 是对传统残差块的一种改进，其关键特点在于倒置，即改变了传统残差连接中滤波器的使用顺序和维度，从而在保持模型性能的同时显著降低了计算成本和模型大小。

传统残差块通常包含两个主要部分：一个复杂的函数（例如多个卷积层堆叠）和一个直接的恒等路径（可能包含升维或降维操作以匹配复杂路径的输出尺寸）。而在 InvertedResidual 中，这个模式被颠倒了。

- **扩展（Expand）层**：首先，输入特征图通过一个 1×1 的卷积层进行升维（增加通道数），通常伴随着 ReLU6 激活函数（一种限制在[0, 6]的 ReLU 变体，专为移动设备设计，用于节省计算资源）。这个步骤使用较少的计算资源来扩展通道，为接下来的深度 wise 卷积准备。
- **深度卷积（Depthwise Convolution）层**：接着，使用深度卷积（每个输入通道单独进行卷积，共享卷积核的权重）处理扩展后的特征图。这一步骤对每个通道独立操作，因此相比标准卷积大大减少了计算量，同时仍能有效地提取空间特征。
- **投影（Project）层**：最后，通过另一个 1×1 的卷积层（伴随 ReLU6 激活函数）降维，将特征图的通道数减少回初始数量或是下一个阶段所需的数量。这一步骤确保了模型的复杂性和计算成本得到有效控制，同时保留了重要特征。

整个 InvertedResidual 嵌入在一个残差连接中，输入会直接加到经过上述 3 个步骤处理后的输出上（如果维度不同，则需要通过 1×1 卷积将维度调整一致）。这样设计的作用是让网络更容易学习残差，即学习输入和经过一系列变换后的输入之间的差异，从而促进梯度流动，加快训练速度并提高模型性能。

在该题目中，要求当输入和输出通道数相同且 stride 为 1 时，才进行残差连接。这样做的好处是残差连接可以无损地传递原始输入信息到输出端，叠加的是网络学习到的新特征，有助于模型学习一个相对简单的校正（即残差），而不是从零开始学习所有特征，使得学习过程更为高效。如果不满足这些条件，网络可能需要通过额外的努力去学习如何在不同尺寸或通道配置之间桥接信息，这可能引入不必要的复杂度和计算负担。

c）MobileNetV2 Backbone

MobileNetV2 Backbone（骨干网络）是指在 MobileNetV2 架构中，专注于图像特征提取的部分，这部分通常被用作许多计算机视觉任务（如图像分类、目标检测、语义分割等）的基础模型。MobileNetV2 Backbone 主要由一系列连续堆叠的倒残差结构组成，每一层都致力于在保持模型效率的同时增强特征表示能力。

d）MobileNetV2 Head 结构

在计算机视觉任务中，“Head” 通常指的是神经网络架构中负责最终输出预测的部分，位于 Backbone

之后。在图像分类任务中，MobileNetV2 的“Head”结构相对简单。Backbone 的输出通常是经过一系列卷积层处理后的特征图，这些特征图会通过一个全局平均池化层，将每个特征图的二维空间信息压缩成一个一维的特征向量，这样做的目的是减少空间维度，保留特征的全局信息。随后，这个特征向量会通过一个全连接层，该全连接层的输出单元数量等于分类任务的类别数（也可以视作一层标准卷积层），然后通常会接一个 Softmax 函数来给出各个类别的概率分布。注意有时为了增强模型性能，也会在全连接层之前、全局平均池化层之后加一个 Dropout 层。

Subtask 2: Customize a callback function class.

The EvalCallback class implements custom callback functions. Each method of the Callback class corresponds to a unique stage in the training or inference process, and these methods share a common input parameter **run_context**, which is used to store model information throughout the training or inference process. When defining a Callback subclass or customizing a Callback, rewrite methods with name prefixes of **on_train** or **on_eval** as needed.

Procedure:

a. In the **on_train_step_end** method:

a) Obtain the context information in the model training process.

b) Add the loss to the **losses** list, and be sure to convert the obtained loss value into an array.

b. In the **on_train_epoch_end** method:

a) Obtain the context information in the model training process.

b) Calculate the average loss of each epoch.

c) Calculate the model's performance on the validation dataset for each epoch of training by calling eval() method.

d) Implement early stopping during model training. If the model's accuracy tested on the validation dataset does not improve for five (**count_max**) consecutive times, the training process will be halted (handled by **run_context**). Otherwise, record the maximum accuracy.

Screenshot requirements:

a. Take a screenshot of the completed code in the **on_train_step_end** method, and save it as **2-2-1 step_end**.

b. Take a screenshot of the completed code in the **on_train_epoch_end** method, and save it as **2-2-2 epoch_end**.

【解析】

a. 待补全的代码（mobilenetV2.ipynb 文件）如下。

```
class EvalCallback(Callback):
    def __init__(self, model, eval_dataset, history, eval_epochs=1):
        self.model = model
        self.eval_dataset = eval_dataset
        self.eval_epochs = eval_epochs
        self.history = history
        self.acc_max = 0
        # acc 连续 5 次小于或等于过程中的最大值，则停止训练
```

```
        self.count_max = 5
        self.count = 0

    def on_train_epoch_begin(self, run_context):
        self.losses = []
        self.startime = time.time()

    def on_train_step_end(self, run_context):
        cb_param =                                      # 任务 2：考点 2 a-a)
        loss = cb_param.net_outputs
        self.losses.                                  # 任务 2：考点 2 a-b)

    def on_train_epoch_end(self, run_context):
        cb_param =                                      # 任务 2：考点 2 b-a)
        cur_epoch = cb_param.cur_epoch_num
        train_loss =                                    # 任务 2：考点 2 b-b)
        time_cost = time.time() - self.startime
        if cur_epoch % self.eval_epochs == 0:
            metric =                                    # 任务 2：考点 2 b-c)
            self.history["epoch"].append(cur_epoch)
            self.history["eval_acc"].append(metric["acc"])
            self.history["eval_loss"].append(metric["loss"])
            self.history["train_loss"].append(train_loss)
            self.history["time_cost"].append(time_cost)
            if :                                        # 任务 2：考点 2 b-d)
                self.count = 0
                                                        # 任务 2：考点 2 b-d)
            else:
                self.count += 1
                if                                      # 任务 2：考点 2 b-d)
                # 任务 2：考点 2 b-d)
                print("epoch: %d, train_loss: %f, eval_loss: %f, eval_acc: %f, 
time_cost: %f" %(cur_epoch, train_loss, metric["loss"], metric["acc"], time_cost))
```

b. 补全后的代码如下。

```
def on_train_step_end(self, run_context):
        # 任务 2：考点 2 a-a)，先获取模型训练过程中已有的上下文信息，再得到模型在每个 step 的输出损失 loss
        cb_param = run_context.original_args()
        loss = cb_param.net_outputs
        # 任务 2：考点 2 a-b)
        self.losses.append(loss.asnumpy())

    def on_train_epoch_end(self, run_context):
        # ***********************************************************************
        # 任务 2：考点 2 b-a)，先获取模型训练过程中已有的上下文信息，再得到模型当前 epoch
        cb_param = run_context.original_args()
        # ***********************************************************************
        cur_epoch = cb_param.cur_epoch_num
        # ***********************************************************************
        # 任务 2：考点 2 b-b)，计算每个 epoch 的平均损失
        train_loss = np.mean(self.losses)
        # ***********************************************************************

        time_cost = time.time() - self.startime
        if cur_epoch % self.eval_epochs == 0:
```

```
# ************************************************************************
# 任务 2：考点 2 b-c)，每个 epoch 均计算模型在验证集上的表现
metric =self.model.eval(self.eval_dataset, dataset_sink_mode=False)
# ************************************************************************


self.history["epoch"].append(cur_epoch)
self.history["eval_acc"].append(metric["acc"])
self.history["eval_loss"].append(metric["loss"])
self.history["train_loss"].append(train_loss)
self.history["time_cost"].append(time_cost)

# 任务 2：考点 2  b-d)，实现模型提前停止训练，即当模型在验证集上的 accuracy 连续 5（count_max）次不再
# 上升时就停止训练（借助 run_context 来实现），否则记录 accuracy 最大值
# ************************************************************************
f self.acc_max < metric["acc"]:                   # 任务 2：考点 2 b-d)
    self.count = 0
    self.acc_max = metric["acc"]                  # 任务 2：考点 2 b-d)
else:
    self.count += 1
    if self.count == self.count_max:              # 任务 2：考点 2 b-d)
        run_context.request_stop()                # 任务 2：考点 2 b-d)
# ************************************************************************
```

Subtask 3: Instantiate a model.

Procedure:

a. Instantiate a model.

a) Instantiate MobileNetV2Backbone.

b) Freeze the parameters in the Backbone so that they are not updated during training.

c) Load all parameter values in the pretrained weight file to the Backbone.

d) Instantiate MobileNetV2Head.

Screenshot requirements:

a. Take a screenshot of the model instantiation code, and save it as **2-3-1mobilenet**.

Subtask 4: Define the loss function, learning rate, and optimizer, and encapsulate the model.

Procedure:

a. Define the loss function, learning rate, and optimizer, and encapsulate the model.

a) Define an appropriate loss function for the current model.

b) Set a loss scaling manager. The gradient scaling factor is **LOSS_SCALE**. The optimizer is not executed when overflow occurs.

c) Define the learning rate. **total_steps** equals **epochs** × **step_size**, which is obtained from **config**; **lr_max** is also obtained from **config**.

d) Define the optimizer. Obtain the **momentum** coefficient and **weight_decay** information from **config**, and set other parameters as required.

e) Encapsulate the model. Call the high-level API **Model()** to encapsulate the model, with the model evaluation set to **{'acc', 'loss'}** and other parameters set as required.

Screenshot requirements:

a. Take a screenshot of the completed code related to the loss function, learning rate, optimizer, and model encapsulation, and save it as **2-4-1model**.

Subtask 5: Train the model.

Procedure:

a. Set the checkpoint policy and implement model training.

a）Set the configuration policy for saving checkpoints: save the checkpoint file every **save_ckpt_epochs x step_size** steps. A maximum of **epochs** checkpoint files can be saved. **save_ckpt_epochs** and **epochs** are obtained from **config**.

b）Set the checkpoint callback objects: Set the prefix of each checkpoint file to **mobilenetv2**. Set the path for saving checkpoint files to **save_ckpt_path**, which is obtained from **config**. Set other parameters as required.

c）Call the model training API to implement model training.

Screenshot requirements:

a. Take a screenshot of the completed code related to checkpoint policy and model training, and save it as **2-5-1train**.

【解析】

a. 待补全的代码（mobilenetV2.ipynb 文件）如下。

```
from mindspore.train.loss_scale_manager import FixedLossScaleManager

LOSS_SCALE = 1024
def train():
    train_dataset = create_dataset(dataset_path=config.dataset_path, config=config)
    eval_dataset = create_dataset(dataset_path=config.dataset_path, config=config)
    step_size = train_dataset.get_dataset_size()
    # last_channel=config.backbone_out_channels
    backbone =                                          # 任务 2：考点 3 a-a)
    # Freeze parameters of backbone.
    for                                                 # 任务 2：考点 3 a-b)

    # load parameters from pretrained model
                                                        # 任务 2：考点 3 a-c)

    # head = MobileNetV2Head(num_classes=config.num_classes, last_channel=config.backbone_out_channels)
    head =                                              # 任务 2：考点 3 a-d)
    network = mobilenet_v2(backbone, head)

    # define loss, optimizer, and model
    loss =                                              # 任务 2：考点 4 a-a)
    loss_scale =                                        # 任务 2：考点 4 a-b)
    lrs =                                               # 任务 2：考点 4 a-c)
    opt =                                               # 任务 2：考点 4 a-d)
    model =                                             # 任务 2：考点 4 a-e)

    history = {'epoch': [], 'train_loss': [], 'eval_loss': [], 'eval_acc': [], 'time_cost':[]}
    eval_cb = EvalCallback(model, eval_dataset, history)
```

```
        ckpt_cfg =                                  # 任务 2：考点 5 a-a)
        ckpt_cb =                                   # 任务 2：考点 5 a-b)
        cb = [eval_cb, ckpt_cb]
        # 任务 2：考点 5 a-c)

    return history
```

b. 补全后的代码如下。

```
def train():
    train_dataset = create_dataset(dataset_path=config.dataset_path, config=config)
    eval_dataset = create_dataset(dataset_path=config.dataset_path, config=config)
    step_size = train_dataset.get_dataset_size()

    # ******考点 3：模型实例化 开始*****
    # last_channel=config.backbone_out_channels
    # 任务 2：考点 3 a-a)，实例化 MobileNetV2Backbone
    backbone = MobileNetV2Backbone()

    # Freeze parameters of backbone.
    # 任务 2：考点 3 a-b)，冻结 backbone 中的参数，使其在训练中不参与更新
    for param in backbone.get_parameters():
        param.requires_grad = False

    # load parameters from pretrained model
    # 任务 2：考点 3 a-c)，将预训练权重文件中的所有参数值加载到 backbone 中
    load_checkpoint(config.pretrained_ckpt, backbone)

    # head = MobileNetV2Head(num_classes=config.num_classes, last_channel=config.backbone_out_channels)
    # 任务 2：考点 3 a-d)，实例化 MobileNetV2Head
    head = MobileNetV2Head(input_channel=backbone.out_channels, num_classes=config.num_classes)

    network = mobilenet_v2(backbone, head)

    # define loss, optimizer, and model
    # 任务 2：考点 4 a-a)，为当前模型定义合适的损失函数
    loss = nn.SoftmaxCrossEntropyWithLogits(sparse=True, reduction='mean')

    # 任务 2：考点 4 a-b)，设置损失缩放管理器，梯度放大系数为 LOSS_SCALE，出现溢出时不执行优化器
    loss_scale = FixedLossScaleManager(LOSS_SCALE, drop_overflow_update=False)

    # 任务 2：考点 4 a-c)，定义学习率—— total_steps 为 epochs * step_size，从 config 中获取；lr_max 从 config 中获取
    lrs = cosine_decay(config.epochs * step_size, lr_max=config.lr_max)

    # 任务 2：考点 4 a-d)，定义动量优化器—— momentum 系数、weight_decay 信息从 config 中获取，其余参数自行设置
    opt = nn.Momentum(network.trainable_params(), lrs, config.momentum, config.weight_decay, loss_scale=LOSS_SCALE)

    # 任务 2：考点 4  a-e)，完成模型封装—— 调用高阶接口 Model 完成模型封装，其中，模型评估设置为{'acc', 'loss'}，
    # 其他参数自行设置
    model = Model(network, loss, opt, loss_scale_manager=loss_scale, metrics={'acc', 'loss'})

    history = {'epoch': [], 'train_loss': [], 'eval_loss': [], 'eval_acc': [], 'time_cost':[]}
    eval_cb = EvalCallback(model, eval_dataset, history)
```

```
    # 任务 2：考点 5 a-a），设置保存 checkpoint 时的配置策略——每隔 save_ckpt_epochs * step_size 个 step 保存
    # 一次 checkpoint，最多保存 epochs 个 checkpoint 文件，save_ckpt_epochs 和 epochs 从 config 中获取
    ckpt_cfg = CheckpointConfig(
        save_checkpoint_steps=config.save_ckpt_epochs * step_size,
        keep_checkpoint_max=config.epochs)

    # 任务 2：考点 5 a-b），设置 checkpoint 的回调对象——checkpoint 文件的前缀设置为 mobilenetv2；保存 checkpoint
    # 文件的文件夹路径设置为 save_ckpt_path，从 config 中获取；其他参数自行配置
    ckpt_cb = ModelCheckpoint(
        prefix="mobilenetv2",
        directory=config.save_ckpt_path,
        config=ckpt_cfg)

    # 任务 2：考点 5 a-c），调用模型训练接口实现模型训练
    cb = [eval_cb, ckpt_cb]
    model.train(config.epochs, train_dataset, callbacks=cb, dataset_sink_mode=False)

    return history
```

c. 考点 3、4、5 考查模型训练相关知识技能，对 train 函数中的逻辑的总结如下。

a）数据集准备。

- train_dataset 和 eval_dataset 分别通过 create_dataset 函数根据给定的 dataset_path 和配置信息 config 创建训练集和验证集。
- 计算训练集的总步数 step_size，这在后续设置学习率衰减等策略时会用到。

b）模型实例化。

- 实例化 MobileNetV2Backbone 作为特征提取网络，并冻结其参数，在训练过程中不会更新这些参数。
- 通过 load_checkpoint 函数加载预训练模型的权重到 backbone 中。
- 实例化 MobileNetV2Head 作为模型的头，用于分类任务，其输入通道数来自 backbone 的输出通道数，分类类别数由 config.num_classes 决定。
- 将 backbone 和 head 组合构建最终的网络模型。

c）损失函数与优化器配置。

- 定义损失函数为 Softmax 交叉熵损失，适用于多分类问题。
- 使用 FixedLossScaleManager 管理损失缩放，避免数值溢出，且当发生溢出时不更新梯度。
- 设置学习率为 cosine_decay（余弦退火衰减），总步数基于训练轮数和数据集大小计算，最大学习率由配置决定。
- 定义动量优化器，包括学习率调度器、动量和权重衰减等超参数。
- 使用 Model 高阶接口封装网络、损失函数、优化器和损失缩放管理器，同时指定评估指标为准确率和损失。

d）训练过程管理。

- 初始化一个字典 history 用于记录训练历史信息。
- 创建一个评估回调 EvalCallback，用于在训练过程中定时进行验证并记录性能指标。

- 配置 checkpoint 保存策略，包括保存频率和最多保存的 checkpoint 数量。
- 创建 ModelCheckpoint 回调，指定 checkpoint 的命名前缀、保存路径以及上述保存策略。
- 调用 model.train 方法启动训练，传入总训练轮数、训练集、回调函数列表，并关闭数据下沉模式（dataset_sink_mode=False）以便于调试。

e）返回训练历史。

训练结束后，返回记录了每个 epoch 训练损失、评估损失、评估精度及时间消耗的 history 字典。

补全后的代码展示了从数据准备、模型构建、损失函数与优化器配置、训练过程监控到模型保存的完整深度学习训练流程。

Subtask 6: Visualize training.

Procedure:

a. Visualize model training results.

a）In the first canvas, draw the loss change trends of the model on both the training dataset and validation dataset. (The horizontal axis is **epoch**, and the vertical axis is **train_loss** or **eval_loss**.)

b）In the second canvas, draw the accuracy change trend of the model on the validation dataset. (The horizontal axis is **epoch**, and the vertical axis is **eval_acc**.)

c）Select the optimal checkpoint file for the model, which is the one saved at the epoch with the highest **eval_acc** value. Use code to implement this rather than through observation. Note: **np.argmax**.

Screenshot requirements:

a. Take a screenshot of the code for model training result visualization, and save it as **2-6-1code**.

【解析】

a. 待补全的代码（mobilenetV2.ipynb 文件）如下。

```
if os.path.exists(config.save_ckpt_path):
shutil.rmtree(config.save_ckpt_path)

history = train()

plt.                                                    # 任务 2：考点 6 a-a)
plt.                                                    # 任务 2：考点 6 a-a)
plt.legend()
plt.show()

plt.                                                    # 任务 2：考点 6 a-b)
plt.legend()
plt.show()
# 挑选最优模型 Checkpoint
CKPT =                                                    # 任务 2：考点 6 a-c)
print("Chosen checkpoint is", CKPT)
```

b. 补全后的代码如下。

```
if os.path.exists(config.save_ckpt_path):
    shutil.rmtree(config.save_ckpt_path)
```

```
history = train()

# 任务 2：考点 6 a-a)，在第一张画布中绘制模型在训练集上的 loss 的变化趋势，以及模型在验证集上的 loss 的变化趋势（横轴
# 为 epoch，纵轴为 train_loss 和 eval_loss）
plt.plot(history['epoch'], history['train_loss'], label='train_loss')
plt.plot(history['epoch'], history['eval_loss'], 'r', label='val_loss')

plt.legend()
plt.show()

# 任务 2：考点 6 a-b)，在第二张画布中绘制模型在验证集上的 accuracy 的变化趋势，横轴为 epoch，纵轴为 eval_acc
plt.plot(history['epoch'], history['eval_acc'], 'r', label = 'val_acc')
plt.legend()
plt.show()

# 任务 2：考点 6 a-c)，挑选出最优模型的 checkpoint，也就是 eval_acc 最高值对应的 epoch 所保存的 checkpoint 文件
CKPT = 'mobilenetv2-%d_40.ckpt' % (np.argmax(history['eval_acc']) + 1)
print("Chosen checkpoint is", CKPT)
```

c. 运行结果如下，图 4-6 所示为损失值，图 4-7 所示为评估精确度。

```
epoch: 1, train_loss: 1.477465, eval_loss: 0.638523, eval_acc: 0.812500, time_cost: 61.984063
epoch: 2, train_loss: 0.685245, eval_loss: 0.502468, eval_acc: 0.851172, time_cost: 5.713693
epoch: 3, train_loss: 0.536149, eval_loss: 0.411113, eval_acc: 0.887109, time_cost: 3.833910
epoch: 4, train_loss: 0.463673, eval_loss: 0.388023, eval_acc: 0.888281, time_cost: 3.547442
epoch: 5, train_loss: 0.418699, eval_loss: 0.365356, eval_acc: 0.898438, time_cost: 4.141625
epoch: 6, train_loss: 0.411688, eval_loss: 0.308553, eval_acc: 0.910156, time_cost: 6.477360
epoch: 7, train_loss: 0.379496, eval_loss: 0.329381, eval_acc: 0.909375, time_cost: 3.141057
epoch: 8, train_loss: 0.400171, eval_loss: 0.285044, eval_acc: 0.918359, time_cost: 5.978447
epoch: 9, train_loss: 0.336880, eval_loss: 0.276865, eval_acc: 0.917188, time_cost: 3.966780
epoch: 10, train_loss: 0.312200, eval_loss: 0.257222, eval_acc: 0.925391, time_cost: 3.752023
epoch: 11, train_loss: 0.335976, eval_loss: 0.248587, eval_acc: 0.929688, time_cost: 4.326470
epoch: 12, train_loss: 0.319801, eval_loss: 0.261559, eval_acc: 0.928125, time_cost: 3.785841
epoch: 13, train_loss: 0.316875, eval_loss: 0.226148, eval_acc: 0.937109, time_cost: 5.177963
epoch: 14, train_loss: 0.283130, eval_loss: 0.215253, eval_acc: 0.941016, time_cost: 3.293821
epoch: 15, train_loss: 0.272162, eval_loss: 0.230509, eval_acc: 0.935156, time_cost: 3.568282
epoch: 16, train_loss: 0.268620, eval_loss: 0.234768, eval_acc: 0.930469, time_cost: 4.147666
epoch: 17, train_loss: 0.276265, eval_loss: 0.215269, eval_acc: 0.940625, time_cost: 4.033383
epoch: 18, train_loss: 0.287861, eval_loss: 0.207091, eval_acc: 0.944531, time_cost: 3.305866
epoch: 19, train_loss: 0.233573, eval_loss: 0.217298, eval_acc: 0.935156, time_cost: 3.862810
epoch: 20, train_loss: 0.270857, eval_loss: 0.237108, eval_acc: 0.931641, time_cost: 6.175121
epoch: 21, train_loss: 0.258473, eval_loss: 0.192456, eval_acc: 0.946484, time_cost: 3.080234
epoch: 22, train_loss: 0.235470, eval_loss: 0.195225, eval_acc: 0.949219, time_cost: 3.220836
epoch: 23, train_loss: 0.233770, eval_loss: 0.198480, eval_acc: 0.939063, time_cost: 3.249115
epoch: 24, train_loss: 0.255426, eval_loss: 0.177658, eval_acc: 0.952734, time_cost: 3.250256
epoch: 25, train_loss: 0.246296, eval_loss: 0.208608, eval_acc: 0.945312, time_cost: 3.233938
epoch: 26, train_loss: 0.264717, eval_loss: 0.184131, eval_acc: 0.948828, time_cost: 3.290921
epoch: 27, train_loss: 0.220691, eval_loss: 0.224718, eval_acc: 0.941016, time_cost: 3.318191
epoch: 28, train_loss: 0.273560, eval_loss: 0.179314, eval_acc: 0.951172, time_cost: 3.404309
epoch: 29, train_loss: 0.254900, eval_loss: 0.223525, eval_acc: 0.937891, time_cost: 3.220963
```

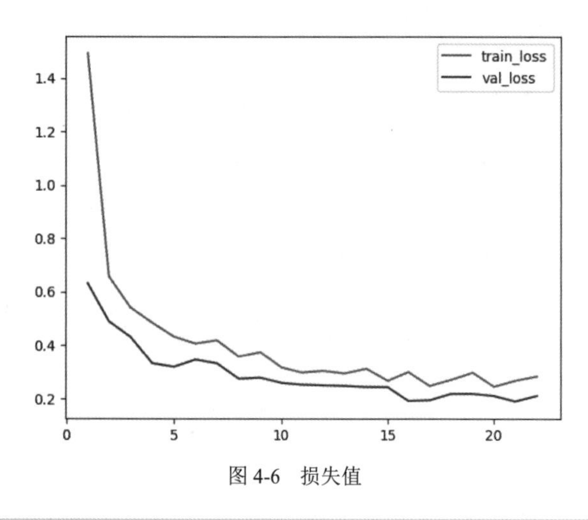

图 4-6　损失值

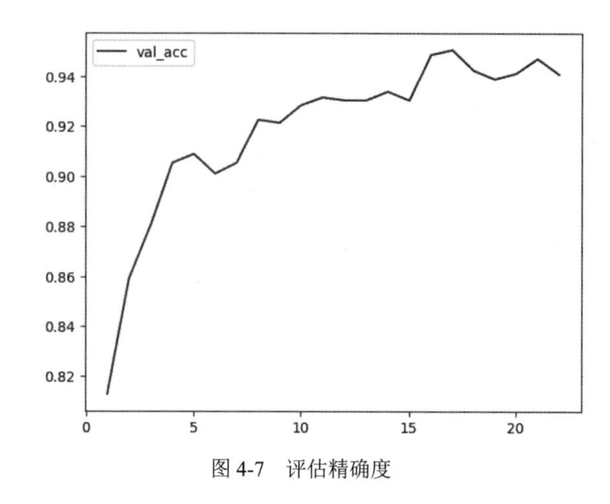

图 4-7　评估精确度

Task 3: Online Model Inference and Saving (50 Points)
Subtask 1: Perform model inference.

Procedure:

a. Load test images, preprocess images, and perform inference.

a) Use the **image_process** function to preprocess the images to be inferred.

1) Implement image normalization, that is, (pixel value of each channel － mean value)/standard deviation.

2) Implement shape conversion.

b) Use the **infer_one** function to perform inference on images.

1) Preprocess the images using the **image_process** function, pass them to the model for inference, and obtain the model inference result.

2) Obtain the index of the maximum probability value in the model inference result.

c) Perform inference on nine images.

1) Instantiate MobileNetV2Backbone.

2) Instantiate MobileNetV2Head.

3) Load the weight values from the checkpoint file saved at the epoch with the highest **eval_acc** value during training into the network.

Screenshot requirements:

a. Take a screenshot of the completed code for image loading and processing and inference implementation, and save it as **3-1-1infer**. Take a screenshot of the output result, and save it as **3-1-2result**.

Subtask 2: Save a model.

Procedure:

a. Define the input data structure and export an AIR model.

a) Define input data. Sample data from a uniform distribution.

b) Export an AIR model with the name **mobilenetv2**. Note that points will only be awarded if training is successful and the code here is correct. Do not capture the screenshot of the AIR model file provided in this task.

Screenshot requirements:

a. Take a screenshot of the completed code for defining the data structure and exporting the AIR model, and save it as **3-2-1air1**. Take a screenshot of the exported model, and save it as **3-2-2air2**.

【解析】

a. 待补全的代码（mobilenetV2.ipynb 文件）如下。

```
def image_process(image):
    """Precess one image per time.

    Args:
    image: shape (H, W, C)
    """
    mean=[0.485*255, 0.456*255, 0.406*255]
    std=[0.229*255, 0.224*255, 0.225*255]

    image =                                                    # 任务 3：考点 1 a-a)
    image =                                                    # 任务 3：考点 1 a-a)


    img_tensor = Tensor(np.array([image], np.float32))
    return img_tensor

def infer_one(network, image_path):
    image = Image.open(image_path).resize((config.image_height, config.image_width))
    logits =                                                   # 任务 3：考点 1 a-b)
    pred =                                                     # 任务 3：考点 1 a-b)

    print(image_path, class_en[pred])

backbone =                                                     # 任务 3：考点 1 a-c)
head =                                                         # 任务 3：考点 1 a-c)

network = mobilenet_v2(backbone, head)

load_checkpoint(os.path.join(config.save_ckpt_path, CKPT), network)     # 任务 3：考点 1 a-c)
for i in range(91, 100):
    infer_one(network, f'data_en/test/Cardboard/000{i}.jpg')

input =                                                        # 任务 3：考点 2 a-a)
# 任务 3：考点 2 a-b)
```

b. 补全后的代码（mobilenetV2.ipynb 文件）如下。

```
def image_process(image):
    """Precess one image per time.

    Args:
        image: shape (H, W, C)
    """
    mean=[0.485*255, 0.456*255, 0.406*255]
    std=[0.229*255, 0.224*255, 0.225*255]
```

```
    # image =                                                      # 任务 3：考点 1 a-a)
    # image =                                                      # 任务 3：考点 1 a-a)
    image = (np.array(image) - mean) / std
    image = image.transpose((2,0,1))

    img_tensor = Tensor(np.array([image], np.float32))
    return img_tensor

def infer_one(network, image_path):
    image = Image.open(image_path).resize((config.image_height, config.image_width))
    # logits =                                                     # 任务 3：考点 1 a-b)
    # pred =                                                       # 任务 3：考点 1 a-b)
    logits = network(image_process(image))
    pred = np.argmax(logits.asnumpy(), axis=1)[0]

    print(image_path, class_en[pred])

# backbone =                                                       # 任务 3：考点 1 a-c)
# head =                                                           # 任务 3：考点 1 a-c)
backbone = MobileNetV2Backbone(last_channel=config.backbone_out_channels) # 任务 3：考点 1 a-c)
head = MobileNetV2Head(input_channel=backbone.out_channels, num_classes=config.num_classes)    # 任务 3：考点 1 a-c)

network = mobilenet_v2(backbone, head)

load_checkpoint(os.path.join(config.save_ckpt_path, CKPT), network)          # 任务 3：考点 1 a-c)
for i in range(91, 100):
    infer_one(network, f'data_en/test/Cardboard/000{i}.jpg')

input = np.random.uniform(-1.0, 1.0, size=[1, 3, 224, 224]).astype(np.float32)     # 任务 3：考点 2 a-a)
export(network, Tensor(input), file_name='mobilenetv2', file_format='AIR')     # 任务 3：考点 2 a-b)
```

c. 运行结果如图 4-8 和图 4-9 所示。

```
data_en/test/Cardboard/00091.jpg Cardboard
data_en/test/Cardboard/00092.jpg Cardboard
data_en/test/Cardboard/00093.jpg Cardboard
data_en/test/Cardboard/00094.jpg Cardboard
data_en/test/Cardboard/00095.jpg Cardboard
data_en/test/Cardboard/00096.jpg Cardboard
data_en/test/Cardboard/00097.jpg Cardboard
data_en/test/Cardboard/00098.jpg Cardboard
data_en/test/Cardboard/00099.jpg Cardboard
```

图 4-8　运行结果（3-1-1infer 截图）

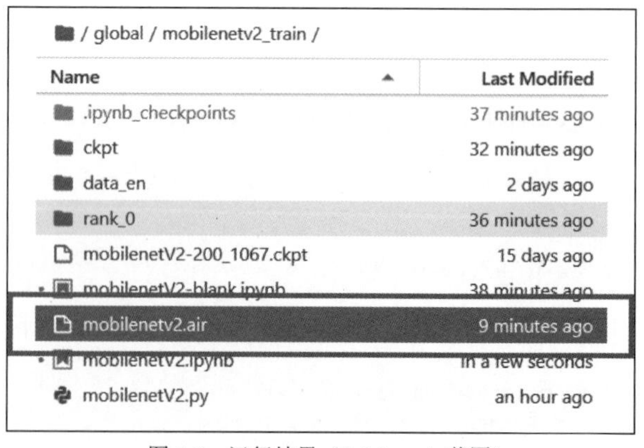

图 4-9　运行结果（3-1-2result 截图）

Task 4: Offline Inference (300 Points)

This task is described as follows:

a. An SD card with a burnt image is provided. The **image version is 23.0.RC2_ubuntu22.04 (CANN version:**

6.2.RC2). Set up an environment based on Atlas 200I DK A2 (developer board for short). Start the developer board and remotely access it through a PC (recommended tool: MobaXterm).

b. Upload the **mobilenetv2_infer.zip** file to the developer board and uncompress the file. There is no restriction on the specific path, and the personal path information will not be displayed in the tasks.

c. Download the **mobilenetv2.air** model file exported in task 3 to your PC and close the running notebook instance. To ensure the smooth progression of subsequent tasks, this task also provides a **mobilenetv2.air** file obtained from training. But preferentially use the model file obtained in task 3.

d. For this task, the whole process is as follows: Step one is to convert the AIR model saved in task 3 into an OM offline model, and then develop an image classification application using the MindX SDK and AscendCL. Application development includes steps such as resource initialization, image preprocessing, inference, image postprocessing, and resource release. Among them, basic code for testing images, reading images into memory, and preprocessing images has been stored in the code package.

Subtask 1: Convert the model.

Procedure:

Upload the downloaded **mobilenetv2.air** file to the **mobilenetv2_infer/model** directory.

a. Complete the AIPP configuration file: Set the image size, static AIPP configuration mode, and original image format (YUV420SP_U8) in the **insert_op_yuv.cfg** file under the **mobilenetv2_infer/model** directory.

b. Access the **mobilenetv2_infer/model** directory and use the **atc** tool to convert the **mobilenetv2.air** model to a **garbage_yuv.om** model. You can run the **atc --help** command to query the meanings of key parameters.

Screenshot requirements:

a. Take a screenshot of the code added to the AIPP configuration file, and save it as **4-1-1aipp**.

b. Take a screenshot of the model conversion code and returned result, and save it as **4-1-2om**.

【解析】

a. 用 MobaXterm 软件连接到开发板。

b. 把考题提供的 mobilenetv2_infer.zip 上传到开发板“/”，并解压到 mobilenetv2_infer 目录。

c. 将下载到本地的 mobilenetv2.air 上传到 mobilenetv2_infer/model 目录下。

d. 考题提供的（mobilenetv2_infer/model 下的 insert_op_yuv.cfg 文件）代码如下：

```
aipp_op {
    related_input_rank : 0
    src_image_size_w : 224
    src_image_size_h : 224
    crop : false
    aipp_mode: static
    input_format : YUV420SP_U8
    csc_switch : true
    rbuv_swap_switch : false
    matrix_r0c0 : 256
    matrix_r0c1 : 0
    matrix_r0c2 : 359
    matrix_r1c0 : 256
```

```
    matrix_r1c1 : -88
    matrix_r1c2 : -183
    matrix_r2c0 : 256
    matrix_r2c1 : 454
    matrix_r2c2 : 0
    input_bias_0 : 0
    input_bias_1 : 128
    input_bias_2 : 128
    mean_chn_0 : 124
    mean_chn_1 : 116
    mean_chn_2 : 104
    min_chn_0 : 0.0
    min_chn_1 : 0.0
    min_chn_2 : 0.0
    var_reci_chn_0 : 0.017125
    var_reci_chn_1 : 0.017507
    var_reci_chn_2 : 0.017429
}
```

e. insert_op_yuv.cfg 文件默认值已经满足考题要求，无须修改。

f. 进入 mobilenetv2_infer/model 目录，使用 ATC 工具将 mobilenetv2.air 模型转换为 garbage_yuv.om 模型。命令如下，等待 10 分钟左右，将在 model 目录下生成 OM 文件，如图 4-10 所示。

```
atc --model=./mobilenetv2.air --framework=1 --output=garbage_yuv --soc_version=Ascend310B1
--insert_op_conf=./insert_op_yuv.cfg --input_shape="data:1,3,224,224" --input_format=NCHW
```

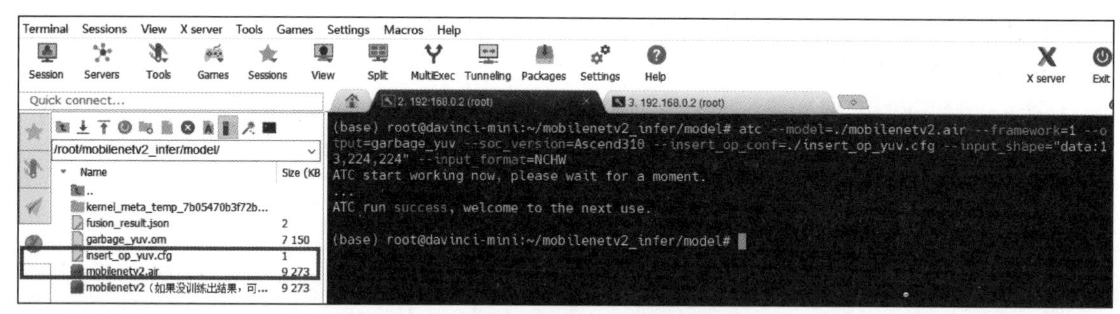

图 4-10　生成 OM 文件（4-1-2om 截图）

Subtask 2: Set MindX SDK environment variables and start JupyterLab.

Procedure:

a. Activate the mxVison environment variables. Path of the script: **/usr/local/Ascend/mxVision.**

b. Start the JupyterLab in the **mobilenetv2_infer** directory. For reference: **jupyter lab --ip xxx.xxx.xxx.xxx --allow-root --no-browser.**

Screenshot requirements:

a. Take a screenshot of your environment variable settings, and save it as **4-2-1env**.

b. Take a screenshot of the commands used to start JupyterLab, and save it as **4-2-2jupyter**. Then capture a screenshot of the opened JupyterLab page, and save it as **4-2-3lab**.

【解析】

a. 使用如下命令设置 mxVison 环境变量：

```
source /usr/local/Ascend/mxVision/set_env.sh
```

b. 在 mobilenetv2_infer 目录下，使用以下命令启动 JupyterLab，输出如图 4-11 所示：

```
jupyter lab --ip 192.168.0.2 --allow-root --no-browser
[I 2024-06-16 00:49:27.067 ServerApp] Serving notebooks from local directory:
/root/mobilenetv2_infer/model
    0 active kernels
    Jupyter Server 2.5.0 is running at:
    http://192.168.0.2:8888/lab?token=673c26f6eaae9c529f6c48650dedf1d07d7c8160ce704214
    http://127.0.0.1:8888/lab?token=673c26f6eaae9c529f6c48650dedf1d07d7c8160ce704214
```

```
(base) root@davinci-mini:~/mobilenetv2_infer/model# jupyter lab --ip 192.168.0.2 --allow-root --no-
browser
[I 2024-06-16 00:48:40.430 ServerApp] Package jupyterlab took 0.0001s to import
[I 2024-06-16 00:48:40.493 ServerApp] Package jupyter_lsp took 0.0611s to import
[W 2024-06-16 00:48:40.493 ServerApp] A `_jupyter_server_extension_points` function was not found i
n jupyter_lsp. Instead, a `_jupyter_server_extension_paths` function was found and will be used for
 now. This function name will be deprecated in future releases of Jupyter Server.
[I 2024-06-16 00:48:40.520 ServerApp] Package jupyter_server_terminals took 0.0258s to import
[I 2024-06-16 00:48:40.522 ServerApp] Package notebook_shim took 0.0001s to import
[W 2024-06-16 00:48:40.523 ServerApp] A `_jupyter_server_extension_points` function was not found i
n notebook_shim. Instead, a `_jupyter_server_extension_paths` function was found and will be used f
or now. This function name will be deprecated in future releases of Jupyter Server.
[I 2024-06-16 00:48:40.526 ServerApp] jupyter_lsp | extension was successfully linked.
[I 2024-06-16 00:48:40.543 ServerApp] jupyter_server_terminals | extension was successfully linked.
[I 2024-06-16 00:48:40.564 ServerApp] jupyterlab | extension was successfully linked.
[I 2024-06-16 00:48:41.608 ServerApp] notebook_shim | extension was successfully linked.
[I 2024-06-16 00:48:41.690 ServerApp] notebook_shim | extension was successfully loaded.
[I 2024-06-16 00:48:41.699 ServerApp] jupyter_lsp | extension was successfully loaded.
[I 2024-06-16 00:48:41.703 ServerApp] jupyter_server_terminals | extension was successfully loaded.
[I 2024-06-16 00:48:41.705 LabApp] JupyterLab extension loaded from /usr/local/miniconda3/lib/pytho
n3.9/site-packages/jupyterlab
[I 2024-06-16 00:48:41.706 LabApp] JupyterLab application directory is /usr/local/miniconda3/share/
jupyter/lab
[I 2024-06-16 00:48:41.709 LabApp] Extension Manager is 'pypi'.
[I 2024-06-16 00:48:41.721 ServerApp] jupyterlab | extension was successfully loaded.
[I 2024-06-16 00:48:41.722 ServerApp] Serving notebooks from local directory: /root/mobilenetv2_inf
er/model
[I 2024-06-16 00:48:41.722 ServerApp] Jupyter Server 2.5.0 is running at:
[I 2024-06-16 00:48:41.723 ServerApp] http://192.168.0.2:8888/lab?token=673c26f6eaae9c529f6c48650de
df1d07d7c8160ce704214
[I 2024-06-16 00:48:41.723 ServerApp]     http://127.0.0.1:8888/lab?token=673c26f6eaae9c529f6c48650
dedf1d07d7c8160ce704214
[I 2024-06-16 00:48:41.723 ServerApp] Use Control-C to stop this server and shut down all kernels (
twice to skip confirmation).
[C 2024-06-16 00:48:41.736 ServerApp]

    To access the server, open this file in a browser:
        file:///root/.local/share/jupyter/runtime/jpserver-49384-open.html
    Or copy and paste one of these URLs:
        http://192.168.0.2:8888/lab?token=673c26f6eaae9c529f6c48650dedf1d07d7c8160ce704214
        http://127.0.0.1:8888/lab?token=673c26f6eaae9c529f6c48650dedf1d07d7c8160ce704214
[I 2024-06-16 00:48:41.835 ServerApp] Skipped non-installed server(s): bash-language-server, docker
file-language-server-nodejs, javascript-typescript-langserver, jedi-language-server, julia-language
-server, pyright, python-language-server, python-lsp-server, r-languageserver, sql-language-server,
 texlab, typescript-language-server, unified-language-server, vscode-css-languageserver-bin, vscode
-html-languageserver-bin, vscode-json-languageserver-bin, yaml-language-server
```

图 4-11　输出（4-2-3lab 截图）

c. 在浏览器的地址栏中输入以上步骤中的网址并按 Enter 键，打开 Notebook，如图 4-12 所示。

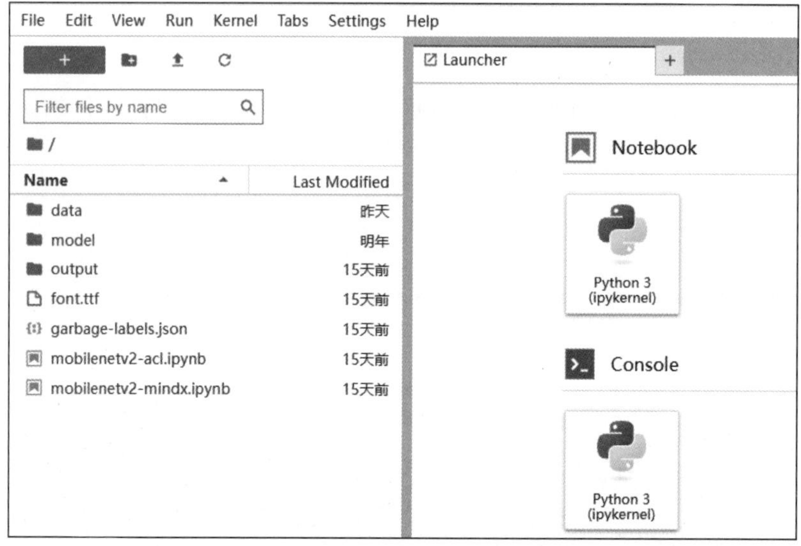

图 4-12　打开 Notebook（4-2-3lab-2 截图）

Subtask 3: Use MindX SDK to complete model inference.

This subtask focuses on completing the mobilenetv2-mindx file and running the code.

Procedure:

a. Initialize mxVision resources.

b. Process the image.

a) Initialize the ImageProcessor object.

b) Read the image and decode the image into the **base.nv12** format.

c) Resize the decoded image using the high-order filtering algorithm (**base.huaweiu_high_order_filter**) developed by Huawei.

c. Perform inference and obtain the output.

a) Initialize the **base.model** class.

b) Run model inference.

Screenshot requirements:

a. Take a screenshot of the code used to initialize mxVision, and save it as **4-3-1init**.

b. Take a screenshot of the code that you supplemented for image processing, and save it as **4-3-2image**.

c. Take a screenshot of the code used for inference, and save it as **4-3-3infer**, along with the output image after inference, and save it as **4-3-4output**.

【解析】

a. 待补充的代码如下。

```
import cv2  # 图片处理第三方库，用于对图片进行前后处理
import time # 用于记录运行时间
import numpy as np  # 用于对多维数组进行计算

from mindx.sdk import Tensor  # mxVision 中的 Tensor 数据结构
from mindx.sdk import base  # mxVision 推理接口
from mindx.sdk.base import ImageProcessor,Size # mxVision 图像预处理接口
from PIL import Image, ImageDraw, ImageFont # 可视化相关接口
import matplotlib.pyplot as plt # 可视化相关接口
# 初始化昇腾相关资源和变量
#  任务 4：考点 3 a)
DEVICE_ID = 0  # 设置设备 ID

# 初始化模型相关参数和变量
MODEL_WIDTH = 224 # 输入图片宽度
MODEL_HEIGHT = 224 # 输入图片高度
MODEL_PATH = "./model/garbage_yuv.om"  # 模型路径
# 标签名列表
image_net_classes = ['Plastic Bottle', 'Hats', 'Newspaper', 'Cans', 'Glassware', 'Glass Bottle',
                     'Cardboard', 'Basketball', 'Paper', 'Metalware', 'Disposable Chopsticks',
                     'Lighter', 'Broom', 'Old Mirror', 'Toothbrush', 'Dirty Cloth', 'Seashell',
                     'Ceramic Bowl', 'Paint bucket','Battery', 'Fluorescent lamp', 'Tablet capsules',
                     'Orange Peel', 'Vegetable Leaf', 'Eggshell', 'Banana Peel'
]

# 初始化 ImageProcessor 对象
imageProcessor =                                    # 任务 4：考点 3 b-a)

# 图片路径
image_path = "./data/bottle.jpg"

# 读取图片路径进行解码，解码格式为 nv12(YUV_SP_420)
decoded_image =                                     # 任务 4：考点 3 b-b)

# 设置缩放尺寸
size_para = Size(MODEL_WIDTH, MODEL_HEIGHT)

# 将解码后的图像按尺寸进行缩放，缩放方式为华为自研的高阶滤波算法（base.huaweiu_high_order_filter)
resized_image =                                     # 任务 4：考点 3 b-c)

# 转换 Tensor
input_tensors = [resized_image.to_tensor()]

# 初始化 base.model 类
model =                                             # 任务 4：考点 3 c-a)
# 模型推理
output =                                            # 任务 4：考点 3 c-b)

output.to_host()  # 将 Tensor 数据转移到内存
output = np.array(output)  # 将数据的类型转换为 NumPy 数组类型
class_id = output.argmax() # 获取标签 ID，ID 为 list 中最大的数值所在的索引
# 映射为标签名
object_class = image_net_classes[class_id] if class_id < len(image_net_classes) else "unknown"

# 将标签显示在原图左上角位置
image = Image.open(image_path)
```

```
draw = ImageDraw.Draw(image)
font = ImageFont.truetype("/usr/share/fonts/truetype/dejavu/DejaVuSans-Bold.ttf", size=20)
font.size =50
draw.text((10, 50), object_class, font=font, fill=255)
fig, ax = plt.subplots(figsize=(image.width/60, image.height/60))
ax.imshow(image)
plt.show()
```

b. 补全后的代码如下。

```
......（省略）......

# 初始化昇腾相关资源和变量
# 初始化昇腾相关资源和变量
base.mx_init()              # 任务 4：考点 3 a)
DEVICE_ID = 0               # 设置设备 ID

# 初始化模型相关参数和变量
MODEL_WIDTH = 224 # 输入图片宽度
MODEL_HEIGHT = 224 # 输入图片高度
MODEL_PATH = "./model/garbage_yuv.om"  # 模型路径
# 标签名列表
image_net_classes = ['Plastic Bottle', 'Hats', 'Newspaper', 'Cans', 'Glassware', 'Glass Bottle',
                     'Cardboard', 'Basketball', 'Paper', 'Metalware', 'Disposable Chopsticks',
                     'Lighter', 'Broom', 'Old Mirror', 'Toothbrush', 'Dirty Cloth', 'Seashell',
                     'Ceramic Bowl', 'Paint bucket','Battery', 'Fluorescent lamp', 'Tablet capsules',
                     'Orange Peel', 'Vegetable Leaf', 'Eggshell', 'Banana Peel'
]

# 初始化 ImageProcessor 对象
imageProcessor = ImageProcessor(DEVICE_ID)                    # 任务 4：考点 3 b-a)

# 图片路径
image_path = "./data/bottle.jpg"

# 读取图片路径进行解码，解码格式为 nv12(YUV_SP_420)
decoded_image =   imageProcessor.decode(image_path, base.nv12)  # 任务 4：考点 3 b-b)

# 设置缩放尺寸
size_para = Size(MODEL_WIDTH, MODEL_HEIGHT)

# 将解码后的图像按尺寸进行缩放，缩放方式为华为自研的高阶滤波算法（base.huaweiu_high_order_filter）
# resized_image =                                              # 任务 4：考点 3 b-c)
resized_image = imageProcessor.resize(decoded_image, size_para, base.huaweiu_high_order_filter)

# 转换 Tensor
input_tensors = [resized_image.to_tensor()]

# 初始化 base.model 类
model = base.model(modelPath=MODEL_PATH, deviceId=DEVICE_ID)  # 任务 4：考点 3 c-a)
# 模型推理
output =   model.infer(input_tensors)[0]                      # 任务 4：考点 3 c-b)

......（省略）......
```

c. 运行结果如图 4-13 所示。

图 4-13 运行结果（4-3-4output 截图）

Subtask 4: This subtask focuses on completing the mobilenetv2-acl file and running the code.

Procedure:

a. In the **init_resource()** method of the Net class.

a）Initialize AscendCL.

b）Specify the device for running the inference.

c）Create a context.

d）Load the model. The model path has been defined in __init__.

b. In the **_gen_input_dataset()** method of the Net class.

a）Get the number of model inputs based on model information.

b）Create the input dataset structure.

c. In the **_gen_output_dataset()** method of the Net class.

a）Get the number of model outputs based on model information.

b）Create the output dataset structure.

d. In the **release_resource()** method of the Net class.

a）Unload the model.

b）Release the context.

c）Release device resources.

d）Deinitialize AscendCL.

e. In the **run()** method.

a）Run model inference.

b）Obtain the output dimensions.

f. In the **main()** function.

a）Instantiate the Net class to initialize the model.

b）Call the image preprocessing function to preprocess the image.

c）Call the corresponding class method to run inference.

d）Call the corresponding class method to release AscendCL resources.

Screenshot requirements:

a. Take a screenshot of the code supplemented to the **init_resource()** method, and save it as **4-4-1init**.

b. Take a screenshot of the code supplemented to the **_gen_input_dataset()** method, and save it as **4-4-2input-dataset**.

c. Take a screenshot of the code supplemented to the **_gen_output_dataset()** method, and save it as **4-4-3output_dataset**.

d. Take a screenshot of the code supplemented to the **release_resource()** method, and save it as **4-4-4release**.

e. Take a screenshot of the code supplemented to the **run()** method, and save it as **4-4-5run**.

f. Take a screenshot of the code supplemented to the **main()** function, and save it as **4-4-6main**. Then take a screenshot of the output after running the **main()** function, and save it as **4-4-7output**. Finally, take a screenshot of the output image saved in the **output** directory, and save it as **4-4-8image**.

【解析】

a. 待补全的代码如下。

```
import json
import os

import numpy as np  # 用于对多维数组进行计算
from PIL import Image, ImageDraw, ImageFont  # 图片处理库，用于在图片上画出推理结果

import acl  # 推理相关接口

ACL_MEM_MALLOC_HUGE_FIRST = 0  # 内存分配策略
ACL_SUCCESS = 0  # 成功状态值
IMG_EXT = ['.jpg', '.JPG', '.png', '.PNG', '.bmp', '.BMP', '.jpeg', '.JPEG']  # 所支持的图片格式

def check_ret(ret):
    ''' 用于检查各个返回值是否正常，若不正常，则抛出对应异常信息 '''
    if ret != ACL_SUCCESS:
        raise Exception("checking failed, ret={}".format(ret))

class Net(object):
    def __init__(self, device_id, model_path, idx2label_list):
        self.device_id = device_id  # 设备 ID
        self.model_path = model_path  # 模型路径
        self.model_id = None  # 模型 ID
        self.context = None  # 用于管理资源
        self.model_desc = None  # 模型描述信息，包括模型输入个数、输入维度、输出个数、输出维度等信息
        self.load_input_dataset = None  # 输入数据集，aclmdlDataset 类型
        self.load_output_dataset = None  # 输出数据集，aclmdlDataset 类型
```

```
        self.init_resource()  # 初始化 AscendCL 资源
        self.idx2label_list = idx2label_list  # 加载的标签列表

    def init_resource(self):
        """初始化 AscendCL 相关资源"""
        print("init resource stage:")

        # 初始化 AscendCL
        ret =                                                   # 任务 4：考点 4 a-a)
        check_ret(ret)

        # 指定 Device
        ret =                                                   # 任务 4：考点 4 a-b)
      check_ret(ret)

        # 创建 Context
        self.context, ret =                                     # 任务 4：考点 4 a-c)
        check_ret(ret)

        # 加载模型
        self.model_id, ret =                                    # 任务 4：考点 4 a-d)
        check_ret(ret)

        self.model_desc = acl.mdl.create_desc()  # 创建描述模型基本信息的数据类型
        print("init resource success")

        ret = acl.mdl.get_desc(self.model_desc, self.model_id)  # 根据模型 ID 获取模型基本信息
        check_ret(ret)


    def _gen_input_dataset(self, input_list):
        ''' 组织输入数据的 dataset 结构 '''

        # 根据模型信息得到模型输入个数
        input_num =                                             # 任务 4：考点 4 b-a)
        # 创建输入 dataset 结构
        self.load_input_dataset =                               # 任务 4：考点 4 b-b)
        for i in range(input_num):
            item = input_list[i]  # 获取第 i 个输入数据
            data_addr = acl.util.bytes_to_ptr(item.tobytes())    # 获取输入数据字节流
            size = item.size * item.itemsize  # 获取输入数据字节数
            # 创建输入 dataset buffer 结构，填入输入数据
            dataset_buffer = acl.create_data_buffer(data_addr, size)
            # 将 dataset buffer 加入 dataset
            _, ret = acl.mdl.add_dataset_buffer(self.load_input_dataset, dataset_buffer)
        print("create model input dataset success")


    def _gen_output_dataset(self):
        ''' 组织输出数据的 dataset 结构 '''

        # 根据模型信息得到模型输出个数
        output_num =                                            # 任务 4：考点 4 c-a)
        # 创建输出 dataset 结构
        self.load_output_dataset =                              # 任务 4：考点 4 c-b)
        for i in range(output_num):
```

```
            # 获取当前输出的所占字节数
            temp_buffer_size = acl.mdl.get_output_size_by_index(self.model_desc, i)
            # 为每个输出申请 Device 内存
            temp_buffer, ret = acl.rt.malloc(temp_buffer_size, ACL_MEM_MALLOC_HUGE_FIRST)
            # 创建输出的 data set buffer 结构,将申请的内存填入 data buffer
            dataset_buffer = acl.create_data_buffer(temp_buffer, temp_buffer_size)
            # 将 data buffer 加入输出 dataset
            _, ret = acl.mdl.add_dataset_buffer(self.load_output_dataset, dataset_buffer)
        print("create model output dataset success")


    def _print_result(self, result):
        """输出预测结果"""
        vals = np.array(result).flatten()  # 将结果展开为一维
        top_k = vals.argsort()[-1:-6:-1]  # 将置信度从大到小排列，并得到 top5 的索引

        print("======== top5 inference results: =============")
        pred_dict = {}
        for j in top_k:
            print(f'{self.idx2label_list[j]}: {vals[j]}')  # 输出对应类别及概率
            pred_dict[self.idx2label_list[j]] = vals[j]  # 将类别信息和概率存入 pred_dict
        return pred_dict


    def _destroy_dataset(self):
        """ 释放模型输入、输出数据 """
        for dataset in [self.load_input_dataset, self.load_output_dataset]:
            if not dataset:
                continue
            number = acl.mdl.get_dataset_num_buffers(dataset)  # 获取 buffer 个数
            for i in range(number):
                data_buf = acl.mdl.get_dataset_buffer(dataset, i)  # 获取每个 buffer
                if data_buf:
                    ret = acl.destroy_data_buffer(data_buf)  # 销毁每个 buffer（销毁 aclDataBuffer 类型）
                    check_ret(ret)
            ret = acl.mdl.destroy_dataset(dataset)  # 销毁数据（销毁 aclmdlDataset 类型的数据）
            check_ret(ret)


    def release_resource(self):
        """释放 AscendCL 相关资源"""
        print("Releasing resources stage:")
        # 卸载模型
        ret =                                              # 任务 4：考点 4 d-a)
        check_ret(ret)
        if self.model_desc:
            acl.mdl.destroy_desc(self.model_desc)  # 释放模型描述信息
            self.model_desc = None

        if self.context:
            # 释放 Context
            ret =                                          # 任务 4：考点 4 d-b)
            check_ret(ret)
            self.context = None

        # 释放 Device 资源
```

```
        ret =                                                    # 任务 4：考点 4 d-c)
        check_ret(ret)

        # AscendCL 去初始化
        ret =                                                    # 任务 4：考点 4 d-d)
        check_ret(ret)
        print('Resources released successfully.')

    def run(self, images):
        """ 数据集构造、模型推理、解析输出"""
        self._gen_input_dataset(images)  # 构造输入数据集
        self._gen_output_dataset()  # 构造输出数据集

        print('execute stage:')
        # 模型推理，推理完成后，输出会放入 self.load_output_dataset
        ret =                                                    # 任务 4：考点 4 e-a)
        check_ret(ret)

        # 解析输出
        result = []
        output_num = acl.mdl.get_num_outputs(self.model_desc)  # 根据模型信息得到模型输出个数
        for i in range(output_num):
            buffer = acl.mdl.get_dataset_buffer(self.load_output_dataset, i)  # 从输出 dataset 中获取 buffer
            data = acl.get_data_buffer_addr(buffer)  # 获取输出数据内存地址
            size = acl.get_data_buffer_size(buffer)  # 获取输出数据字节数
            narray = acl.util.ptr_to_bytes(data, size)  # 将指针转为字节流数据

            # 根据模型输出的维度和数据类型，将字节流数据解码为 NumPy 数组
            # 得到当前输出的维度
            dims, ret =                                          # 任务 4：考点 4 e-b)
            out_dim = dims['dims']  # 提取维度信息
            # 解码为 NumPy 数组
            output_nparray = np.frombuffer(narray, dtype=np.float32).reshape(tuple(out_dim))
            result.append(output_nparray)

        # 按一定格式输出
        pred_dict = self._print_result(result)

        # 释放模型输入、输出数据集
        self._destroy_dataset()
        print('execute stage success')

        return pred_dict

def preprocess_img(input_path):
    """图片预处理"""
    # 循环加载图片
    input_path = os.path.abspath(input_path)  # 得到当前图片的绝对路径
    with Image.open(input_path) as image_file:
        image_file = image_file.resize((256, 256))  # 缩放图片
        img = np.array(image_file)  # 转换为 NumPy 数组

    # 获取图片的高度和宽度
    height = img.shape[0]
    width = img.shape[1]
```

```
    # 对图片进行切分，取中间区域
    h_off = (height - 224) // 2
    w_off = (width - 224) // 2
    crop_img = img[h_off:height - h_off, w_off:width - w_off, :]

    # 转换 BGR 格式、数据类型、颜色空间、数据维度等信息
    img = crop_img[:, :, ::-1]  # 改变通道顺序，将 RGB 转换为 BGR
    shape = img.shape  # 暂时存储维度信息
    img = img.astype("float32")  # 转换为 float32 数据类型
    img[:, :, 0] -= 104  # 常数 104、117、123 用于将图像转换到 Caffe 模型需要的颜色空间
    img[:, :, 1] -= 117
    img[:, :, 2] -= 123
    img = img.reshape([1] + list(shape))  # 扩展第一维度，适应模型输入
    # 将 (batch,height,width,channels) 转换为 (batch,channels,height,width)
    img = img.transpose([0, 3, 1, 2])
    return img

def save_image(path, pred_dict, output_path):
    """保存预测图片"""
    font = ImageFont.truetype('font.ttf', 20)  # 指定字体和字号
    color = "#fff"  # 指定颜色
    im = Image.open(path)  # 打开图片
    im = im.resize((800, 500))  # 对图片进行缩放

    start_y = 20  # 在图片上画分类结果时的纵坐标初始值
    draw = ImageDraw.Draw(im)  # 准备画图
    for label, pred in pred_dict.items():
        # 将预测的类别与置信度添加到图片
        draw.text(xy = (20, start_y), text=f'{label}: {pred:.2f}', font=font, fill=color)
        start_y += 30  # 每一行文字往下移 30 个像素

    im.save(os.path.join(output_path, os.path.basename(path)))  # 保存图片到输出路径

def main():
    # 参数初始化
    device = 0  # 设备 ID
    model_path = "./model/garbage_yuv.om"  # 模型路径
    images_path = "./data"  # 数据集路径
    label_path = "./garbage-labels.json"  # 数据集标签
    output_path = "./output"  # 推理结果保存路径

    os.makedirs(output_path, exist_ok=True)  # 构造输出路径
    with open(label_path) as f:
        idx2label_list = json.load(f)  # 加载标签列表

    # 初始化模型
    net =                                              # 任务 4：考点 4 f-a)

    # 加载文件夹中每张图片的路径
    # 对每张图片进行预处理、推理，以及保存预测结果
    images_list = [os.path.join(images_path, img)
                   for img in os.listdir(images_path)
                   if os.path.splitext(img)[1] in IMG_EXT]
    for img_path in images_list:
        print("images:{}".format(img_path))  # 输出图片路径
        # 预处理，得到 NumPy 数组类型的数据
```

```
        img =                                                    # 任务 4：考点 4 f-b)
        # 推理
        pred_dict =                                              # 任务 4：考点 4 f-c)
        save_image(img_path, pred_dict, output_path)  # 保存预测结果

    print("*****run finish******")
    # 释放 AscendCL 相关资源
    net.                                                         # 任务 4：考点 4 f-d)

main()
```

b. 补全后的代码如下。

```
class Net(object):
    ......（省略）......
    def init_resource(self):
        """初始化 AscendCL 相关资源"""
        print("init resource stage:")

        # 初始化 AscendCL
        ret = acl.init()                          # 任务 4：考点 4 a-a)
        check_ret(ret)

        # 指定 Device
        ret = acl.rt.set_device(self.device_id)  # 任务 4：考点 4 a-b)
        check_ret(ret)

        # 创建 Context
        self.context, ret = acl.rt.create_context(self.device_id)       # 任务 4：考点 4 a-c)
        check_ret(ret)

        # 加载模型
        self.model_id, ret = acl.mdl.load_from_file(self.model_path)         # 任务 4：考点 4 a-d)
        check_ret(ret)
        ......（省略）......

    def _gen_input_dataset(self, input_list):
        ''' 组织输入数据的 dataset 结构 '''

        # 根据模型信息得到模型输入个数
        input_num = acl.mdl.get_num_inputs(self.model_desc)                  # 任务 4：考点 4 b-a)

        # 创建输入 dataset 结构
        self.load_input_dataset = acl.mdl.create_dataset()                 # 任务 4：考点 4 b-b)
        ......（省略）......

    def _gen_output_dataset(self):
        ''' 组织输出数据的 dataset 结构 '''

        # 根据模型信息得到模型输出个数
        output_num = acl.mdl.get_num_outputs(self.model_desc)              # 任务 4：考点 4 c-a)
        # 创建输出 dataset 结构
        self.load_output_dataset = acl.mdl.create_dataset()              # 任务 4：考点 4 c-b)
        ......（省略）......

    def release_resource(self):
        """释放 AscendCL 相关资源"""
        print("Releasing resources stage:")
```

```
        # 卸载模型
        ret = acl.mdl.unload(self.model_id)                           # 任务 4：考点 4 d-a)
        ......（省略）......

        if self.context:
            # 释放 Context
            ret = acl.rt.destroy_context(self.context)                # 任务 4：考点 4 d-b)
            check_ret(ret)
            self.context = None

        # 释放 Device 资源
        ret = acl.rt.reset_device(self.device_id)                     # 任务 4：考点 4 d-c)
        check_ret(ret)

        # AscendCL 去初始化
        ret = acl.finalize()                                          # 任务 4：考点 4 d-d)
        check_ret(ret)
        print('Resources released successfully.')

    def run(self, images):
    """数据集构造、模型推理、解析输出"""
    self._gen_input_dataset(images)  #构造输入数据集
    self._gen_output_dataset()  #构造输出数据集
    print('execute stage:')
    # 模型推理，推理完成后，输出会放入 self.load_output_dataset
    #任务 4：考点 4 e-a）
    ret = acl.mdl.execute(self.model_id, self.load_input_dataset, self.load_output_dataset)
    check_ret(ret)
        # 解析输出
        result = []
        output_num = acl.mdl.get_num_outputs(self.model_desc)  # 根据模型信息得到模型输出个数
        for i in range(output_num):
            ......（省略）......
            # 根据模型输出的维度和数据类型，将字节流数据解码为 NumPy 数组，得到当前输出的维度
            dims, ret = acl.mdl.get_cur_output_dims(self.model_desc, i)    # 任务 4：考点 4 e-b)
            ......（省略）......

def main():
    ......（省略）......
    # 初始化模型
    net = Net(device, model_path, idx2label_list)          # 任务 4：考点 4 f-a)
    ......（省略）......
    for img_path in images_list:
        print("images:{}".format(img_path))  # 输出图片路径
        # 预处理，得到 NumPy 数组类型的数据
        img = preprocess_img(img_path)                     # 任务 4：考点 4 f-b)
        # 推理
        pred_dict = net.run([img])                         # 任务 4：考点 4 f-c)
        save_image(img_path, pred_dict, output_path)       # 保存预测结果

    print("*****run finish******")
    # 释放 AscendCL 相关资源
    net.release_resource()                                 # 任务 4：考点 4 f-d)
```

c. 运行结果如下，4-4-8image 截图如图 4-14 所示。

```
init resource stage:
init resource success
```

```
images:./data/bottle.jpg
create model input dataset success
create model output dataset success
execute stage:
======== top5 inference results: =============
Lighter: 3.005859375
Toothbrush: 3.001953125
Plastic Bottle: 2.513671875
Glass Bottle: 2.296875
Hats: 2.158203125
execute stage success
*****run finish******
Releasing resources stage:
Resources released successfully.
```

图 4-14　4-4-8image 截图

Task 5: Vision Transformer Model Training and Verification (255 points)

This task fine-tunes Vision Transformer based on the same dataset as before. Vision Transformer Model as Figure 4-15.

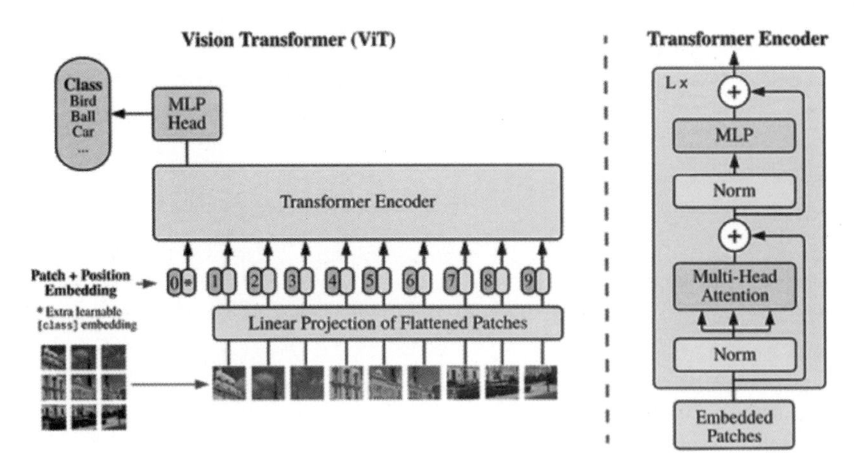

Figure 4-15（图 4-15）　Vision Transformer Model

Subtask 1: Process data.

Procedure:

a. Define data processing operations.

a）Specify the training dataset path and load it.

b）Define the list of data augmentation operations.

1）RandomCropDecodeResize: combination of cropping, decoding, and resizing operations.

2）RandomHorizontalFlip: horizontal random flip operation.

3）Normalization: Normalize the input image based on the mean value and standard deviation.

4）Shape conversion: Convert the input image shape from **<H, W, C>** to **<C, H, W>**.

c）Apply the data augmentation operations to the image.

d）Pack the dataset into a batch: Set batch size to 16 and **drop_remainder** to **True**.

Screenshot requirements:

a. Take a screenshot of the code supplemented for data processing, and save it as **5-1-1train_data**.

【解析】

a. 待补全的代码（VIT-2.ipynb）如下。

```
class Net(object):

import os

import mindspore as ms
from mindspore.dataset import ImageFolderDataset
import mindspore.dataset.vision as transforms

mean = [0.485 * 255, 0.456 * 255, 0.406 * 255]
std = [0.229 * 255, 0.224 * 255, 0.225 * 255]

data_path =                                          # 任务 5：考点 1 a-a)
dataset_train =                                      # 任务 5：考点 1 a-a)

trans_train = [  ]                                   # 任务 5：考点 1 a-b)

dataset_train =                                      # 任务 5：考点 1 a-c)
dataset_train =                                      # 任务 5：考点 1 a-d)
```

b. 补全后的代码如下。

```
......（省略）......

data_path = './mobilenetv2_train/data_en'                                    # 任务 5：考点 1 a-a)
dataset_train = ImageFolderDataset(os.path.join(data_path, "train"), shuffle=True) # 任务 5：考点 1 a-a)

trans_train = [
    transforms.RandomCropDecodeResize(size=224,scale=(0.08, 1.0),ratio=(0.75, 1.333)),
    transforms.RandomHorizontalFlip(prob=0.5),
    transforms.Normalize(mean=mean, std=std),
    transforms.HWC2CHW()
]                                                                             # 任务 5：考点 1 a-b)
```

```
dataset_train = dataset_train.map(operations=trans_train, input_columns=["image"])
                                                                    # 任务 5：考点 1 a-c)
dataset_train = dataset_train.batch(batch_size=16, drop_remainder=True)          # 任务 5：考点 1 a-d)
```

c. 此部分内容和任务 1 中的考点 3 的数据增强部分操作基本类似。详细解析参见任务 1 考点 3 的解析。

Subtask 2: Define Multi-Head Attention.

The Attention class implements the logic of the Multi-Head Attention layer.

Procedure:

a. Implement the compute logic of Multi-Head Attention.

a）Reshape **qkv**: (b, n, c) → (b, n, 3, num_heads, N, C//num_heads).

b）Cut **qkv** into **q**, **k**, and **v** in the **axis=0** dimension.

c）Achieve the dot product of **q** and **k**.

d）Divide this result by the square root of the dimension.

e）Apply the Softmax function to the result from the last step.

f）Calculate the weighted sum of **v** and Softmax result.

Screenshot requirements:

a. Take a screenshot of the code used to implement Multi-Head Attention, and save it as **5-2-1mha**.

【解析】

a. 待补全的代码（VIT-2.ipynb）如下。

```
......（省略）......

from mindspore import nn, ops

class Attention(nn.Cell):
    def __init__(self,dim: int,num_heads: int = 8,keep_prob: float = 1.0,attention_keep_prob: float = 1.0):
        super(Attention, self).__init__()

        self.num_heads = num_heads
        head_dim = dim // num_heads
        self.scale = ms.Tensor(head_dim ** -0.5)

        self.qkv = nn.Dense(dim, dim * 3)
        self.attn_drop = nn.Dropout(attention_keep_prob)
        self.out = nn.Dense(dim, dim)
        self.out_drop = nn.Dropout(keep_prob)
        self.attn_matmul_v = ops.BatchMatMul()
        self.q_matmul_k = ops.BatchMatMul(transpose_b=True)
        self.softmax = nn.Softmax(axis=-1)

    def construct(self, x):
        """Attention construct."""
        b, n, c = x.shape
        qkv = self.qkv(x)
        qkv =                                       # 任务 5：考点 2 a-a)
        qkv = ops.transpose(qkv, (2, 0, 3, 1, 4))
```

```
        q, k, v =                                    # 任务 5：考点 2 a-b)
        attn =                                       # 任务 5：考点 2 a-c)
        attn =                                       # 任务 5：考点 2 a-d)
        attn =                                       # 任务 5：考点 2 a-e)
        attn = self.attn_drop(attn)
        out =                                        # 任务 5：考点 2 a-f)
        out = ops.transpose(out, (0, 2, 1, 3))
        out = ops.reshape(out, (b, n, c))
        out = self.out(out)
        out = self.out_drop(out)

        return out
```

b. 补全后的代码如下。

```
......（省略）......

class Attention(nn.Cell):
    ......（省略）......
    def construct(self, x):

        """Attention construct."""

        b, n, c = x.shape
        qkv = self.qkv(x)
        qkv = ops.reshape(qkv, (b, n, 3, self.num_heads, c // self.num_heads))  # 任务 5：考点 2 a-a)
        qkv = ops.transpose(qkv, (2, 0, 3, 1, 4))
        q, k, v = ops.unstack(qkv, axis=0)                 # 任务 5：考点 2 a-b)
        attn = self.q_matmul_k(q, k)                       # 任务 5：考点 2 a-c)
        attn = ops.mul(attn, self.scale)                   # 任务 5：考点 2 a-d)
        attn = self.softmax(attn)                          # 任务 5：考点 2 a-e)
        attn = self.attn_drop(attn)
        out = self.attn_matmul_v(attn, v)                  # 任务 5：考点 2 a-f)
        out = ops.transpose(out, (0, 2, 1, 3))
        out = ops.reshape(out, (b, n, c))
        out = self.out(out)
        out = self.out_drop(out)

        return out
```

c. Multi-Head Attention（多头注意力）是 Transformer 模型中的一个核心组件，由 Ashish Vaswani 等人在 2017 年提出的原始 Transformer 论文中引入。它是一种注意力机制，利用这种机制，模型能够在处理序列数据（如文本或图像块序列）时，根据输入的不同部分分配不同的关注权重，从而更加灵活和高效地捕捉不同类型的依赖关系。

a）注意力机制：简单来说，注意力机制允许模型在处理输入序列时，根据当前任务的需要，有选择性地关注输入的不同部分。这通过计算查询（Query）、键（Key）和值（Value）之间的相似度得分来实现，得分高代表输入有更高的关注度。

b）Self-Attention（自注意力）：当查询、键和值都来自同一输入序列时，这种注意力机制称为自注意力。它允许每个输入元素基于整个序列的上下文来更新自身的表示。

多头注意力机制的工作流程如下。

a）线性变换：首先，输入序列被线性映射到 3 个向量空间，分别产生查询（Q）、键（K）和值（V）矩阵。每个矩阵代表输入序列在不同表示维度上的查询、键和值。

b）分割头：然后，查询、键、值矩阵会被分割成多个“头”（Head）。每个头本质上是一个较小的查询、键、值矩阵，这样做的目的是让模型能够并行地从不同的表示子空间中学习信息。假设总共有 h 个头，则每个头的维度是原始维度除以 h。

c）注意力计算：对每个头执行自注意力计算，即计算查询和键之间的点积相似度；然后通过 Softmax 函数归一化得到注意力权重；最后用这些权重加权求和值矩阵得到每个头的输出。

d）合并头与线性变换：所有头的输出被拼接起来，再经过一个最终的线性变换，得到最终的输出，这个输出可以用于下一层的处理或作为模型的最终输出。

多头注意力机制有以下优势。

a）并行计算：多个注意力头可以并行处理信息，提高计算效率。

b）捕捉多样特征：不同的头可以从不同的表示子空间中捕捉信息，有助于模型学习到更多样化的特征和依赖关系。

c）表达能力增强：相比单一注意力头，多头注意力能够捕捉输入序列中更复杂、更细腻的模式。

d）多头注意力机制是 Transformer 强大表达能力的关键技术，它不仅极大地增强了模型对序列数据的理解能力，还提升了模型在机器翻译、文本生成、图像识别等多个领域的性能。

e）这段 Python 代码实现的是多头注意力机制的一部分，具体是在神经网络模型中定义的一个 Attention 类的构造函数（construct 方法）。下面是对关键步骤的解析。

代码解析如下。

- x 是输入张量，shape 通常为 (batch_size, sequence_length, input_dim)，其中 batch_size 是批量大小，sequence_length 是序列长度，input_dim 是输入特征的维度。
- num_heads 是多头注意力中头的数量。
- self.q_matmul_k、self.softmax、self.attn_matmul_v 和 self.attn_drop 分别代表查询-键矩阵乘法、Softmax 函数、注意力加权的值矩阵乘法和注意力权重的 dropout 操作，这些都是多头注意力内部的关键计算步骤。
- self.scale 是一个缩放因子，通常用于在计算注意力分数之前对其进行缩放，以稳定 Softmax 函数的计算。

具体计算步骤如下。

a）重塑（Reshape）并转置（Transpose）。

```
qkv = ops.reshape(qkv, (b, n, 3, self.num_heads, c // self.num_heads))
qkv = ops.transpose(qkv, (2, 0, 3, 1, 4))
```

首先将输入 x 通过 nn.Dense 得到 qkv，形状假设为(batch_size, sequence_length, 3*embedding_dim)，其中 3 来自 query、key、value 这三部分。然后重塑并转置 qkv，使其形状变为(3, batch_size, num_heads, sequence_length, embedding_dim/num_heads)，这样就为每个头准备好了独立的 query、key、value 张量。

b）取消堆叠。

```
q, k, v = ops.unstack(qkv, axis=0)
```

将重塑并转置后的 qkv 沿第一个轴拆分为 3 个独立的张量，分别对应 query、key 和 value。

c）注意力计算。

```
attn = self.q_matmul_k(q, k)
attn = ops.mul(attn, self.scale)
attn = self.softmax(attn)
attn = self.attn_drop(attn)
```

- 计算 query 和 key 的点积注意力分数(self.q_matmul_k(q, k))，这里利用了 query 和 key 的两两交互来衡量它们之间的相关性。
- 然后将得到的注意力分数乘缩放因子（self.scale），这是为了防止在计算 Softmax 时数值过大导致的梯度消失或爆炸问题。
- 接着应用 Softmax 函数(self.softmax)来归一化这些分数，确保它们的总和为 1，从而形成注意力分布。
- 最后使用 dropout(self.attn_drop)来随机失活一部分注意力权重，提高模型的泛化能力。

d）注意力权重值。

```
out = self.attn_matmul_v(attn, v)
```

利用计算出的注意力分布（attn）去加权注意力权重值（v），得到最终的输出 out，即每个输入位置的加权求和表示，它体现了对序列中其他位置信息的关注程度。

e）返回结果。

```
return out
```

返回经过多头注意力处理后的张量，其形状通常为(batch_size, num_heads, sequence_length, embedding_dim/num_heads)，后续可能还需进一步处理以整合多头信息和调整维度。

Subtask 3: Define TransformerEncoder(Figure 4-16).

Procedure:

a. Implement the compute logic of TransformerEncoder.

a）Instantiate the Attention class.

b）Instantiate the FeedForward class.

c）Use the SequentialCell container to build layers in the Encoder. Note that the Multi-Head Attention input should go through normalization1, and the input of the Multilayer Perceptron (MLP) FeedForward should go through normalization2.

Screenshot requirements:

a. Take a screenshot of the code used to implement TransformerEncoder, and save it as **5-3-1encoder.**

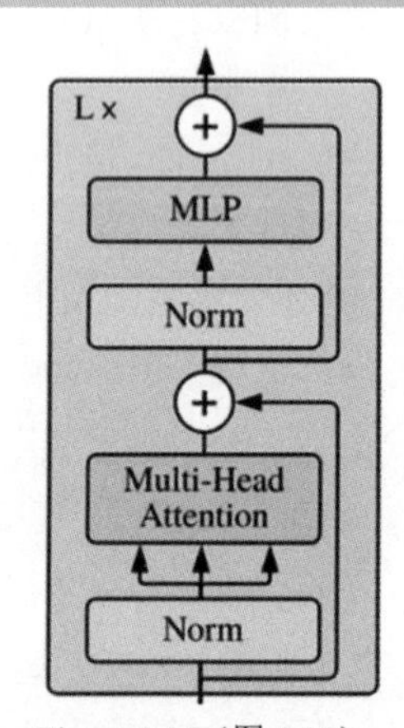

Figure 4-16（图 4-16）
TransformerEncoder

【解析】

a. 待补全的代码（VIT-2.ipynb）如下。

```
from typing import Optional, Dict

class FeedForward(nn.Cell):
    def __init__(self,in_features: int,hidden_features: Optional[int] = None, out_features:
                 Optional[int] = None,activation: nn.Cell = nn.GELU,keep_prob: float = 1.0):
        super(FeedForward, self).__init__()
        out_features = out_features or in_features
        hidden_features = hidden_features or in_features
        self.dense1 = nn.Dense(in_features, hidden_features)
        self.activation = activation()
        self.dense2 = nn.Dense(hidden_features, out_features)
        self.dropout = nn.Dropout(keep_prob)

    def construct(self, x):
        """Feed Forward construct."""
        x = self.dense1(x)
        x = self.activation(x)
        x = self.dropout(x)
        x = self.dense2(x)
        x = self.dropout(x)

        return x

class ResidualCell(nn.Cell):
    def __init__(self, cell):
        super(ResidualCell, self).__init__()
        self.cell = cell

    def construct(self, x):
        """ResidualCell construct."""
        return self.cell(x) + x

class TransformerEncoder(nn.Cell):
    def __init__(self,dim: int,num_layers: int,num_heads: int,mlp_dim: int,keep_prob: float = 1.,
                 attention_keep_prob: float = 1.0,drop_path_keep_prob: float = 1.0,activation:
                 nn.Cell = nn.GELU,norm: nn.Cell = nn.LayerNorm):
        super(TransformerEncoder, self).__init__()
        layers = []

        for _ in range(num_layers):
            normalization1 = norm((dim,))
            normalization2 = norm((dim,))
            attention =                          # 任务5：考点3 a-a)

            feedforward =                        # 任务5：考点3 a-b)

            layers.                              # 任务5：考点3 a-c)
```

```
        self.layers = nn.SequentialCell(layers)

    def construct(self, x):
        """Transformer construct."""
        return self.layers(x)
```

b. 补全后的代码如下。

```
......（省略）......
class TransformerEncoder(nn.Cell):
    def __init__(self, ...):
        ......（省略）......
        for _ in range(num_layers):
            normalization1 = norm((dim,))
            normalization2 = norm((dim,))

            # 任务 5：考点 3 a-a)
            # 这部分代码实例化了一个 Attention 模块。参数如下
            # dim：表示输入和输出的特征维度，即模型的隐藏尺寸
            # num_heads：多头注意力机制中头的数量，用于并行处理不同的注意力分布
            # keep_prob 和 attention_keep_prob：分别是残差连接后的 dropout 概率和注意力层内部的
            # dropout 概率，用于正则化，防止过拟合
            attention = Attention(
                dim=dim,
                num_heads=num_heads,
                keep_prob=keep_prob,
                attention_keep_prob=attention_keep_prob)

            # 任务 5：考点 3 a-b)
            # 这部分代码实例化了一个 FeedForward 模块，它是一个两层的全连接网络（多层感知机），用于学习更复
            # 杂的特征表示。参数如下
            # in_features：输入特征维度，应与 dim 相同
            # hidden_features：第一个全连接层的输出维度，也就是隐藏层的维度，通常大于 in_features
            # 以提升模型的表达能力
            # activation：激活函数类型，例如 ReLU
            # keep_prob：dropout 概率，应用于多层感知机的输出
            feedforward = FeedForward(
                in_features=dim,
                hidden_features=mlp_dim,
                activation=activation,
                keep_prob=keep_prob)

            # 任务 5：考点 3 a-c)
            # 这部分代码将上述创建的 Attention 和 FeedForward 模块，通过残差连接（ResidualCell）和层归一
            # 化（norm）整合进一个编码器层中。每个编码器层包含以下步骤
            #  1.层归一化：使用之前定义的 normalization1 对输入进行归一化处理
            #  2.多头自注意力：应用多头自注意力模块处理归一化后的输入
            #  3.残差连接：将原始输入与自注意力模块的输出相加，维持信息流并帮助梯度传播
            #  4.第二次层归一化：使用 normalization2 对残差连接后的结果进行归一化处理
            #  5.前馈神经网络：通过前馈神经网络进一步提取特征
            #  6.第二次残差连接：再次残差连接以融合前馈神经网络的输出和归一化后的输入
            # 通过循环，这样的结构被重复 num_layers 次，每次迭代都会创建一个新的编码器层，并将它们追
            # 加到 layers 列表中，最终构成整个 Transformer 编码器的主体

            layers.append(
                nn.SequentialCell([
```

```
            ResidualCell(nn.SequentialCell([normalization1, attention])),
            ResidualCell(nn.SequentialCell([normalization2, feedforward]))
        ])
    )
    ......（省略）......
```

c. TransformerEncoder 是 Transformer 架构中的一个核心组成部分，其基本结构如下。

a）输入嵌入（Input Embedding）：首先，每个输入 token（通常是单词或子词）通过一个嵌入层转换成一个固定维度的向量。此外，还会加入位置编码，确保模型能理解序列中元素的位置信息。

b）堆叠编码器（Stacked Encoder Layers）：TransformerEncoder 由多个相同的层堆叠而成，每一层包含以下几个关键组件。

- 自注意力（Self-Attention）：这是 Transformer 的核心，允许输入序列中的每个 token 关注序列中的其他所有 token，并根据它们的相关性加权求和得到新的表示。这一步骤通过前面提到的多头注意力机制实现，能够捕获长距离的依赖关系。
- 添加残差连接（Residual Connection）与层归一化（Layer Normalization）：自注意力层之后，会将原始输入（经过嵌入和位置编码的）与自注意力的输出相加，然后通过层归一化稳定学习过程，加速收敛并减轻梯度消失问题。
- 前馈神经网络（Feedforward Netural Network，FNN）：这是一个全连接的神经网络，通常包含两个线性变换层，中间夹着一个激活函数（如 ReLU）。前馈神经网络能够学习复杂的非线性特征，并进一步丰富 token 的表示。
- 再次残差连接与层归一化：前馈神经网络之后同样会进行残差连接和层归一化，以保持信息流通并稳定训练过程。

Subtask 4: Define PatchEmbedding.

Procedure:

a. Implement the compute logic of PatchEmbedding.

a）Define the convolution operation: Set **kernel_size** to **patch_size**, set **stride** to **patch_size**, and set other parameters accordingly. This operation results in multiple patches.

b）Stretch the matrix of each patch into a one-dimensional vector.

Screenshot requirements:

a. Take a screenshot of the code used to implement PatchEmbedding, and save it as **5-4-1patchembedding**.

【解析】

a. 待补全的代码（VIT-2.ipynb）如下。

```
......（省略）......
class PatchEmbedding(nn.Cell):
    MIN_NUM_PATCHES = 4

    def __init__(self,image_size: int = 224,patch_size: int = 16,embed_dim: int = 768,input_channels:
                 int = 3):
        super(PatchEmbedding, self).__init__()

        self.image_size = image_size
```

```
        self.patch_size = patch_size
        self.num_patches = (image_size // patch_size) ** 2
        self.conv =                                          # 任务 5：考点 4 a-a)

    def construct(self, x):
        """Path Embedding construct."""
        x = self.conv(x)
        b, c, h, w = x.shape
        x =                                                  # 任务 5：考点 4 a-b)
        x = ops.transpose(x, (0, 2, 1))

        return x
```

b. 补全后的代码如下。

```
class PatchEmbedding(nn.Cell):
    MIN_NUM_PATCHES = 4

    def __init__(self, ...):
        ......（省略）......
        # 任务 5：考点 4 a-a)
        # 在__init__中，计算了总 patch 数量 num_patches，并定义了一个卷积层 self.conv，其作用是将图像
        # 分割成 patch 并进行线性映射以生成嵌入。卷积层的参数如下
        # 输入通道数：input_channels
        # 输出通道数：embed_dim
        # 卷积核大小：patch_size
        # 步长：patch_size，保证每次卷积正好滑动 patch_size 大小，实现分割目的
        # has_bias=True：表示卷积层包含偏置项
        self.conv = nn.Conv2d(
            input_channels,
            embed_dim,
            kernel_size=patch_size,
            stride=patch_size,
            has_bias=True)

    def construct(self, x):

        # 在 construct 方法中实现了 Patch Embedding 的主要逻辑
        # 卷积操作：输入图像 x 通过卷积层 self.conv，这一步骤实际上完成了分割图像并提取特征的操作。由
        # 于卷积核大小和步长与 patch_size 相同，所以这一步直接将图像转化为一组具有 embed_dim 维的特征图
        # 形状调整：接下来，通过 ops.reshape 将特征图调整形状为(batch_size, embed_dim, num_patches)，
        # 其中 h * w 等于总的 patch 数量，这一步是将特征图“压平”为序列
        # 转置操作：最后，使用 ops.transpose 将张量的维度从(batch_size, embed_dim, num_patches)调整为
        # (batch_size, num_patches, embed_dim)，这是为了匹配 Transformer 后续层的输入格式，其中序列长
        # 度（num_patches）作为第二维度，嵌入维度（embed_dim）作为最后一维度

        """Path Embedding construct."""
        x = self.conv(x)
        b, c, h, w = x.shape
        # 任务 5：考点 4 a-b)
        x = ops.reshape(x, (b, c, h * w))
        x = ops.transpose(x, (0, 2, 1))
        return x
```

c. Patch Embedding 是 ViT 模型中引入的一个重要概念，用于将图像数据转换成适合 Transformer 架构处理的序列形式。在传统的 CNN 中，图像通常通过一系列卷积层逐步提取特征，而在 ViT 中，这种方法被一种更直接的“分割-嵌入”策略所取代。

- **图像分割**：将图像分割成多个不重叠的 patch，每个 patch 被视为图像内容的一个基本单元。这样可以减少图像的空间复杂性，使之能够以序列的形式输入 Transformer 中。
- **特征提取与编码**：对每个 patch 应用线性变换（通常是全连接层或卷积层），将其转换成一个固定维度的向量，该过程称为嵌入（Embedding）。嵌入向量能够捕获 patch 的视觉特征，使得图像信息以 Transformer 可以理解的格式呈现。

Patch Embedding 具体计算步骤如下。

a）定义 patch 大小：首先确定一个固定的 patch 大小（例如 16 像素 × 16 像素），这个大小决定了图像将被分割成多少个 patch。较大的 patch 可以减少序列的长度，但可能丢失精细细节；较小的 patch 虽然可以保留更多细节，但会增加序列长度，提高计算成本。

b）图像分割：将整个图像按行按列切分成一个个 patch。如果图像大小为 $H \times W$，且每个 patch 的大小为 $P \times P$，则总共可以得到 $(H/P) \times (W/P)$ 个 patch。

c）Flatten：将每个 $P \times P$ 的 patch 展平成一个长度为 P^2 的一维向量。

d）Linear Projection（线性映射）：对展平后的 patch 向量应用一个可学习的线性变换（权重矩阵乘法），将每个 P^2 维向量转换成一个 D 维向量，这里的 D 是预定义的嵌入维度，也是 Transformer 模型的隐藏层维度。这个 D 维向量就是该 patch 的嵌入表示。

e）添加位置编码：因为 Transformer 原生并不具备处理序列中元素位置的能力，为了给 Transformer 提供位置信息，会在每个 patch 的嵌入向量上加上一个位置编码。位置编码可以是绝对位置编码或相对位置编码，确保模型能够区分不同位置的 patch。

Subtask 5: Instantiate the model.

The weight file vit_b_16_224.ckpt is provided for pre-training on ImageNet.

Procedure:

a. Instantiate the model and load the weights.

a）Instantiate the ViT model.

b）Define the path of the weight file and load all parameters.

c）This task involves a small number of classes, we only need to remain parameters excluding the last dense layer, which also means we need to delete the parameters in the last dense layer.

d）Load parameters to the ViT network.

Screenshot requirements:

a. Take a screenshot of the code used to instantiate the model and load the weights, as well as the output of the code, and save it as **5-5-1vit**.

【解析】

a. 待补全的代码（VIT-2.ipynb）如下。

```
'''
搭建 Vision Transformer 整体网络结构
'''

from mindspore.common.initializer import Normal
from mindspore.common.initializer import initializer
from mindspore import Parameter

def init(init_type, shape, dtype, name, requires_grad):
    """Init."""
    initial = initializer(init_type, shape, dtype).init_data()
    return Parameter(initial, name=name, requires_grad=requires_grad)

class ViT(nn.Cell):
        def __init__(self,image_size: int = 224,input_channels: int = 3,patch_size: int = 16,
                     embed_dim: int = 768,num_layers: int = 12,num_heads: int = 12,
                     mlp_dim: int = 3072,keep_prob: float = 1.0,attention_keep_prob: float = 1.0,
                     drop_path_keep_prob: float = 1.0,activation: nn.Cell = nn.GELU,
                     norm: Optional[nn.Cell] = nn.LayerNorm,pool: str = 'cls') -> None:
         super(ViT, self).__init__()

         self.patch_embedding = PatchEmbedding(image_size=image_size,
                                               patch_size=patch_size,
                                               embed_dim=embed_dim,
                                               input_channels=input_channels)
         num_patches = self.patch_embedding.num_patches

         self.cls_token = init(init_type=Normal(sigma=1.0),
                               shape=(1, 1, embed_dim),
                               dtype=ms.float32,
                               name='cls',
                               requires_grad=True)

         self.pos_embedding = init(init_type=Normal(sigma=1.0),
                                   shape=(1, num_patches + 1, embed_dim),
                                   dtype=ms.float32,
                                   name='pos_embedding',
                                   requires_grad=True)

         self.pool = pool
         self.pos_dropout = nn.Dropout(keep_prob)
         self.norm = norm((embed_dim,))
         self.transformer = TransformerEncoder(dim=embed_dim,
                                               num_layers=num_layers,
                                               num_heads=num_heads,
                                               mlp_dim=mlp_dim,
                                               keep_prob=keep_prob,
                                               attention_keep_prob=attention_keep_prob,
                                               drop_path_keep_prob=drop_path_keep_prob,
                                               activation=activation,
                                               norm=norm)
         self.dropout = nn.Dropout(keep_prob)
         self.dense = nn.Dense(embed_dim, num_classes)

    def construct(self, x):
```

```
        """ViT construct."""
        x = self.patch_embedding(x)
        cls_tokens = ops.tile(self.cls_token.astype(x.dtype), (x.shape[0], 1, 1))
        x = ops.concat((cls_tokens, x), axis=1)
        x += self.pos_embedding

        x = self.pos_dropout(x)
        x = self.transformer(x)
        x = self.norm(x)
        x = x[:, 0]
        if self.training:
            x = self.dropout(x)
        x = self.dense(x)

        return x

'''
运行参数配置、预训练模型加载，定义学习率、优化器和损失函数，进行模型编译、训练
'''
from mindspore.nn import LossBase
from mindspore import LossMonitor, TimeMonitor, CheckpointConfig, ModelCheckpoint
from mindspore import train
from mindspore import nn
import mindspore as ms

# define super parameter
epoch_size = 30
momentum = 0.9
num_classes = 26
resize = 224
step_size = dataset_train.get_dataset_size()

'''
任务 5：考点 5
'''
# construct model
network =                                   # 任务 5：考点 5 a-a)

# load ckpt
!wget https://download.mindspore.cn/vision/classification/vit_b_16_224.ckpt

vit_path =                                  # 任务 5：考点 5 a-b)
param_dict =                                # 任务 5：考点 5 a-b)

# 任务 5：考点 5 a-c)

# 任务 5：考点 5 a-d)
```

b. 补全后的代码如下。

```
......（省略）......

network = ViT()                             # 任务 5：考点 5 a-a)
```

```
# load ckpt
!wget https://download.mindspore.cn/vision/classification/vit_b_16_224.ckpt

vit_path = './vit_b_16_224.ckpt'                    # 任务 5：考点 5 a-b)
param_dict = ms.load_checkpoint(vit_path)           # 任务 5：考点 5 a-b)

del param_dict['dense.weight']                      # 任务 5：考点 5 a-c)
del param_dict['dense.bias']                        # 任务 5：考点 5 a-c)

ms.load_param_into_net(network, param_dict)         # 任务 5：考点 5 a-d)
```

c. 运行结果如下。

```
--2024-06-15 22:55:31--  https://download.mindspore.cn/vision/classification/vit_b_16_224.ckpt
Resolving proxy.modelarts.com (proxy.modelarts.com)... 192.168.6.3
Connecting to proxy.modelarts.com (proxy.modelarts.com)|192.168.6.3|:80... connected.
Proxy request sent, awaiting response... 301 Moved Permanently
Location: https://download-mindspore.osinfra.cn/vision/classification/vit_b_16_224.ckpt [following]
--2024-06-15 22:55:31--
https://download-mindspore.osinfra.cn/vision/classification/vit_b_16_224.ckpt
Connecting to proxy.modelarts.com (proxy.modelarts.com)|192.168.6.3|:80... connected.
Proxy request sent, awaiting response... 200 OK
Length: 346280262 (330M) [application/octet-stream]
Saving to: 'vit_b_16_224.ckpt.2'

vit_b_16_224.ckpt.2 100%[===================>] 330.24M  37.9MB/s    in 8.7s

2024-06-15 22:55:40 (37.8 MB/s) - 'vit_b_16_224.ckpt.2' saved [346280262/346280262]

......（省略）......
```

Subtask 6: Train the model.

Procedure:

a. Define the learning rate and optimizer.

a）Define the learning rate: Use cosine decay to compute the learning rate. Set the minimum learning rate to **0.00000**, the maximum learning rate to **0.00005**, the number of decay epochs to **10**, and other parameters as required.

b）Define an optimizer: Use the Adam optimizer.

b. Define the loss function and checkpoint policy, and complete model encapsulation and training.

a）Define the loss function: Set **smooth_factor** to **0.1**.

b）Configure the policy for saving checkpoints: Save a checkpoint file every step_size steps. Up to 100 checkpoint files can be saved.

c）Set the checkpoint callback objects. Set the prefix of each checkpoint file to **vit_b_16**, as well as the path for saving checkpoint files to **./ViT**. Ensure other parameters are set as required.

d）Encapsulate the model. Use the high-order API **Model()** to encapsulate the model. Set the level of mixed precision to **O2**.

e）Train the model. During training, monitor its loss and time, and save the checkpoint files.

Screenshot requirements:

a. Take a screenshot of the code used to define the learning rate and optimizer, and save it as **5-6-1lr_opt**.

b. Take a screenshot of the code used to define the loss function and checkpoint policy and the code used to encapsulate and train the model, and save it as **5-6-2train**. Take a screenshot of the training outputs (including at least the outputs of the last three epochs), and save it as **5-6-3output**.

【解析】

a. 待补全的代码（VIT-2.ipynb）如下。

```
# define learning rate
lr =                                                     # 任务 5：考点 6 a-a)

# define optimizer
network_opt =                                            # 任务 5：考点 6 a-b)


# define loss function
class CrossEntropySmooth(LossBase):
    """CrossEntropy."""

    def __init__(self, sparse=True, reduction='mean', smooth_factor=0., num_classes=1000):
        super(CrossEntropySmooth, self).__init__()
        self.onehot = ops.OneHot()
        self.sparse = sparse
        self.on_value = ms.Tensor(1.0 - smooth_factor, ms.float32)
        self.off_value = ms.Tensor(1.0 * smooth_factor / (num_classes - 1), ms.float32)
        self.ce = nn.SoftmaxCrossEntropyWithLogits(reduction=reduction)

    def construct(self, logit, label):
        if self.sparse:
            label = self.onehot(label, ops.shape(logit)[1], self.on_value, self.off_value)
        loss = self.ce(logit, label)
        return loss


network_loss =                                           # 任务 5：考点 6 b-a)

# set checkpoint
ckpt_config =                                            # 任务 5：考点 6 b-b)
ckpt_callback =                                          # 任务 5：考点 6 b-c)

# initialize model
# "Ascend + mixed precision" can improve performance
model =                                                  # 任务 5：考点 6 b-d)

# train model
# 任务 5：考点 6 b-e)
```

b. 补全后的代码如下。

```
# define learning rate
# 任务 5：考点 6 a-a)
# 学习率调整策略
```

```
# 代码使用了余弦退火衰减策略（cosine_decay_lr）来动态调整学习率。最小学习率为 0，最大学习率为
# 0.00005。total_step 表示整个训练过程的总步数，由训练的总周期（epoch_size）乘每周期的步数（step_size）
# 得到。step_per_epoch 定义了每个 epoch 的步数，decay_epoch 指定了学习率在每多少个 epoch 后进行调整
lr = nn.cosine_decay_lr(
        min_lr=float(0),
        max_lr=0.00005,
        total_step=epoch_size * step_size,
        step_per_epoch=step_size,
        decay_epoch=10)

# define optimizer
# 任务 5：考点 6 a-b)
# 配置了 Adam 优化器来更新网络参数，使用了之前定义的学习率（lr）以及默认的动量值（momentum）。优化器应用
# 于网络的所有可训练参数（network.trainable_params）
network_opt = nn.Adam(
        network.trainable_params(),
        lr,
        momentum)

......（省略）......

# define loss function
# 任务 5：考点 6 b-a)
# 定义了损失函数为带有标签平滑的交叉熵损失（CrossEntropySmooth），这有助于减少过拟合。设置 sparse=True
# 表示标签是稀疏的（通常为分类问题），reduction="mean"表示损失会在批次间取平均，smooth_factor=0.1
# 用于平滑标签，num_classes 用于指定类别数量
network_loss = CrossEntropySmooth(
        sparse=True,
        reduction="mean",
        smooth_factor=0.1,
        num_classes=num_classes)

# set checkpoint
# 配置了 checkpoint 保存策略（CheckpointConfig），每 step_size 步保存一次模型，最多保留 100 个 checkpoint。然后创建
# 一个模型 checkpoint 回调（ModelCheckpoint），用于在训练过程中按照上述配置保存模型，
# 模型文件的前缀为'vit_b_16'，保存目录为'./ViT'
# 任务 5：考点 6 b-b)
ckpt_config = CheckpointConfig(
        save_checkpoint_steps=step_size,
        keep_checkpoint_max=100)
# 任务 5：考点 6 b-c)
ckpt_callback = ModelCheckpoint(
        prefix='vit_b_16',
        directory='./ViT',
        config=ckpt_config)

# initialize model
# 任务 5：考点 6 b-d)
# 启用混合精度训练可以提升性能
# 初始化模型实例，指定了网络结构、损失函数、优化器、评估指标（准确率为"acc"）
# 以及混合精度训练(amp_level)

model = ms.Model(
        network,
        loss_fn=network_loss,
        optimizer=network_opt,
```

```
        metrics={"acc"},
        amp_level="O2")

# train model
# 任务 5：考点 6 b-e)
# 开始模型训练，计划训练 10 个周期，使用 dataset_train 作为训练集。在训练过程中，定义了以下几个回调函数
# ckpt_callback：用于定期保存模型 checkpoint
# LossMonitor：用于每 162 步输出一次训练损失
# TimeMonitor：用于监控每 162 步的训练时间
# dataset_sink_mode=False：表示不采用数据下沉模式（也称为数据并行模式）
model.train(
    10,
    dataset_train,
    callbacks=[
        ckpt_callback,
        LossMonitor(162),
        TimeMonitor(162)
    ],
    dataset_sink_mode=False)
```

c. 运行结果如下。

```
epoch: 1 step: 162, loss is 1.2104645
Train epoch time: 93508.407 ms, per step time: 577.212 ms
epoch: 2 step: 162, loss is 0.9328144
Train epoch time: 18605.672 ms, per step time: 114.850 ms
epoch: 3 step: 162, loss is 0.7771374
Train epoch time: 18768.342 ms, per step time: 115.854 ms
epoch: 4 step: 162, loss is 0.7042777
Train epoch time: 19081.203 ms, per step time: 117.785 ms
epoch: 5 step: 162, loss is 0.66073334
Train epoch time: 20163.812 ms, per step time: 124.468 ms
epoch: 6 step: 162, loss is 0.7981919
Train epoch time: 17915.251 ms, per step time: 110.588 ms
epoch: 7 step: 162, loss is 0.65409255
Train epoch time: 17476.534 ms, per step time: 107.880 ms
epoch: 8 step: 162, loss is 0.6520381
Train epoch time: 18227.531 ms, per step time: 112.516 ms
epoch: 9 step: 162, loss is 0.65301794
Train epoch time: 17452.170 ms, per step time: 107.729 ms
epoch: 10 step: 162, loss is 0.6626611
Train epoch time: 17473.136 ms, per step time: 107.859 ms
```

Subtask 7: Verify the model performance.

Procedure:

a. Process the validation dataset.

a) Specify the validation dataset path and load the validation dataset.

b) Define data augmentation operations, including decoding, resizing (size: 256), CenterCrop, normalization, and channel transformation.

c) Apply the data augmentation operations to the image.

d) Pack the dataset into a batch: Set batch size to 16 and **drop_remainder** to **True**.

b. Verify the model performance.

a）Instantiate a ViT model.

b）Load the parameters in the last epoch checkpoint files to the ViT network.

c）Define the evaluation metrics **eval_metrics**, including top 1 accuracy and top 5 accuracy.

d）Encapsulate the model: Use the high-order API **Model()** to encapsulate the model. Set the model **eval_metrics** and keep other settings consistent with those set in the training phase.

e）Evaluate the model: Evaluate the top 1 accuracy and top 5 accuracy of the model on the validation dataset.

Screenshot requirements:

a. Take a screenshot of the code used to process the validation dataset, and save it as **5-7-1val-data**.

b. Take a screenshot of the code used to verify the model performance and the verification output, and save it as **5-7-2val_result**.

【解析】

a. 待补全的代码（VIT-2.ipynb）如下。

```
dataset_val =                                # 任务 5：考点 7 a-a)

trans_val = [ ]                              # 任务 5：考点 7 a-b)

dataset_val =                                # 任务 5：考点 7 a-c)
dataset_val =                                # 任务 5：考点 7 a-d)

# construct model
network =                                    # 任务 5：考点 7 b-a)

vit_path =                                   # 任务 5：考点 7 b-b)
# load ckpt
param_dict =                                 # 任务 5：考点 7 b-b)
# 任务 5：考点 7 b-b)

# define metric
eval_metrics =                               # 任务 5：考点 7 b-c)

model =                                      # 任务 5：考点 7 b-d)

# evaluate model
result =                                     # 任务 5：考点 7 b-e)
print(result)
```

b. 补全后的代码如下。

```
dataset_val = ImageFolderDataset(os.path.join(data_path, "test"), shuffle=True)
# 任务 5：考点 7 a-a)

trans_val = [
        transforms.Decode(),
        transforms.Resize(224 + 32),
        transforms.CenterCrop(224),
        transforms.Normalize(mean=mean, std=std),
        transforms.HWC2CHW()
```

```
]                                                           # 任务 5：考点 7 a-b)

dataset_val = dataset_val.map(operations=trans_val, input_columns=["image"])
# 任务 5：考点 7 a-c)
dataset_val = dataset_val.batch(batch_size=16, drop_remainder=True)   # 任务 5：考点 7 a-d)

# construct model
network = ViT()                                  # 任务 5：考点 7 b-a)

vit_path = './ViT/vit_b_16-10_162.ckpt'          # 任务 5：考点 7 b-b)
# load ckpt
param_dict = ms.load_checkpoint(vit_path)        # 任务 5：考点 7 b-b)
ms.load_param_into_net(network, param_dict)      # 任务 5：考点 7 b-b)

# define metric
eval_metrics = {'Top_1_Accuracy': nn.Top1CategoricalAccuracy(),
                'Top_5_Accuracy': nn.Top5CategoricalAccuracy()}   # 任务 5：考点 7 b-c)

model = ms.Model(network, loss_fn=network_loss, optimizer=network_opt, metrics=eval_metrics, amp_level="O2")   # 任务 5：考点 7 b-d)

# evaluate model
result = model.eval(dataset_val)                 # 任务 5：考点 7 b-e)

print(result)
```

c. 运行结果如下。

```
{'Top_1_Accuracy': 0.9453125, 'Top_5_Accuracy': 0.9921875}
```